MONOGRAPHIEN AUS DEM GESAMTGEBIET DER PHYSIOLOGIE DER PFLANZEN UND DER TIERE

HERAUSGEGEBEN VON

M. GILDEMEISTER-LEIPZIG · R. GOLDSCHMIDT-BERLIN
C. NEUBERG-BERLIN · J. PARNAS-LEMBERG · W. RUHLAND-LEIPZIG

SIEBENTER BAND

REDIGIERT VON W. RUHLAND

KOLLOIDCHEMIE DES PROTOPLASMAS

VON

W. LEPESCHKIN

SPRINGER-VERLAG BERLIN HEIDELBERG GMBH

KOLLOIDCHEMIE DES PROTOPLASMAS

VON

DR. W. LEPESCHKIN
FRÜHER PROFESSOR DER PFLANZENPHYSIOLOGIE AN
DER UNIVERSITÄT KASAN · JETZT PROFESSOR IN PRAG

MIT 22 ABBILDUNGEN

SPRINGER-VERLAG BERLIN HEIDELBERG GMBH

ISBN 978-3-662-01795-1　　ISBN 978-3-662-02090-6 (eBook)
DOI 10.1007/978-3-662-02090-6

ALLE RECHTE, INSBESONDERE
DAS DER ÜBERSETZUNG IN FREMDE SPRACHEN,
VORBEHALTEN.
COPYRIGHT 1924 BY SPRINGER-VERLAG BERLIN HEIDELBERG
URSPRUNGLICH ERSCHIENEN BEI JULIUS SPRINGER IN BERLIN 1924
SOFTCOVER REPRINT OF THE HARDCOVER 1ST EDITION 1924

DEM ANDENKEN
MEINES HOCHVEREHRTEN LEHRERS
PROFESSOR DR. WILHELM PFEFFER
IN DANKBARKEIT

Vorwort.

Seit Graham erkannte man die wichtige Rolle an, welche Kolloide beim Aufbau der Organismen spielen, und nachdem festgestellt worden war, daß alle Lebenserscheinungen im Protoplasma und seinen lebenden Einschlüssen ihren Ursprung haben, wurde vielfach die Vermutung ausgesprochen, daß das Protoplasma einen kolloiden Körper darstellt. Erst im Anfang dieses Jahrhunderts konnte jedoch die Lehre von dem kolloidalen Zustande der Körper, dank der Entdeckung der kolloidalen Teilchen durch Siedentopf und Zsigmondy, die lange verdiente Aufmerksamkeit der Biologen und Mediziner auf sich lenken.

Je mehr sich die Kenntnisse der Kolloidchemie unter denselben verbreiteten, desto wichtiger erschien es, zur Erklärung physiologischer Vorgänge im Organismus die Befunde der Kolloidchemie auszunützen und das Protoplasma vom Standpunkt der Kolloidchemie aus zu betrachten.

In den letzten 15 Jahren hat sich die Zahl der Beobachtungen, welche bestimmt sind, die Analogie zwischen den Erscheinungen, die in der lebenden Zelle stattfinden, und denjenigen, welche für kolloide Lösungen bekannt sind, zu demonstrieren, außerordentlich vermehrt. Es ist also jetzt zur rechten Zeit alles gesammelte Beobachtungsmaterial zusammenzustellen und zu versuchen, ein Bild des kolloiden Baues des Protoplasmas zu zeichnen. Man muß aber gestehen, daß dieses Bild noch nicht vollständig sein kann, weil es sich erst bei der Zusammenstellung der bekannten Tatsachen erweist, wieviel noch zu erforschen ist. Um jedoch auf dem nebligen Wege der Erkenntnis der lebenden Materie eine richtige Richtung auszuwählen, muß man unvermeidlich einen Blick auf den zurückgelegten Weg werfen und es aufrichtig gestehen, wenn unsere alten Theorien hilflos sind, die neuen Tatsachen zu erklären. Anderseits muß man versuchen, diese

Tatsachen auf anderem Wege zu deuten und es weiterer Forschung überlassen, die neuen Theorien zu bestätigen.

Dieses Buch ist nicht ausschließlich für Fachgenossen bestimmt, es mag allen Gelehrten, die auf dem weiten Gebiete der Biologie und Medizin arbeiten, zeigen, daß die lebende Materie, die bei allen biologischen Untersuchungen ihre Eigentümlichkeiten fühlen läßt, als ein physikalisch-chemisches System betrachtet werden kann.

Die behandelten Probleme lassen sich natürlich auch unter gänzlich anderen Gesichtspunkten in Angriff nehmen, und so kann es kaum ausbleiben, daß die Darstellung vielfach den Eindruck zu großer Einseitigkeit erwecken wird. Es kam dem Verfasser aber gerade darauf an, alles einschlägige Tatsachenmaterial unter einem und, wie ihm scheint, sehr wichtigem und vielfach vernachlässigtem Gesichtspunkt aus zusammenzufassen.

Nie darf man vergessen, daß alle Lebewesen, von denen der Mensch keine Ausnahme macht, aus Molekülen und Atomen bestehen, die von physikalischen und chemischen Kräften beherrscht sind. Auch gibt es Momente im Leben des Menschen, wo man seine Hilflosigkeit gegenüber diesen Kräften in vollem Maße fühlt und wo man mit Klarheit erkennt, daß der Mensch mit seinem Verstand, mag er auch im höchsten Grade entwickelt sein, ebenso wie unbelebte Dinge, den physikalischen und chemischen Kräften gehorchen muß.

Die Aufgabe der Physiologie ist zur Zeit gerade die Erforschung der Wirkung dieser Kräfte im Organismus. Die Aufgabe der Kolloidchemie des Protoplasmas ist die Erforschung derselben in der lebenden Substanz selbst.

Da der Vorwurf einer zu grob-mechanischen Auffassung dem Verfasser nicht erspart bleiben wird, so erlaubt er sich zu betonen, daß er sich bewußt ist, daß z. B. bei mit letalen Vorgängen verbundenen kolloidchemischen Erscheinungen das „post hoc ergo propter hoc" nicht immer zutreffen wird, und daß sehr oft die Kette des Geschehens komplizierter, der experimetelle Eingriff nicht die unmittelbare Ursache des kolloidchemischen Vorgangs gewesen sein wird. In solchen Fällen ist der Verfasser bewußt einseitig gewesen.

Der Verfasser bedauert sehr, daß der Umfang des Buches ihm nicht gestattet, alle Erscheinungen in der Zelle vom Standpunkte der Kolloidchemie aus zu betrachten. Er beschränkt sich auf die Darstellung einer allgemeinen Kolloidchemie des Protoplasmas und einiger wichtiger spezieller Fälle, hofft aber, daß die Zukunft ihm günstiger sein wird, so daß er die fehlenden Kapitel später zu bearbeiten imstande sein wird.

Um den Lesern, die mit der Kolloidchemie nicht vertraut sind, das Lesen des Buches zu erleichtern und einige neue Ansichten in der Kolloidchemie, die noch nicht in den erschienenen Lehrbüchern berücksichtigt worden waren, darzulegen, ist in der Einleitung eine skizzenhafte Beschreibung der kolloidchemischen Erscheinungen gegeben.

Prag, im Mai 1924.

W. Lepeschkin.

Inhaltsverzeichnis.

Einleitung.

Seite

1. Allgemeine Bemerkungen 1
2. Kolloidaler Zustand der Körper 3
3. Hydrophobe und hydrophile kolloide Lösungen 6
4. Allgemeine Eigenschaften der kolloiden Lösungen 10
   Diffusion, Osmose, osmotischer Druck S. 10. — Elektrische Eigenschaften der kolloiden Lösungen. Adsorption. S. 13. — Viscosität, Oberflächenspannung. S. 17. — Dispersitätsänderungen und Koagulation der kolloiden Lösungen. S. 19. — Gelatinierung und Quellung. 27
5. Kolloidchemie der Eiweißkörper 33
   Einteilung der Eiweißkörper. S. 33. — Amphotere Eigenschaften der Eiweißkörper. S. 34. — Kolloide Eigenschaften der Eiweißlösungen. S. 34. — Elektrische Eigenschaften der kolloiden Eiweißlösungen. S. 39. — Die Koagulation der Eiweißkörper. S. 42.
6. Kolloidchemie der Lipoide 47

Erster Teil.
Allgemeine Kolloidchemie des Protoplasmas.

1. Vorbemerkungen 51
2. Der Aggregatzustand der lebenden Materie 52
   Nomenklatur. S. 52. — Der Aggregatzustand des Protoplasmas. S. 54. — Der Aggregatzustand des Zellkerns. S. 66. — Der Aggregatzustand der pflanzlichen Chromatophoren. S. 75. — Der Aggregatzustand der Fibrillen. S. 79.
3. Allgemeiner kolloidchemischer Bau der lebenden Materie 84
   Vorbemerkungen. S. 84. — Grob disperse Phasen und Strukturen des Protoplasmas. S. 85. — Kolloidal-disperse Phasen des Protoplasmas. S. 90. — Verteilung der dispersen Phasen auf die Protoplasmamasse. S. 92. — Disperse Phasen des Zellkerns und der Chromatophoren. S. 94. — Dispersionsmittel und disperse Phasen der Muskelfibrillen. S. 97. — Viscosität des Protoplasmas. S. 98. — Osmotischer Druck und Lösungskraft des Protoplasmas. S. 100. — Elektrische Eigenschaften des Protoplasmas. S. 108.
4. Reversible Zustandsänderungen der Protoplasmakolloide 110
   Vorbemerkungen. S. 110. — Reversible Änderungen des Aggregatzustandes S. 111. — Reversible Viscositätsänderungen. S. 113. — Reversible Koagulation. S. 119.

Inhaltsverzeichnis. XI

5. Irreversible Zustandsänderungen der Protoplasmakolloide 121
Vorbemerkungen. S. 121. — Membranbildung bei Pflanzen und nach der Befruchtung der Eier. S. 121. — Bildung der Bindegewebefasern, Chondriosomen und Tröpfchen. S. 123. — Hitzekoagulation und mechanische Koagulation, Lichtkoagulation. S. 125. — Chemische Koagulation. S. 129.

Mikrophotographien einiger Arten der lebenden Materie in normalem Zustand und nach verschiedenen Eingriffen (Abb.1—22) 133

Zweiter Teil.
Spezielle Kolloidchemie des Protoplasmas.

1. Chemische Zusammensetzung des Dispersionsmittels und der dispersen Phasen der lebenden Materie 135
Chemische Zusammensetzung des Dispersionsmittels des Protoplasmas. S. 135. — Das Dispersionsmittel des Zellkerns und der Pflanzenchromatophoren. S. 156. — Disperse Phasen des Protoplasmas und Zellkerns. S. 159.

2. Veränderungen des kolloidalen Systems des Protoplasmas, hervorgerufen durch physikalische Agentien 164
Veränderungen, hervorgerufen durch hohe Temperatur und mechanische Eingriffe. S. 164. — Veränderungen, hervorgerufen durch niedrige Temperatur und Austrocknen. S. 172. — Veränderungen, hervorgerufen durch Licht und elektrischen Strom. S. 174.

3. Veränderungen des kolloidalen Systems des Protoplasmas, hervorgerufen durch Elektrolyte. 175
Salze im Protoplasma. S. 175. — Veränderungen, hervorgerufen durch Neutralsalze. S. 177. — Salze dreiwertiger und schwerer Metalle. S. 184. — Veränderungen, hervorgerufen durch Säuren. S. 192. — Veränderungen, hervorgerufen durch Laugen. S. 197.

4. Veränderungen des kolloidalen Systems des Protoplasmas durch Nichtelektrolyte 200
Größere Konzentration von indifferenten Narkoticis. S. 200. — Narkose durch indifferente Narkotica. S. 210.

Namenverzeichnis 215

Sachverzeichnis 218

Einleitung.

1. Allgemeine Bemerkungen.

Vom Standpunkt der Physik und Chemie aus kann der Organismus als eine Sammlung verschiedenartiger chemischer Verbindungen betrachtet werden, welche hauptsächlich entweder sich in einem kolloidal-zerteilten, dispersen Zustande befinden, oder das sogenannte Dispersionsmittel bilden, d. h. die Substanz, in der die kolloidal-zerteilten Stoffe verteilt sind.

Die tierischen und pflanzlichen Organismen sind bekanntlich gerade aus Stoffen gebaut, welche entweder besonders leicht in einen kolloidal-dispersen Zustand übergehen (z. B. Eiweißkörper, Lipoide, Polysaccharide) oder das für diesen Übergang besonders gut passende Dispersionsmittel bilden (z. B. Wasser).

Der kolloidale Bau ist nicht nur für die Zellen, sondern auch für die interzellularen Substanzen eigentümlich. Wir werden uns aber ausschließlich mit dem kolloidalen Zustand des Zellinhalts beschäftigen, dem alle Lebenserscheinungen entspringen und der deshalb einfach lebend genannt wird. In diesem lebenden Zellinhalt kommen aber bekanntlich auch leblose Stoffe vor, z. B. Stärkekörner, Glykogenkörner, Wassertropfen (Vakuolen) usw. Die kolloidalen Eigenschaften dieser Körper beabsichtigen wir nicht zu betrachten. Doch ist es nicht in allen Fällen möglich zu entscheiden, ob ein Körper, der im Protoplasma gefunden wird, leblos oder lebend ist.

Als lebend dürfen nur solche Gebilde bezeichnet werden, welche unter günstigen Bedingungen Lebenserscheinungen, d. h. selbständige Bewegungen, einen Stoffwechsel, selbständiges Wachstum und Vermehrung aufweisen. Es sei jedoch darauf aufmerksam gemacht, daß leblose Substanzen, wenn sie sich unter stetigem Einfluß der lebenden Materie befinden, Lebenserscheinungen ebenfalls zeigen können. So bestehen bekanntlich pflanzliche Zellwände aus Cellulose, d. h. aus einem zweifellos leblosen Material und trotzdem können dieselben, wenn sie in Verbindung mit dem lebenden Protoplasma stehen, ein kompliziertes Wachstum aufweisen. Das ungleiche Wachstum an verschiedenen Zellenseiten führt aber zu einer Krümmung, also zu einer Bewegung (z. B. zu einer phototropischen Krümmung bei Phycomyces nitens). Ein komplizierter Stoffwechsel in den pflanzlichen Zellwänden wird auch vielfach beobachtet, so entstehen z. B. Gummi, Suberin, Lignin und andere Stoffe in den Zellwänden vom Holz, Kork usw.

Wenn wir also im Protoplasma ein Gebilde finden, das selbständige Bewegungen, einen Stoffwechsel und ein Wachstum zeigt, so sind wir eigentlich noch nicht berechtigt zu schließen, daß dieses Gebilde lebend ist.

Am eigentümlichsten für alle Lebewesen ist die Vermehrung, welche bei den einzelligen Organismen als Zweiteilung auftritt. Daher nimmt man gewöhnlich an, daß diejenigen Körper in der Zelle, welche sich durch Zweiteilung vermehren, lebend sind. Aus diesem Grunde erkennt man z. B. Chromatophoren der Pflanzen als lebend an. Auch hält man Muskelfibrillen für lebend, weil sie sich durch Zweiteilung vermehren[1]). Im Gegensatz dazu ist keine Einigkeit der Meinungen über die Natur des Nucleolus erzielt, weil er während der Zellteilung verschwindet und in Tochterkernen neu entsteht.

Vom Standpunkte der Kolloidchemie aus ist es selbstverständlich vollkommen gleichgültig, ob ein Körper im Protoplasma, der Lebenserscheinungen aufweist, als lebend oder leblos bezeichnet werden soll. Wir würden so wie so nicht imstande sein, in allen Fällen lebende und leblose Bestandteile der Zelle separat zu studieren.

Zum systematischen Zwecke werden wir aber im weiteren nur diejenigen Zellbestandteile für lebend halten, welche sich durch Zweiteilung vermehren können. Mit diesen Bestandteilen ausschließlich werden wir uns in dem vorliegenden Buch beschäftigen.

Aber der Begriff „Protoplasma" selbst bedarf einer Erklärung. Man gebraucht nämlich diesen Begriff in verschiedenem Sinne. Manche Naturforscher, so z. B. Heidenhain, bezeichnen mit „Protoplasma" die lebende Materie im allgemeinen, obwohl solche

---

[1]) Meyer, Arth. (Morphologische und physiologische Analyse der Zelle, 1920) kommt zum Schluß, daß die Vermehrung der Säulchen und nicht der einzelnen Fibrillen bewiesen ist. Deshalb hält er die Muskelfibrillen für alloplastische Organe (S. 686).

Verwendung dieses Namens historisch nicht berechtigt ist. Das Wort „Protoplasma" ist zuerst durch Purkyně und Mohl in die Wissenschaft eingeführt, die mit Protoplasma eine schleimige Masse benannten, welche sie in Pflanzenzellen neben dem Zellsaft fanden und welche später von Strasburger den Namen „Cytoplasma" erhielt. Da dieser neue Name ebenfalls in verschiedenem Sinne gebraucht wird (so z. B. nennt A. Meyer nur die Grundmasse des Protoplasmas Cytoplasma), ist es zweckmäßiger, für die lebenden Bestandteile der Zelle im allgemeinen das Wort „die lebende Materie" zu gebrauchen und verschiedene Arten dieser Materie zu unterscheiden.

Man würde uns kaum Einwände machen, wenn wir im weiteren die Benennungen von Purkyně und Mohl beibehalten würden und vor allem drei Arten der lebenden Materie unterscheiden würden: das Protoplasma, den Zellkern und die Chromatophoren der Pflanzen. Auch Muskelfibrillen und Nervenfibrillen, obwohl ihre Vermehrung durch Teilung angezweifelt worden ist, könnten wir vorläufig als eine vierte und fünfte Art der lebenden Materie betrachten.

Es ist zur Zeit vollkommen unentschieden, ob Centriolen mit ihnen anliegenden runden Areolen (Centrosomen) der Tierzellen zu einer besonderen Art der lebenden Materie gerechnet werden müssen. Diese Gebilde sind aber verhältnismäßig klein und im lebenden Zustande nicht sichtbar, so daß wir sie wohl in unserer Kolloidchemie unbetrachtet lassen dürfen.

Da die kolloidalen Eigenschaften des Protoplasmas am besten bekannt sind, so bezieht sich der Titel dieses Buches auf dieselben. Wir werden aber auch kolloidale Eigenschaften der übrigen Arten der lebenden Materie studieren, insofern irgendwelche Angaben darüber in der Literatur zu finden sind. Vor allem wenden wir uns aber zum Studium des kolloidalen Zustands der Körper im allgemeinen.

2. Kollodaler Zustand der Körper.

Graham, dem wir die Entstehung der Kolloidchemie verdanken, teilte die Natur in zwei verschiedene Welten der Materie[1]). Die eine von ihnen, die Welt der Krystalloide, umfaßte die

---

[1]) Graham, Th.: Philosoph. Transact. Bd. 151, S. 183. 1861; Liebigs Ann. d. Chem. Bd. 121, S. 68. 1861.

unbelebte Natur, die andere, diejenige der Kolloide, sollte der lebenden Natur eigentümlich sein. Die kolloiden Substanzen unterscheiden sich nach Graham von den Krystalloiden durch ihre Unfähigkeit, einen krystallinischen Zustand anzunehmen und durch die Membranen bei der Osmose durchzudringen, außerdem durch zähe, klebrige Eigenschaften ihrer Lösungen („Kolloide").

Diese anfängliche Einteilung der Natur in zwei verschiedene Welten erwies sich mit der Zeit als nicht haltbar, weil es einerseits bewiesen wurde, daß kolloide Stoffe, z. B. Albumin, gut krystallisieren können und eine merkliche Osmose aufweisen; andererseits gelang es, aus typischen Krystalloiden, z. B. aus verschiedenen anorganischen Salzen, kolloidal-amorphe Bildungen darzustellen[1]. Deshalb spricht man zur Zeit gewöhnlich nicht von kolloiden Stoffen, sondern vom kolloidalen Zustande der Stoffe. Man versteht unter diesem Namen den Zustand einer sehr feinen Zerteilung, einer sehr starken „Dispersität" eines Stoffes.

Je nach der Größe der Teilchen des zerteilten Körpers unterscheidet man grob disperse und kolloidal disperse Systeme. In molekularen Lösungen sind Substanzen ebenfalls zerteilt, aber die Teilchen sind in diesem Falle den Molekülen gleich, so daß man von molekulardispersen Systemen reden kann. Eine Aufschwemmung von Lehm in Wasser ist ein grobdisperses System. Die Teilchen des zerteilten Körpers sind in diesem Falle unter dem gewöhnlichen Mikroskop sichtbar, weil ihre Größe zwischen 0,5 und 5 μ (Mikron) bzw. 0,0005 und 0,005 mm variiert. Die besten Objektive gestatten noch Teilchen wahrzunehmen, deren Größe nicht unter 0,1 μ liegt. Wenn die Teilchen kleiner als 0,1 μ sind, können sie nicht unter dem gewöhnlichen Mikroskop gesehen werden. Die dispersen Systeme, welche solche Teilchen enthalten, nennt man kolloidal. Ihre Teilchen können nur mit Hilfe eines Ultramikroskops sichtbar gemacht werden, dessen Erfindung wir R. Zsigmondy und H. Siedentopf verdanken (1903).

Beim gewöhnlichen Mikroskopieren wird das Objekt bekanntlich von unten beleuchtet, so daß die Lichtstrahlen durch dasselbe in das Auge direkt gelangen. Im Ultramikroskop wird das Objekt mit einem konischen Bündel starker Lichtstrahlen von der Seite beleuchtet, so daß das Auge nur die vom Objekt

---

[1] Weimarn, P.: Zur Lehre von den Zuständen der Materie. Dresden und Leipzig: Steinkopff 1914.

reflektierten Strahlen beobachtet. Die Kolloidteilchen erscheinen auf diese Weise als sehr helle Pünktchen auf schwarzem Grund. Die Möglichkeit, mittels eines Ultramikroskops Teilchen, die unter dem gewöhnlichen Mikroskop unsichtbar sind, wahrzunehmen, wird uns begreiflich, wenn wir uns daran erinnern, daß bei gutem Sonnenschein kleine Glasscherben im Felde als glänzende, strahlende Pünktchen von weitem gesehen werden, wenn sie reflektierte Sonnenstrahlen in unser Auge senden. Würden diese Strahlen nicht zu uns gelangen, so würden wir nicht vermuten können, daß an der Stelle, wo wir ein glänzendes Pünktchen sehen, sich eine Glasscherbe befindet.

Sind die Kolloidteilchen kleiner als $0{,}004\ \mu$ (bzw. $4\ \mu\mu$), so reflektieren sie so wenig Licht, daß sie auch auf schwarzem Grunde nicht wahrgenommen werden können. Da aber die Menge des reflektierten Lichts von der reflektierenden Oberfläche abhängig ist, so sind auch manchmal Teilchen bis $30\ \mu\mu$ unsichtbar. Man nennt solche unter dem Ultramikroskop nicht sichtbaren Teilchen Amikronen, während die sichtbaren Teilchen den Namen Submikronen oder Ultramikronen erhielten. Die unter dem gewöhnlichen Mikroskop sichtbaren Teilchen werden manchmal Mikronen genannt. Alle drei Arten von Teilchen sind in Goldlösungen vorhanden, die durch die Reduktion der Goldsalze erhalten werden. Durch das Zentrifugieren kann man aus solchen Lösungen Mikronen ausscheiden und somit ein kolloidal disperses Goldsystem oder eine kolloide Goldlösung erhalten, die nur Submikronen und Amikronen enthält.

In diesem Falle ist das Dispersionsmittel der erhaltenen Lösung Wasser, also eine Flüssigkeit, und der dispergierte Stoff ein fester Körper. Man kann sich aber solche disperse Systeme vorstellen, wo das Dispersionsmittel gasförmig oder fest, der dispergierte Stoff gasförmig oder flüssig ist. So ist z. B. der Nebel ein grob disperses System mit einem gasförmigen Dispersionsmittel und flüssigen Teilchen. Viele gefärbte Mineralien und die sogenannten Rubingläser stellen kolloidal disperse Systeme mit festen Dispersionsmitteln und festen Kolloidteilchen dar usw.

Bei unserem Studium der kolloid-chemischen Eigenschaften des Protoplasmas werden wir gewöhnlich mit dispersen Systemen, welche ein flüssiges Dispersionsmittel besitzen, zu tun haben. Solche Systeme sind für uns also von großer Bedeutung und wir müssen die Eigenschaften dieser Systeme etwas eingehender betrachten. Gasförmige dispergierte Körper kommen nur selten vor, so daß uns ausschließlich disperse Systeme mit festen und flüssigen Teilchen interessieren. Systeme mit grobdispersen festen Teilchen, z. B. eine Lehmaufschwemmung in Wasser, werden gewöhnlich Suspensionen genannt, während disperse Systeme mit flüssigen Teilchen Emulsionen darstellen. Sind die Teilchen kleiner als 0,1 μ, so nennt man öfter das System suspensionskolloide Lösung oder emulsionskolloide Lösung, oder man spricht einfach von „Suspensoiden" und „Emulsoiden", während disperse Systeme im allgemeinen Dispersoide oder, nach Graham, Sole genannt werden (die Namen stammen von Wo. Ostwald und P. Weimarn). So ist z. B. die kolloide Goldlösung ein Suspensoid oder eine suspensionskolloide Lösung, die kolloide Quecksilberlösung — eine emulsionskolloide Lösung oder ein Emulsoid.

Wenn ein flüssiger oder fester Körper sich in einer Flüssigkeit befindet, in welcher er nicht löslich ist, so ist seine Oberfläche der Sitz der Oberflächenkräfte. Die durch eine Oberfläche getrennten Körper werden seit Gibbs „Phasen" genannt. Deshalb spricht man öfters von einer dispersen Phase, wenn man die in einer Flüssigkeit zerteilten Teilchen als einen Stoff betrachtet, während man die Flüssigkeit öfters zusammenhängende Phase nennt. In einer kolloiden Goldlösung ist z. B. die disperse Phase Gold, die zusammenhängende Phase Wasser.

3. Hydrophobe und hydrophile kolloide Lösungen.

Bei der Zerteilung der Stoffe in einer Flüssigkeit bemerkt man zwei Fälle. Bringt man z. B. Kochsalz in Wasser, so löst es sich von selbst auf, so daß nach Verlauf von einigen Tagen seine Moleküle über die ganze Wassermasse gleichmäßig verteilt sind. Zwischen den Molekülen beider Körper, Salz und Wasser, sind offenbar Anziehungskräfte vorhanden, welche Salzmoleküle von der übrigen Krystallmasse des Salzes loslösen. Die Verteilung des Salzes findet weiter dank der selbständigen Bewegung der Moleküle, die in der Diffusion ihren Ausdruck findet, statt. Die Anziehungskräfte fehlen zwischen Kochsalz und Alkohol und das erstere löst sich daher nicht in dem letzteren.

Bringt man festes Albumin, also ein Kolloid, in Wasser, so saugt es zunächst Wasser ein, um bald sich in demselben zu lösen. Der Prozeß ist der Auflösung des Kochsalzes in Wasser vollkommen analog und kann nur durch Anziehungskräfte zwischen Albumin- und Wassermolekülen erklärt werden.

Ganz anders verhält sich Silber (oder Gold) in Wasser, in dem es keine sichtbaren Veränderungen erleidet. Um eine kolloide Silberlösung zu erhalten, muß man es zwangsweise in Wasser zerteilen, was am einfachsten durch den elektrischen Strom erzielt werden kann. Nach der Vorschrift von Bredig leitet man zu diesem Zwecke einen starken elektrischen Strom durch zwei Silberdrähte, die in Wasser getaucht sind und sich mit den freien Enden berühren. Zieht man die Enden auseinander, so entsteht zwischen ihnen ein elektrischer Funken, der von der Drahtoberfläche kleine Teilchen von Silber losreißt und im Wasser zerteilt.

Die Unmöglichkeit, die kolloide Silberlösung durch eine freiwillige Auflösung von Silber herzustellen, läßt vermuten, daß zwischen Silber und Wasser entweder keine Anziehungskräfte vorhanden sind oder dieselben so schwach sind, daß sie nicht ausreichen, um Metallteilchen von der übrigen Metallmasse loszulösen.

Das Fehlen von Anziehungskräften zwischen dem zu lösenden Stoff und Wasser äußert sich auch in den Eigenschaften der erhaltenen Lösungen. So kann z. B. Silber durch ein langdauerndes Zentrifugieren aus seinen kolloiden Lösungen abgeschieden werden, während sich Albumin durch keine zentrifugalen Kräfte ausfällen läßt. Andererseits wird Silber durch einen kleinen Zusatz von Elektrolyten (z. B. von Salzen) aus seinen Lösungen ausgefällt, während für die Ausscheidung von Albumin beinahe eine Sättigung seiner Lösungen mit Salzen nötig ist.

Alle kolloiden Lösungen, die in ihren Eigenschaften den Silberlösungen gleichen, bezeichnet man gewöhnlich als hydrophobkolloide Lösungen, während die andere Art der kolloiden Lösungen hydrophil genannt wird. Alle suspensionskolloiden Lösungen und manche emulsionskolloiden Lösungen, z. B. die kolloiden Lösungen von Quecksilber und Schwefel, sind hydrophob. Solche Lösungen werden entweder mit Hilfe von elektrischem Strom oder in der Weise hergestellt, daß man eine molekulare Lösung des Stoffes in einem anderen Lösungsmittel durch Wasser verdünnt (so z. B. eine alkoholische Lösung von Schwefel) oder eine chemische Reaktion, bei welcher sich der betreffende Stoff ausscheidet, in Wasser stattfinden läßt (so erhält man z. B. Goldlösungen: Goldsalze werden durch Formaldehyd reduziert).

Die kolloiden Lösungen von Eiweißkörpern und Polysacchariden sind dagegen meistenteils hydrophil. Sehr oft nimmt man mit Wo. Ostwald [1]) an, daß solche Lösungen zugleich auch emulsionskolloid sind, weil ihre Teilchen infolge ihrer Hydrophilie Wasser in großen Mengen aufnehmen. In letzter Zeit mußte man, um einige Erscheinungen an Salzlösungen zu erklären, annehmen, daß Ionen und Moleküle der gelösten Substanz mit Wasserhüllen bedeckt sind. Solche Hüllen bedecken ebenfalls die Teilchen hydrophiler Kolloide.

Außerdem zeigen die Eigenschaften der sogenannten kritischen Flüssigkeitsmischungen, daß die Annahme Wo. Ostwalds sehr nahe der Wahrheit ist. Wenn z. B. Phenol in Wasser unter Erwärmung gelöst und die erhaltene Lösung wieder abgekühlt wird, so scheidet sich Phenol in Form kleiner Tröpfchen aus, die zunächst nur unter dem Ultramikroskop sichtbar sind. Zugleich erweist es sich, daß eine solche kritische Mischung eine bedeutende Viscosität besitzt. Eine bedeutende Viscosität ist aber auch hydrophil-kolloiden Lösungen eigentümlich.

Für die flüssige Formart der Teilchen der hydrophil-kolloiden Lösungen spricht auch die Tatsache, daß einige dieser Lösungen unter der Einwirkung konzentrierter Salzlösungen oder Alkohol Tröpfchen einer gesättigten Kolloidlösung ausscheiden. So wird z. B. Albumose aus ihren konzentrierten Lösungen durch eine konzentrierte Lösung von Ammoniumsulfat in Form sehr kleiner Tröpfchen ausgefällt, die bald zu größeren viscösen Tropfen zusammenfließen. Einige molekular gelöste Stoffe lassen sich ebenfalls durch Alkohol in Form von Tröpfchen ausscheiden. In dieser Form fällt z. B. Ammoniumsulfat bei der Einwirkung von Alkohol in konzentrierten Lösungen aus. Die Erscheinung ist der Ausscheidung von Flüssigkeiten aus ihren Lösungen in anderen Flüssigkeiten so ähnlich, daß man vermuten darf, daß der gelöste Stoff auch vor seiner Ausscheidung mit Wasser verbunden war.

Jedenfalls ist zwischen den Eigenschaften der molekularen Lösungen und den hydrophil-kolloiden Lösungen eine große Ähnlichkeit merkbar, so daß einige Gelehrte zur Annahme gelangten, daß Eiweißlösungen molekular seien [2]). Die Eiweißlösungen werden wir später eingehend betrachten; was aber andere hydrophil-

---

[1]) Ostwald, Wo.: Grundriß der Kolloidchemie. Dresden 1909.
[2]) So z. B. Jacques Loeb: Proteins and Kolloidal Behaviour. New-York 1922.

kolloide Lösungen anbelangt, so stellen sie sicher einen Übergang zwischen molekularen und kolloidalen Lösungen dar. Die intermediäre Stellung dieser Lösungen äußert sich auch darin, daß in ihnen gewöhnlich keine Ultramikronen sichtbar sind, so daß man annehmen muß, daß die hydrophil-kolloiden Lösungen meistenteils nur Amikronen enthalten.

Die Existenz der Teilchen in solchen Lösungen läßt sich nur mit Hilfe des sogenannten Tyndall-Phänomens beweisen. Dieses Phänomen wird beobachtet, wenn man durch eine kolloide Lösung einen starken Lichtstrahl hindurchgehen läßt und denselben von der Seite auf dunklem Grund betrachtet. Alle kolloiden Lösungen zeigen dabei eine diffuse Aufhellung infolge der Zerstreuung des Lichts durch die Teilchen.

Es sind einige Fälle bekannt, wo ein tatsächlicher Übergang einer molekularen Lösung in die kolloidale beobachtet wird. So bildet z. B. Kieselsäure, die beim Vermischen von Salzsäure mit einer wäßrigen Lösung von Wasserglas entsteht, zunächst eine molekulare Lösung, die erst mit der Zeit sich in die kolloide verwandelt. Andererseits sind einige hydrophil-kolloide Lösungen gleichzeitig auch molekular, so z. B. viele Farbstofflösungen. Diese Lösungen geben auch Beispiele eines Überganges zwischen hydrophoben und hydrophilen Lösungen. Solche Farbstoffe, wie Methylenblau und Eosin, besitzen keine kolloiden Eigenschaften, während solche Farbstoffe wie Kongorot und Benzopurpurin in ihren Lösungen Ultramikronen wahrnehmen lassen und durch eine verhältnismäßig kleine Salzmenge zur Ausscheidung gebracht werden. Zwischen diesen Extremen gibt es alle möglichen Übergänge.

In allen bis jetzt besprochenen Fällen stellt Wasser das Dispersionsmittel des kolloidalen Systems vor. Es sind aber kolloide Lösungen bekannt, wo andere organische oder anorganische Flüssigkeiten die gleiche Rolle spielen. So stellt z. B. Kollodium eine kolloide Lösung von Nitrocellulose im Gemisch von Alkohol und Äther dar. Kautschuk löst sich kolloidal in Schwefelkohlenstoff usw. Solche Lösungen können den Charakter der hydrophilen oder hydrophoben Kolloide haben und werden deshalb „lyophil" und „lyophob" genannt. Graham, der auch solche Lösungen untersuchte, nannte sie „Organosole" im Gegensatz zu wäßrigen kolloiden Lösungen — „Hydrosolen".

4. Allgemeine Eigenschaften der kolloiden Lösungen.
a) Diffusion, Osmose, osmotischer Druck.

Wie wir gesehen haben, nahm Graham an, daß sich Kolloide von Krystalloiden durch ihre Unfähigkeit unterscheiden, bei der Osmose (Dialyse) durch die Membran zu permeieren. Obwohl diese Annahme sich später als nicht zutreffend erwies, deutet sie doch auf eine verhältnismäßig geringe Fähigkeit der Kolloide zur Osmose. Solches Verhalten der Kolloide muß offenbar ihrer Teilchengröße zugeschrieben werden. Dementsprechend läßt sich eine merkliche Osmose nur für hydrophile Kolloide nachweisen. Die Teilchen der hydrophoben Kolloide sind so groß, daß sie zwischen den Membranteilchen nicht genügenden Raum finden, um die Membran zu passieren.

Die Beobachtungen von Graham zeigten, daß Gerbsäure ungefähr 200 mal so langsam eine Kollodiummembran passiert als Kochsalz; arabisches Gummi passiert sie 400 mal so langsam und Albumin 1000 mal so langsam [1]).

In letzter Zeit bedient man sich zur Prüfung der Durchlässigkeit einer Membran für Kolloide der sogenannten Ultrafiltration. Umgekehrt können wir aus der Durchlässigkeit einer bestimmten Membran für ein Kolloid auf die Teilchengröße desselben schließen. Man verwendet zur Filtration entweder Kollodiummembranen oder, nach der Vorschrift Bechholds [2]), starkes Papier, das mit gehärteter Gelatine oder mit Eisessig-Kollodium durchtränkt ist. Wenn die zur Durchtränkung gebrauchten Lösungen von Gelatine oder Kollodium genügend stark verdünnt sind, so erhält man Membranen von geringerer Dichtigkeit. Wenn aber diese Lösungen konzentriert sind, bekommt man Membranen mit kleineren Poren, so daß man auch sehr kleine Teilchen abfiltrieren kann. Die Filtration wird in einem besonders konstruierten Trichter mit Hilfe einer Wasserpumpe ausgeführt, wie es bei der Filtration unter Druck üblich ist.

Auf die beschriebene Weise ist es Bechhold gelungen, in einer Mischung von Hämoglobin und Berlinerblau die beiden Kolloide zu trennen, weil der erstere Farbstoff kleinere Kolloidteilchen besitzt als der letztere.

---

[1]) Graham, Th.: Liebigs Ann. d. Chem. Bd. 121, S. 56—62. 1861.
[2]) Bechhold, H.: Zeitschr. f. physikal. Chem. Bd. 60, S. 257. 1907; Bd. 64, S. 328. 1908.

Das langsame Wandern der Kolloide durch Membranen bei der Osmose hängt nicht nur damit zusammen, daß die Teilchen eine große Reibung bei der Bewegung in den Membranporen zu überwinden haben, sondern auch damit, daß die Verbreitung der Kolloidteilchen in Flüssigkeiten nur sehr langsam stattfindet. Zum Vergleich der Diffusionsgeschwindigkeit verschiedener Krystalloide und Kolloide werden hier die Diffusionskonstanten einiger Stoffe angeführt [1]).

Diffusionskonstanten, ausgedrückt in qcm—Tagen (12° C).

Natriumchlorid	0,94
Calciumchlorid	0,60
Rohrzucker	0,284
Eieralbumin	0,052
Diphtherietoxin	0,014
Diphtherieantitoxin	0,0015

Die langsame Diffusion der Kolloide hängt mit ihrer Teilchengröße zusammen. Die Diffusion wird bekanntlich durch eine stetige Bewegung der Teilchen verursacht. Nach van't-Hoff ist der Zustand in Wasser gelöster Stoffe mit demjenigen der Gase zu vergleichen, indem die Moleküle beider sich in einer stetigen Bewegung befinden, die nie aufhört und die die Diffusion bedingt. Da aber die Reibung zwischen Molekülen des gelösten Stoffes und Wasser groß ist, so bewegen sich dieselben viel langsamer als Gasmoleküle. Diese Voraussetzung van't-Hoffs blieb, wie auch die kinetische Theorie der Gase, bis in die letzte Zeit nur wahrscheinlich, war aber nicht bewiesen. Erst ungefähr vor 10 Jahren wurden die beiden Theorien experimentell bewiesen.

Den Biologen ist die sogenannte Brownsche Bewegung sehr kleiner Partikelchen schon lange bekannt, ihre Ursache blieb aber vollkommen rätselhaft. In letzter Zeit entwickelten Einstein und Smoluchowski[2]) die kinetische Theorie der Brownschen Bewegung, indem sie annahmen, daß diese Bewegung mit derjenigen der Moleküle identisch ist. Sie gelangten zu einer Formel, die die Abhängigkeit der genannten Bewegung von der Temperatur, von dem Radius der Teilchen und von der Viscosität

---

[1]) Die Zahlen entstammen den Versuchen von Graham (l. c.) und Arrhenius (Immunochemie 1907, S. 17).
[2]) Einstein, A.: Drudes Ann. d. Physik. Bd. 17, S. 549. 1905; Bd. 19, S. 371. 1906; Zeitschr. f. Elektrochem. Bd. 14, S. 235. — Smoluchowski, M.: Drudes Ann. d. Physik Bd. 21, S. 756. 1906; Bd. 25, S. 205. 1908.

der Flüssigkeit ausdrückt [1]). Die Prüfung dieser Formel an verschiedenen Suspensionen bestätigte die Annahme der genannten Forscher. Später zeigte Perrin, daß die in Brownscher Bewegung befindlichen Teilchen von Gummigutt und Mastix insofern den Gasmolekülen gleichen, als sie sich unter der Einwirkung der Schwerkraft in gleicher Weise nach unten sammeln. Die Dichtigkeit der Luft nimmt ja bekanntlich mit der Höhe ab, weil die Schwerkraft die Moleküle derselben nach unten treibt; dementgegen wirkt aber die Bewegung der Moleküle, so daß sich die Dichtigkeit der Luft (also der Gehalt an Molekülen) in einer bestimmten Abhängigkeit von der Höhe befindet. Perrin nahm an, daß sich die Mastixteilchen auch deshalb nicht sofort an dem Gefäßboden absetzen, weil sie sich in Brownscher Bewegung befinden und bestimmte den Gehalt der Teilchen in der Flüssigkeit an verschiedenen Gefäßhöhen. Dieser Gehalt folgt, nach Perrin, den gleichen Gesetzen wie die Dichtigkeit der Luft [2]).

Somit wurde die Identität der Brownschen Bewegung mit der Bewegung der Gasmoleküle bewiesen. Da aber die Geschwindigkeit dieser Bewegung nach der Formel Einsteins mit der Vergrößerung des Teilchenradius abnimmt, so ist es begreiflich, daß Kolloide viel langsamer diffundieren als Salze und Zucker.

Die Brownsche Bewegung der Moleküle und Teilchen bedingt auch den osmotischen Druck der kolloiden Lösungen. Wenn der freien Diffusion eines gelösten Körpers ein Hindernis entgegenwirkt, wenn z. B. ins Gefäß, wo die Diffusion stattfindet, eine für den gelösten Körper impermeable Membran senkrecht zur Diffusionsrichtung gestellt ist, so prallen die sich bewegenden Teilchen auf diese Membran und üben einen osmotischen Druck aus. Die Größe desselben hängt bekanntlich von der molaren Konzentration des gelösten Körpers und von der absoluten Temperatur ab und ist diesen in verdünnten Lösungen proportional (van't-Hoff). Der molaren Konzentration entspricht die Zahl der Kolloidteilchen in einem bestimmten Volum der Lösung. Infolgedessen muß der osmotische Druck der Kolloidlösungen von

---

[1]) Die Formel ist: $A = \sqrt{t} \cdot \sqrt{\dfrac{RT}{N} \cdot \dfrac{1}{3\pi\eta r}}$, wo A der im Mittel durch Teilchen zurückgelegte Weg, t die dazu nötige Zeit, T die absolute Temperatur, η die Viscosität der Flüssigkeit und r der Teilchenradius sind.

[2]) Perrin: Les Atoms. 1913. Deutsche Übersetzung von Lottermoser: „Die Atome". Dresden und Leipzig 1914.

einem und demselben Prozentgehalt desto kleiner sein, je größer ihre Teilchen sind. Der osmotische Druck der hydrophoben Lösungen ist deshalb praktisch unmeßbar gering und nur hydrophile Lösungen oder Lösungen des Übergangtypus, die Amikronen enthalten, weisen einen merklichen osmotischen Druck auf.

Dieser Druck erweist sich aber nicht als proportional der Konzentration des Kolloids. So vergrößert sich z. B. der osmotische Druck der kolloiden Eisenoxydlösung auf das 80fache, wenn die Konzentration sich auf das 18fache vergrößert. Andererseits ist der osmotische Druck einer 3%igen Lösung von Natriumoleat nur dreimal so hoch als derjenige einer 0,5%igen Lösung desselben Stoffes. Man erklärt den ersteren Fall durch eine gegenseitige Abstoßung der Kolloidteilchen, während der letztere Fall eine Verminderung der Dispersität in konzentrierteren Lösungen vermuten läßt [1]).

b) Elektrische Eigenschaften der kolloiden Lösungen. Adsorption.

Die erwähnte gegenseitige Abstoßung der Kolloidteilchen hat ihre Ursache in einer elektrischen Ladung derselben. In der Tat, taucht man in eine hydrophob-kolloide Lösung Elektroden einer elektrischen Leitung von 100—200 Volt, so wird eine Wanderung der Kolloidteilchen nach der Anode oder nach der Kathode stattfinden. Diese Erscheinung, welche man „Kataphorese" nennt, kann offenbar durch die elektrische Ladung der Kolloidteilchen erklärt werden. Wenn dieselben negativ geladen sind, wandern sie nach der Anode, wenn sie positiv geladen sind, wandern sie nach der Kathode.

Negativ geladen sind die Kolloidteilchen von Gold, Silber, Platin, Schwefel, Arsensulfid und anderen Metallen und Schwefelmetallen. Auch Mastix und Gummigutt-Teilchen, sowie auch die Teilchen von sauren Farbstoffen sind negativ geladen. Die Teilchen von Eisenoxyd, Aluminiumoxyd und basischen Farbstoffen sind dagegen positiv geladen.

Die Ladung der Kolloidteilchen spielt eine große Rolle in der Beständigkeit der hydrophoben Kolloidlösungen. Dank dieser Ladung können die Teilchen trotz stetigen Anstoßens gegen-

---

[1]) Duclaux, J.: Cpt. rend. Tome 140, p. 1544. 1905; Journ. de chim. physiol. Tome 7, p. 405. 1909. — Moore, B. and W. Parker: Americ. journ. of physiol. Vol. 7, p. 261. 1902.

einander nicht zusammenkleben und also keine größeren Aggregate bilden, welche sich sonst sehr schnell absetzen würden. Denn die größeren Aggregate haben eine kleinere Oberfläche und erfahren daher eine kleinere Reibung bei ihrem Sinken im Wasser unter der Einwirkung der Schwerkraft.

Was nun die Ursache der elektrischen Ladung der Teilchen anbelangt, so liegt sie zum Teil in einer Selbstelektrisierung, zum Teil aber in elektrischen Eigenschaften der Ionen. Nach Coehn[1]) sollen sich in einer Flüssigkeit schwimmende Teilchen einer Substanz, deren Dielektrizitätskonstante kleiner ist als diejenige der Flüssigkeit, negativ laden, während die Flüssigkeit dabei positiv geladen wird. Da Wasser eine hohe Dielektrizitätskonstante hat, so laden sich in Wasser schwimmende Teilchen beim Selbstelektrisieren immer negativ. Dasselbe tritt aber zurück, wenn in Wasser Elektrolyte anwesend sind, weil Ionen viel stärkere Ladungen tragen und Kolloidteilchen auch entgegengesetzt laden können.

Hardy[2]) war der erste, der auf die sehr wichtige Tatsache hinwies, daß die elektrische Ladung der Kolloidteilchen durch Zusatz von Elektrolyten modifiziert werden kann, wodurch die Beständigkeit der Kolloidlösung entweder erhöht oder erniedrigt wird. Wir werden bald sehen, wie Elektrolyte diese Beständigkeit beeinflussen. Hier wollen wir aber nur die Frage zu beantworten suchen, wie Ionen den Kolloidteilchen eine elektrische Ladung erteilen können.

Bekanntlich kondensieren sich gelöste Körper an der Oberfläche der Lösung unabhängig davon, ob diese Oberfläche an der Grenze eines gasförmigen, flüssigen oder festen Körpers gebildet wird. Diese Erscheinung heißt Adsorption und ist von Gibbs auf Grund thermodynamischer Erwägungen erklärt worden. Der genannte Gelehrte zeigte, daß jeder gelöste Stoff, der die Oberflächenspannung des Wassers erniedrigt, sich an der Wasseroberfläche kondensieren und umgekehrt von der Oberfläche wandern wird, wenn er die Oberflächenspannung erhöht.

Die Konzentration eines sich an der Oberfläche kondensierenden Stoffes kann manchmal so groß werden, daß derselbe sich in festem Zustande an der Oberfläche ausscheidet. Beim Studium

---

[1]) Coehn: Zeitschr. f. Elektrochem. Bd. 4, S. 63, 1897; Bd. 15, S. 652. 1909.

[2]) Hardy: Journ. of physiol. Vol. 24, p. 288. 1899; Zeitschr. f. physikal. Chem. Bd. 33, S. 385. 1900.

der Adsorption durch verschiedene zerkleinerte Körper, wie z. B. Kohle, Kieselgur usw., zeigte es sich, daß die Menge des adsorbierten Stoffes in einer bestimmten Beziehung zur Konzentration dieses Stoffes in der Lösung steht und der Oberfläche des adsorbierenden Körpers proportional ist. Diese Beziehung drückt man gewöhnlich in der Formel $\frac{x}{m} = ac^{1/n}$, wo x die adsorbierte Stoffmenge, c die Konzentration des gelösten Stoffes in der Lösung, m, a und n Konstanten sind, wobei n gewöhnlich größer als 1 ist. Deshalb wächst die adsorbierte Menge des Stoffes langsamer, als die Konzentration desselben.

Kolloide Lösungen sind, dank einer enorm großen Oberfläche ihrer Teilchen, zur Adsorption in hohem Maße fähig. Daß die Oberfläche in der Tat so groß ist, kann man sich leicht vorstellen, wenn man sich einen Würfel, dessen Seite 1 cm lang ist, in 8 Würfeln mit der Seite $^1/_2$ cm zerschnitten denkt. Die Oberfläche der erhaltenen kleinen Würfel ist doppelt so groß als diejenige des großen Würfels. Wenn wir denselben zu 27 kleinen Würfeln mit der Seite $^1/_3$ cm zerschnitten hätten, so würde die gesamte Oberfläche dreimal so groß sein als die Oberfläche des großen Würfels. Hätten wir schließlich unseren Würfel zu $1\,000\,000^3$ Würfel mit der Seite von 10 $\mu\mu$ geschnitten, so würde die Oberfläche aller kleinen Würfel 1 000 000 mal so groß als früher, d. h. gleich 600 qm sein.

Man kann sich vorstellen, daß nicht nur Moleküle des gelösten Stoffes, sondern auch Ionen desselben durch kolloidale Teilchen adsorbiert werden. Obwohl die entgegengesetzt geladenen Ionen eines Moleküls sich voneinander nicht vollkommen trennen können, so könnte es doch vorkommen, daß ein Ion des Moleküls stärker durch kolloidale Teilchen adsorbiert wird als das andere. Dieses Ion dringt deshalb in die Flüssigkeitsschicht, die unmittelbar der Teilchenoberfläche anliegt, ein, das andere Ion verbleibt aber in der nächstfolgenden Schicht. Die Ionen erteilen ihre Ladungen an die beiden Schichten, die also entgegengesetzt geladen werden. Es entsteht die sogenannte Doppelschicht um jedes Kolloidteilchen. Da das Teilchen von der inneren Wasserschicht vollkommen umgeben ist, so beträgt es sich, als ob es selbst geladen wäre. Andererseits ist auch die übrige Wassermasse mit den äußeren Teilen der Doppelschichten verbunden und somit verhält sie sich, als ob sie entgegengesetzt geladen wäre. Taucht man in die kolloide

Lösung Elektroden, so müssen sich die Kolloidteilchen nach der einen, Wasser nach der anderen Elektrode bewegen [1]).

Elektrolyte sind in wäßrigen kolloiden Lösungen stets anwesend, weil sie entweder bei der Herstellung dieser Lösungen gebildet werden, oder durch eine chemische Reaktion zwischen Wasser und Kolloid entstehen. So wird z. B. die kolloide Lösung von Arsensulfid durch Einleitung von Schwefelwasserstoff, also eines Elektrolyts, in die Aufschwemmung von Arsentrioxyd in Wasser hergestellt. Andererseits kann Arsentrisulfid durch Wasser teilweise zersetzt werden, wobei Schwefelwasserstoff und andere schwefelhaltige Säuren entstehen. Die gebildeten Elektrolyte werden durch Kolloidteilchen sofort adsorbiert, so daß die Dialyse der Lösung nicht imstande ist, die Flüssigkeit von den Elektrolyten zu befreien.

Bekanntlich bewegen sich verschiedene Ionen mit ungleicher Geschwindigkeit in Wasser (bei der Elektrolyse). Am schnellsten bewegen sich Hydroxyl- und Wasserstoffionen, so daß sie infolgedessen auch den größten Einfluß auf die Ladung der Kolloidteilchen ausüben können. Wasserstoffionen laden die Teilchen positiv, Hydroxylionen laden sie negativ.

Die Ladung der Kolloidteilchen durch Ionen kann auch in anderer Weise zustande kommen, wenn das gelöste Kolloid sie selbst bilden kann. Wenn das Kolloid z. B. einen sauren Charakter hat, so bildet es Wasserstoffionen, welche aus der die Teilchenoberfläche bedeckenden Wasserschicht in die nächstliegende Wasserschicht übergehen und können somit Wasser positiv laden, während die Kolloidteilchen durch die zurückgebliebenen Ionen negativ geladen werden. Hat das gelöste Kolloid einen basischen Charakter, so laden die von ihm abgegebenen Hydroxylionen Wasser negativ, während die Kolloidteilchen positiv geladen werden. Durch einen solchen Austritt von Wasserstoff- und Hydroxylionen wird der Ladungssinn der kolloidalen Teilchen von Metalloxyden und Farbstoffen erklärt. Deshalb sind die Teilchen der Metalloxyde und basischen Farbstoffe stets positiv geladen, während die Teilchen der sauren Farbstoffe eine negative Ladung tragen [2]).

---

[1]) Die Theorie der Doppelschicht ist von Helmholz entwickelt. Die betreffende Literatur ist bei Freundlich (Kapillarchemie 1909, S. 93—94, 147) nachzusehen.

[2]) Die Theorie der Teilchenladung durch den Austritt von Ionen ist von J. Billitzer entwickelt (Zeitschr. f. Elektrochem. Bd. 8, S. 638. 1902; Zeitschr. f. physikal. Chem. Bd. 45, S. 307. 1903).

Wenn der kolloidal gelöste Körper chemisch neutral oder amphoter, d. h. ebensoviel alkalisch als sauer ist, so hängt die Ladung der Teilchen entweder von der Selbstelektrisierung oder von in der Flüssigkeit anwesenden Ionen ab. Setzt man z. B. eine Säure zur kolloiden Lösung, deren Teilchen neutral sind, so entsteht eine positive Teilchenladung, und umgekehrt laden sich die Teilchen negativ, wenn eine Lauge zugesetzt wird. Auf diese Weise kann man den Teilchen einer Lehmsuspension bald eine negative, bald eine positive Ladung erteilen.

Die Teilchenladung der amphoteren Elektrolyte untersuchte Hardy an koaguliertem Eiweiß und fand, daß dieselbe in sauren Lösungen positiv, in alkalischen Lösungen aber negativ ist.

Wenn eine Säure zur kolloiden Lösung, deren Teilchen infolge einer Ionenadsorption oder eines Ionenaustritts negativ geladen sind, zugesetzt wird, so vermindert sich die Teilchenladung und kann sogar verschwinden, wenn eine genügende Menge der Säure zugesetzt ist. Die Teilchen weisen in diesem Falle keine Kataphorese auf und werden iso-elektrisch. Die Konzentration von Wasserstoffionen in der umgebenden Flüssigkeit, die solchem Zustande der Teilchen entspricht, wird gewöhnlich „isoelektrischer Punkt" genannt.

Die Geschwindigkeit der Bewegung der Kolloidteilchen bei der Kataphorese zeigt, daß die Ladung der Teilchen größer ist als diejenige der einzelnen Ionen, so daß man vermuten darf, daß ein Kolloidteilchen seine Ladung von mehreren Ionen übernimmt. Außerdem hängt die Teilchenladung eines Kolloids auch von der Dielektrizitätskonstante der Flüssigkeit ab, so daß die Geschwindigkeit der Kataphorese dieser Konstante proportional ist [1]).

c) Viscosität, Oberflächenspannung.

Die Viscosität oder Zähigkeit einer Flüssigkeit wird durch die gegenseitige Reibung ihrer Moleküle bedingt. Die Viscosität einer Lösung hängt offenbar nicht nur von der gegenseitigen Reibung der Moleküle des Lösungsmittels, sondern auch von der Reibung zwischen den letzteren und den Molekülen oder Teilchen des gelösten Stoffes ab. Auf Grund theoretischer Betrachtungen

---

[1]) Näheres darüber ist in der Kapillarchemie Freundlichs nachzusehen (1922, S. 329).

kam Einstein[1]) zu dem Schluß, daß die Viscosität einer Lösung vom Gesamtvolumen der Teilchen des gelösten Stoffes abhängt. Mit der Vergrößerung desselben nimmt auch die Viscosität zu. Wir haben eben gehört, daß die elektrische Ladung der Kolloidteilchen mit der Bildung einer Doppelschicht von Wasser um die Teilchen erklärt wird. Da solche Wasserhüllen der Oberfläche der Kolloidteilchen fest ansitzen, so bewegen sich die Teilchen gemeinsam mit ihren Wasserhüllen, so daß das Volumen der Teilchen und die Reibung vergrößert wird. Andererseits sind die Wasserhüllen um die Teilchen der hydrophilen Kolloide besonders stark ausgebildet. Wahrscheinlich ist in den Teilchen solcher Kolloide Wasser auch mit den Molekülen des Stoffes gemischt. Deshalb ist die Viscosität der hydrophilen Kolloidlösungen stets größer als diejenige der hydrophoben Lösungen.

In Übereinstimmung mit der Theorie Einsteins vergrößert sich die Viscosität einer Kolloidlösung mit der Konzentration des gelösten Stoffes. Die hydrophoben Kolloidlösungen (z. B. Silber- oder Arsensulfid-Lösung) lassen sich aber nicht stark kondensieren, weil die Kolloidteilchen schon bei einem Gehalt von 1—3% zusammenzukleben und auszufallen beginnen. Die Konzentration und die Viscosität einer hydrophil-kolloiden Lösung kann dagegen beliebig vergrößert werden, so daß die Lösung sich schließlich in eine Gallerte verwandelt.

Vergrößerungen der Viscosität, die bei der Gallertbildung und dem Niederschlagen der Kolloide beobachtet werden, werden wir später eingehend betrachten. Die Viscositätsänderungen können außerdem durch Temperaturwechsel hervorgerufen werden. Im allgemeinen nimmt die Viscosität der Flüssigkeiten mit der Temperaturerniedrigung zu. Eine Temperaturerhöhung um 20 bis 30° C ruft gewöhnlich eine Abnahme der Viscosität auf das 1,5- bis 2fache hervor. Bei zähen Flüssigkeiten, z. B. bei Ölen, kann diese Abnahme sogar viel größer sein (um das 4—6fache). Ähnliche Viscositätsänderungen werden auch an kolloiden Lösungen beobachtet. So ist z. B. die Zähigkeit von Rinderserum bei 12° C — 0,02378, bei 32° C — 0,01424 [2]).

---

[1]) Einstein, A.: Ann. d. Physik. Bd. 19, S. 289. 1906; Bd. 34, S. 591. 1911.
[2]) Landolt-Börnstein: Physik. chem. Tabellen. S. 170. Berlin: Julius Springer 1923.

Besonders große Viscositätsänderungen, hervorgerufen durch die Temperatur, werden in kolloidalen Lösungen, die sich zu einer Gallertbildung anschicken, beobachtet.

Was nun die Oberflächenspannung der kolloiden Lösungen anbelangt, so ist sie bei hydrophoben Kolloidlösungen von derjenigen des Wassers nicht merklich verschieden. Die hydrophilen Lösungen haben aber meistenteils eine kleinere Oberflächenspannung als Wasser (so z. B. die Lösungen von Eiweißstoffen, Seifen, Saponin usw.) und nur seltener ist die Oberflächenspannung der Lösung etwas größer als diejenige des Wassers (z. B. Gummi arabicum).

Wie früher erwähnt, sollen nach Gibbs alle Stoffe, die die Oberflächenspannung des Wassers erniedrigen, sich an dessen Oberfläche kondensieren. Dementsprechend reichern sich Eiweißkörper, Seifen, Saponin, hydrophile Farbstoffe u. a. an der Oberfläche ihrer Lösungen an und die Kondensation des gelösten Stoffes ist oft so stark, daß derselbe sich in Form einer ganz dünnen Membran ausscheidet. Nicht nur an der freien Oberfläche der Lösung, sondern auch an den Grenzflächen organischer Flüssigkeiten, die eine niedrige Oberflächenspannung haben, wie z. B. Benzol, Äther, Chloroform usw., sammeln sich gelöste Stoffe an, so daß an der Grenzfläche zwischen hydrophil-kolloiden Lösungen und den genannten Substanzen nicht selten eine feste Haut gebildet wird.

Einige Eiweißkörper, z. B. Albumin, werden bei der Hautbildung an der Oberfläche ihrer Lösungen denaturiert, d. h. verlieren ihre Löslichkeit in Wasser, andere hydrophile Kolloide (z. B. Farbstoffe, Pepton) bilden lösliche Häute. Wenn eine Albuminlösung mit Luft oder organischen Flüssigkeiten geschüttelt wird, so setzt sich Albumin allmählich in denaturierter Form ab, bis es schließlich vollkommen denaturiert wird [1]).

d) Dispersitätsänderungen und Koagulation der kolloiden Lösungen.

Wie früher erwähnt, ist es sehr wahrscheinlich, daß die Teilchen der hydrophil-kolloiden Lösungen flüssig sind, so daß an ihrer Oberfläche eine Spannung wirken kann, die die Oberfläche der Teilchen zu verkleinern sucht. Die Verkleinerung derselben kann

---

[1]) Ramsden: Arch. f. Physiol. S. 517. 1894 und Zeitschr. f. physikal. Chemie. Bd. 47, S. 343. 1904.

aber nur durch das Zusammenfließen der Teilchen erzielt werden, d. h. durch ihre Volumvergrößerung. Die Oberflächenspannung ist also bestrebt, die Dispersität der Lösung zu verkleinern. Sie ist aber in Wirklichkeit zu klein, um eine merkliche Dispersitätsänderung ohne besondere Einwirkungen hervorzurufen. Es gibt aber auch hydrophil-kolloide Lösungen, die ihre Dispersität beim Verdünnen oder Kondensieren ändern. Zu solchen Lösungen gehören z. B. Seifenlösungen.

Der osmotische Druck befindet sich bekanntlich in einer direkten Beziehung zum Dampfdruck der Lösung, so daß man diesen Druck aus der Siedepunkterniedrigung berechnen kann. Der Siedepunkt verdünnter Seifenlösungen liegt etwas niedriger als der von Wasser. Der Siedepunkt konzentrierter Seifenlösungen ist aber mit demjenigen von Wasser identisch. Diese Erscheinung kann nur dadurch erklärt werden, daß konzentrierte Seifenlösungen eine kleinere Dispersität (des kolloidal gelösten Stoffes) besitzen.

Das Molekulargewicht der Seife, aus dem osmotischen Druck ihrer Lösung berechnet, ist daher viel größer als dieses Gewicht, berechnet nach der chemischen Analyse der Seife. So fanden z. B. Moore und Parker[1]), daß das Molekulargewicht der Natronseife, nach dem osmotischen Druck einer $0{,}5\,^0/_0$igen Lösung berechnet, gleich 7000 ist, während dasselbe, nach dem Druck einer $3\,^0/_0$igen Lösung berechnet, 15700 und, nach der chemischen Analyse berechnet, nur gleich 304 ist.

Eine weitgehende Dispersitätsverminderung kolloider Lösungen findet stets bei ihrer Koagulation statt.

Wenn man eine konzentrierte Albuminlösung oder ganz einfach filtriertes Hühnereiweiß stark erhitzt, so erstarrt bekanntlich die vorher vollkommen klare Lösung zu einer weißen Gallerte. Eine analoge Erscheinung wird auch nach dem Zusatz von Salzen zu einer Kieselsäurelösung, die durch die Dialyse eines Gemisches von Wasserglas und Salzsäure erhalten wird, beobachtet. Die entstehende Gallerte ist aber in diesem Falle durchsichtig. Graham, der zuerst diesen Prozeß studierte, bezeichnete die entstehende Gallerte durch den Namen Hydrogel, im Gegensatz zu Hydrosol, d. h. einer kolloiden Lösung.

Wenn man eine verdünnte Albuminlösung erhitzt, erhält man keine Gallerte, sondern einen flockigen Niederschlag, der sich am

---

[1]) Moore and Parker: Americ. journ. of physiol. Vol. 7, p. 261. 1902.

Gefäßboden absetzt. Da dieser Niederschlag voluminös und wasserhaltig ist, bezeichnet man denselben öfter ebenfalls als Hydrogel[1]). Untersucht man die weiße Gallerte und den Niederschlag unter dem Mikroskop, so findet man keinen wesentlichen Unterschied: die beiden bestehen aus winzigen Körnchen. Die Kieselsäuregallerte erscheint dagegen unter dem Mikroskop vollkommen homogen und durchsichtig. Nur das Ultramikroskop entdeckt in dieser Gallerte dicht gelagerte Ultramikronen, die besser in wasserreichen, als in wasserarmen Gallerten hervortreten. Somit ist diese Gallerte mit derjenigen des Albumins nicht identisch. Bei der Bildung der Albumingallerte und des Albuminniederschlags verwandeln sich Amikronen in grobe Teilchen, während der Bildung der Kieselsäuregallerte entstehen dagegen Ultramikronen. Wir werden bald hören, daß auch bei der Bildung typischer Gallerten, wie z. B. einer Gelatinegallerte, nur Ultramikronen entstehen können; es kommt aber auch vor, daß die sich bildende Gallerte nur Amikronen enthält.

Es ist also zweckmäßig, die beiden Erscheinungsarten auseinanderzuhalten und Prozesse, welche mit einer weitgehenden Verringerung des Dispersitätsgrades der dispersen Phase und mit der Bildung von mikroskopisch sichtbaren Teilchen (Mikronen) verbunden sind, als Koagulation zu bezeichnen.

Prozesse aber, die mit keiner Dispersitätsänderung oder höchstens mit der Bildung von Ultramikronen und zugleich auch mit der Erstarrung des ganzen Systems verbunden sind, werden wir im weiteren als Gelatinierung bezeichnen. Betrachten wir zunächst die Koagulation.

Wir werden zwei Koagulationsarten unterscheiden: die reversible und irreversible Koagulation. Die erstere wird z. B. bei der Einwirkung größerer Salzmengen auf Eiweißlösungen beobachtet. Der entstehende Niederschlag (Koagulat) löst sich sehr leicht wieder beim Zusatz von Wasser. Die irreversible Koagulation wird z. B. in Lösungen von Arsensulfid durch Salz hervorgerufen. Der dabei sich bildende Niederschlag löst sich gar nicht in Wasser und kann erst durch Einleitung von Schwefelwasserstoff in seine Aufschwemmung in Wasser allmählich gelöst werden. Die meisten irreversiblen Koagulationen führen aber zu Niederschlägen, die durch keine Mittel wieder in Lösung gebracht (peptisiert) werden können.

---

[1]) Vgl. z. Beisp. R. Zsigmondy: Kolloidchemie. S. 7. Leipzig 1922.

Die Koagulation der kolloiden Lösungen kann nur durch Einwirkung von Elektrolyten hervorgerufen werden. Nichtelektrolyte, so z. B. Zucker, Mannit u. a., sind in keinem Falle imstande, eine Koagulation zu verursachen. Auch bei der oben beschriebenen Koagulation der Albuminlösungen durch das Erhitzen spielen Elektrolyte eine Hauptrolle. Entfernt man dieselben durch eine lange dauernde Dialyse der Albuminlösung, so wird keine Koagulation, auch nicht beim Kochen der Lösung, beobachtet.

Die Koagulation der hydrophilen Lösungen ist gewöhnlich reversibel und bedarf einer größeren Elektrolytmenge, während diejenige der hydrophoben Lösungen stets irreversibel ist und auch beim Zusatz sehr kleiner Elektrolytmengen stattfindet.

Wie früher erwähnt, ist eine vollkommene Abwesenheit der Elektrolyte in kolloiden Lösungen noch nicht die Bedingung ihrer Beständigkeit. Im Gegenteil, wir wissen, daß gerade Elektrolyte den Kolloidteilchen eine elektrische Ladung erteilen und dieselben vor dem Zusammenkleben und Absetzen bewahren. Diese schützende Wirkung der Elektrolyte ist übrigens nur für hydrophob-kolloide Lösungen notwendig, weil sie keine anderen Kräfte außer der elektrischen Ladung besitzen, die ihre Teilchen vor dem Zusammenkleben schützen könnten. In hydrophil-kolloiden Lösungen wirken aber andere Kräfte, die die Teilchen in der Lösung erhalten. Diese Kräfte sind zweifellos die Attraktionskräfte zwischen kolloidalen Teilchen und Wasser, die eine Wasserbeladung der Teilchen und die Bildung von Wasserhüllen bedingen, welche Anziehungskräfte zwischen den Stoffteilchen wirkungslos machen.

Wir wollen jetzt die irreversible Koagulation etwas eingehender betrachten. Ein sehr kleiner Salzzusatz zur hydrophob-kolloiden Lösung bewirkt noch keine Koagulation, wenn er einen bestimmten Schwellenwert nicht überschreitet. Wenn aber die Konzentration des zugesetzten Elektrolytes in der Lösung eine bestimmte Größe erreicht, so ruft schon eine kleine Erhöhung derselben eine sehr starke Beschleunigung der Koagulation hervor. Beim weiteren Elektrolytzusatz fängt die Koagulationsgeschwindigkeit an, immer schwächer zuzunehmen, bis der neue Elektrolytzusatz keine merkliche Beschleunigung der Koagulation mehr hervorruft.

In einigen Fällen kann man die bei der Koagulation stattfindende Dispersitätsänderung der Kolloidlösung auch vor dem Eintritt einer merklichen Koagulation wahrnehmen. So sind z. B.

die durch eine vollständige Reduktion der Goldsalze erhaltenen kolloiden Goldlösungen im durchfallenden Licht dunkelrot; bei einem Elektrolytzusatz ändert sich aber allmählich die Farbe der Lösung zunächst in Violett, dann in Blau und erst jetzt tritt die Koagulation ein, wobei sich ein blauer Niederschlag bildet.

Verschiedene Salze haben eine ungleich starke Wirkung. Die fällende Wirkung der Salze steigt mit der Wertigkeit ihrer Ionen. Diese Regel wurde zuerst von H. Schulze [1]) aufgestellt und später von Prost [2]) und Picton und Lindner [3]) an Arsensulfid bestätigt. Die zuletzt genannten Verfasser fanden, daß die Wertigkeit der Kationen nur bei negativen Kolloiden (z. B. bei Arsensulfid, Metallen usw.) wirksam ist, während für positive Kolloide die Wertigkeit der Anionen maßgebend ist. Dieselbe Regel soll nach Hardy auch für die Koagulation denaturierten Eiweißes gültig sein, dessen Teilchen durch Zusatz von Lauge oder Säure negativ oder positiv geladen werden.

Freundlich [4]) wies später darauf hin, daß die verschiedene Wirkungskraft der Salze teilweise mit der Adsorbierbarkeit ihrer Ionen zusammenhängt. Stark adsorbierbare Kationen sollen die Fällung von negativen Kolloiden begünstigen. Deshalb wirken Salze einiger organischer Basen viel stärker koagulierend, als Mineralsalze. So ist z. B. der Fällungswert von Morphinchlorid fünfhundertmal so klein als der von Kochsalz, obwohl die Wertigkeit der Kationen beider Salze gleich ist: das Morphinion wird viel stärker von Kolloidteilchen adsorbiert.

Jedenfalls hat die Wertigkeit der Ionen nur einen indirekten Einfluß auf die Koagulation. In der Tat zeigte Duclaux, daß keine Beziehung zwischen der Wertigkeit der Anionen und der Koagulationsgeschwindigkeit kolloider Eisenoxydlösungen beobachtet wird (die kolloiden Teilchen sind positiv geladen). Auch ist die Wertigkeitsregel nicht auf kolloide Zinnsäurelösungen anwendbar. Die Versuche des Verfassers zeigten außerdem, daß denaturiertes Eiweiß in alkalischen Lösungen durch einwertige Metalle ebenso stark gefällt wird, wie durch die dreiwertigen, während zweiwertige Metalle viel stärker koagulierend wirken.

---

[1]) Schulze, H.: Journ. f. prakt. Chem. (2), Bd. 25, S. 431. 1882; Bd. 27, S. 320. 1883.
[2]) Prost, E.: Bull. de l'acad. roy. de Belge. Tome 14, p. 312. 1887.
[3]) Picton and Lindner: Journ. of the chem. soc. Vol. 67, p. 63. 1897.
[4]) Freundlich, H.: Zeitschr. f. physikal. Chem. Bd. 73, S. 385. 1910.

Was nun die Ursache der koagulierenden Wirkung der Elektrolyte auf hydrophobe Kolloide anbelangt, so liegt sie zweifellos in einer Entladung der Kolloidteilchen durch Ionen. Die Beobachtungen bei der Kataphorese der mit Salz versetzten kolloiden Lösungen zeigten, daß die Ladung der Teilchen mit steigendem Salzgehalt abnimmt. Die Koagulation tritt gewöhnlich noch vor der vollständigen Entladung der Teilchen ein. Die molekularen Anziehungskräfte zwischen den letzteren sind im Moment der Koagulation offenbar größer, als die elektrischen Abstoßungskräfte der Teilchen. Meistenteils tritt die Koagulation ein, wenn das elektrische Potential der Teilchen gegen das umgebende Wasser sich bis auf 0,01—0,03 Volt erniedrigt [1]).

Um die Wertigkeitsregel, wo sie anwendbar ist, zu demonstrieren, werden hier die Angaben von Powis, die sich auf die Koagulation der Ölemulsionen beziehen, angeführt. Die Konzentrationen von KCl, $BaCl_2$ und $AlCl_3$, die nötig sind, um eine Ladung der Öltröpfchen in Ölemulsionen zu beseitigen, sind folgerecht 5, 0,095 und 0,00051 Gramm-Mol in Liter (l. c.).

In letzter Zeit entwickelte Smoluchowski eine mathematische Theorie der Koagulation durch Entladung der Teilchen, wobei angenommen wurde, daß die Anziehungskräfte nur in einem kurzen Abstand der Teilchen wirksam sind. Diese Theorie gibt den zeitlichen Verlauf der Koagulation an, der später auch experimentell geprüft und bestätigt wurde. Man konnte auch den Wirkungsradius der Anziehungskräfte ungefähr berechnen. Dieser Radius soll nur 2 bis 3 mal so groß sein, als der Teilchenradius selbst. Somit können Teilchen erst bei einer starken Annäherung zusammenkleben.

Wir haben die Ladung der Kolloidteilchen durch Ionen mit Hilfe der Annahme einer Doppelschicht um die Teilchen erklärt. In gleicher Weise läßt sich auch ihre Entladung durch Elektrolyte deuten. Wenn z. B. Kolloidteilchen negativ geladen sind, so behalten sie ihre Anionen in der ihnen direkt anliegenden Wasserschicht, während die Kationen in die nächstliegende Schicht wandern. Nach dem Zusatz eines Elektrolyts werden seine Ionen ebenfalls nicht gleich stark adsorbiert. Die in der Doppelschicht vorhandenen Ionen ziehen die entgegengesetzt geladenen

---

[1]) Vgl. z. Beisp. F. Powis: Zeitschr. f. physikal. Chem. Bd. 89, S. 91, 186. 1914 und Jacques Loeb: Journ. of General physiol. Vol. 5, Nr. 1, S. 109. 1922.

Ionen des zugesetzten Elektrolyten an und werden allmählich entladen. In unserem Falle wandern die Kationen desselben in die den Teilchen direkt anliegende Schicht, während die Anionen in der nächstliegenden Schicht verbleiben.

Wenn nach der Entladung der Teilchen dasselbe Elektrolyt weiter zugesetzt wird, so ist es möglich, daß die Teilchen umgeladen werden. Die sich in der unmittelbar an die Teilchenoberfläche angrenzenden Schicht ansammelnden Kationen müssen derselben eine positive Ladung erteilen. In der Tat bestätigten die Beobachtungen bei der Kataphorese solche Umladung der Kolloidteilchen. So fand z. B. Svedberg[1]), der die Bewegung der Ultramikronen von Silber unter dem Ultramikroskop verfolgte, daß nach dem Zusatz von Aluminiumsulfat bis zur Konzentration von $60 \cdot 10^{-8}$ g auf 1 g Kolloidlösung die Bewegung nach dem positiven Pole aufhörte und beim weiteren Zusatz des Salzes sich in diejenige nach dem negativen Pole verwandelte.

Daß bei der Koagulation durch Salze Ionen adsorbiert werden, bestätigt sich durch eine chemische Analyse der entstehenden Niederschläge. Dieselben enthalten stets Ionen, die die Ladung der Teilchen neutralisiert hatten.

Doch ist die Adsorption der Ionen nicht in allen Fällen für die Koagulation verantwortlich. Bisweilen dürften auch chemische Reaktionen zwischen dem gelösten Stoff und den zugesetzten Elektrolyten die Koagulation veranlassen, wenn die entstehenden Produkte nicht geladen sind. Solche Reaktionen sind z. B. bei der Einwirkung von Schwermetallsalzen auf kolloide Lösungen von Zinnsäure, Kohlenhydraten und Eiweißkörpern sehr wahrscheinlich.

Daß bei der Koagulation der hydrophoben Kolloide manchmal chemische Reaktionen stattfinden, zeigt die Beobachtung der Einwirkung der Temperatur auf die Koagulationsgeschwindigkeit der hydrophob-kolloiden Lösungen. Aus Versuchen des Verfassers folgt, daß diese Geschwindigkeit bei einer Temperaturerhöhung um 10° C bei einigen hydrophoben Lösungen (z. B. bei Arsensulfid) ähnlich wie die Diffusionsgeschwindigkeit zunimmt, während die Koagulationsgeschwindigkeit des denaturierten Eiweißes sich dabei auf das 2—20fache vergrößert. Eine so große Beschleunigung durch die Temperaturerhöhung ist nur für chemische Reaktionen bekannt.

---
[1]) Svedberg, Th. wird nach Zsigmondy zitiert (Kolloidchemie. S. 64. 1922).

Die Koagulation der hydrophob-kolloiden Lösungen kann nicht nur durch Elektrolyte, sondern auch durch entgegengesetzt geladene Kolloide hervorgerufen werden. Obwohl diese Erscheinung schon Graham bekannt war, wurde sie zuerst von W. Biltz[1]) vollkommen erklärt. Der zuletzt genannte Autor zeigte, daß man entgegengesetzt geladene Kolloidlösungen stets in einem geeigneten Verhältnis miteinander mischen muß, um eine Koagulation hervorzurufen. Wenn zu einem negativen Kolloide ein positives Kolloid im Überschuß zugesetzt wird, so werden die Teilchen des ersteren nicht nur entladen, sondern auch weiter umgeladen, d. h. positiv gemacht. Wenn aber die Menge des positiven Kolloids zu klein ist, so behalten die Teilchen des negativen Kolloids eine genügende Ladung, um in der Lösung zu bleiben. So wird, nach Biltz, keine Koagulation beobachtet, wenn auf 0,56 mg kolloidal gelöstes Antimonsulfid 12,8 bis 20,8 mg kolloidales Eisenoxyd zugesetzt wird. Dagegen findet eine vollständige Koagulation der Kolloide statt, wenn auf 0,56 mg von Antimonsulfid nur 6,4 mg Eisenoxyd zugesetzt wird.

Was nun die reversible Koagulation der hydrophil-kolloiden Lösungen anbelangt, so findet sie, wie erwähnt, nur unter der Einwirkung einer größeren Konzentration von Elektrolyten statt. Die Teilchen solcher Lösungen sind sehr stark mit Wassermolekülen beladen, die wahrscheinlich dicke Hüllen um die Teilchen bilden. Es ist also begreiflich, daß diese Teilchen zuerst vom Wasserüberschuß befreit werden müssen, um den Teilchen der hydrophoben Kolloide ähnlich zu werden. Die Befreiung vom Wasser könnte aber nur durch eine Vernichtung der Anziehungskräfte zwischen Kolloid und Wasser erzielt werden.

Zwischen Salzmolekülen und Wasser wirken ebenfalls Anziehungskräfte. Wenn also Salz in großem Überschuß zur hydrophil-kolloiden Lösung zugesetzt wird, so ziehen die Salzmoleküle Wasser an und die Kolloidteilchen werden entwässert. Auch andere mit Wasser gut mischbare Substanzen, wie Alkohol und Aceton, können die Befreiung der Kolloidteilchen vom Wasser ausführen.

Die vom Wasser befreiten Teilchen der hydrophilen Kolloide sind den Teilchen der hydrophoben Kolloide gleich und wenn die Entwässerung durch Salze vollzogen war, so findet sofort die

---

[1]) Biltz, W.: Ber. d. Dtsch. Chem. Ges. Bd. 37, S. 1095. 1904.

Koagulation statt. Wenn aber diese Entwässerung durch Alkohol oder Aceton vollbracht war, so bedarf es eines Zusatzes von Elektrolyten [1]).

Dank ihrer geringen Empfindlichkeit gegen Elektrolyte sind hydrophil-kolloide Lösungen imstande, eine schützende Wirkung auf hydrophobe Lösungen auszuüben. Wenn zu einer solchen Lösung ein hydrophiles Kolloid zugesetzt wird, so werden die mit Wasser beladenen Teilchen des letzteren an der Oberfläche der Teilchen des hydrophoben Kolloids adsorbiert (nach dem Gibbsschen Gesetz), so daß diese Oberfläche vor der elektrischen Wirkung der Elektrolyte geschützt wird. Die Teilchen der hydrophoben Kolloide werden dadurch ebenfalls von einer Wasserhülle umgeben. Nach Zsigmondy genügen 0,03 g Gelatine, um 1 g kolloidal gelösten Goldes gegen Elektrolyten unempfindlich zu machen.

e) Gelatinierung und Quellung.

Wie früher erwähnt, führt die Vergrößerung der Konzentration einer hydrophil-kolloiden Lösung schließlich stets zur Bildung einer Gallerte. Duclaux[2]), der diesen Prozeß näher studierte, zeigte, daß die Viscositätsänderung zunächst nur allmählich stattfindet, bis die Konzentration der gelösten Substanz eine bestimmte Größe erreicht; dann fängt die Viscosität an, sehr stark zuzunehmen, bis sie so groß wird, daß die Flüssigkeit sich in eine Gallerte verwandelt.

Um die Eigenschaften solcher Gallerten zu untersuchen, machen wir einige Versuche mit der Lösung von Gummi arabicum. Wenn diese Lösung sehr stark kondensiert ist, ist sie in hohem Maße klebrig, bleibt aber flüssig, d. h. besitzt noch eine so große Oberflächenspannung, daß sie sich selbst überlassen, eine Kugelgestalt annimmt. Versuchen wir, diese Lösung zu Fäden zu ziehen, so reißen dieselben und werden schnell in die Hauptmasse des Tropfens eingezogen. Weitere Kondensation mit gleichzeitiger Umrührung führt schließlich zur Gelatinierung. Die entstandene Gallerte zeichnet sich durch eine schwache Elastizität und eine sehr große Plastizität aus. Mit Hilfe eines reinen Messers kann man ihr eine beliebige Gestalt erteilen, welche sie unbestimmt lange Zeit

---

[1]) Lepeschkin, W.: Kolloidzeitschrift. Bd. 32, S. 44 u. 100. 1923.
[2]) Duclaux: Cpt. rend. Tome 148, p. 295. 1909.

behalten kann. Ziehen wir von dieser Gallerte Fäden aus, so behalten sie ihre Länge. Mit weiterer Kondensation verschwindet allmählich die Plastizität und die Gallerte wird brüchig. Setzt man zu ihr etwas Wasser hinzu, so erlangt sie wieder ihre Klebrigkeit und flüssige Eigenschaften.

Die beschriebene Änderung der Eigenschaften beim Kondensieren einer hydrophil-kolloiden Lösung kann man gut begreifen, wenn wir daran erinnern, daß die Kolloidteilchen mit Wassermolekülen beladen sind und also Tröpfchen darstellen. Beim Kondensieren verdampft zunächst das freie Wasser, d. h. das Dispersionsmittel der Lösung, und die Kolloidteilchen lagern sich immer dichter. Wenn sie aber einander zu berühren anfangen, so wächst die innere Reibung der Lösung plötzlich und dieselbe erstarrt bald zu einer Gallerte. Eine analoge Erscheinung kann man auch an groben Emulsionen beobachten.

Wenn man z. B. reines Xylol mit einer Lösung von Kaliumseife schüttelt, so bekommt man eine Emulsion, in der Xylol die disperse Phase und Seifenlösung das Dispersionsmittel bilden. Setzt man Xylol tropfenweise weiter zu und schüttelt dabei die Lösung, so vergrößert sich die Viscosität derselben fortwährend; bei einem gewissen Gehalt von Xylol beginnt aber die Emulsion schnell sehr zähe zu werden, bis sie sich schließlich in eine Gallerte verwandelt. Diese aus zwei leicht beweglichen Flüssigkeiten bestehende Gallerte ist wenig elastisch und sehr plastisch (ähnlich wie die Gallerte aus Gummi arabicum). Man kann derselben eine beliebige Gestalt erteilen. Schneidet man dieselbe in Stücke, so schmelzen die einzelnen Stücke bei der Berührung zusammen, so daß in der Gallerte keine Ritzen beim Pressen entstehen können. Setzt man zur Gallerte etwas Seifenlösung hinzu, so verflüssigt sich dieselbe wieder. Das Erhitzen ruft ebenfalls eine Verflüssigung hervor.

Das Mikroskop zeigt, daß beim allmählichen Zusatz von Xylol zur Emulsion die Xyloltröpfchen sich immer dichter lagern, bis sie sich zu berühren anfangen. Von diesem Augenblick an beginnt die Viscosität der Emulsion rasch zuzunehmen und erreicht ein Maximum, wenn die Xyloltröpfchen, aneinander gepreßt, einen Schaum bilden. Die sehr dünnen Wände der Schaumwaben bestehen aus Seifenlösung und platzen nur bei starkem Pressen oder Erwärmen. Entsprechend ihrem flüssigen Aggregatzustande kreuzen sie sich überall unter dem Winkel 120^0.

Ein Schaum mit Eigenschaften plastischer Gallerte bildet sich ebenfalls beim Schütteln von filtriertem Eiweiß mit Äther.

Die beschriebenen plastischen Gallerten entstehen durch eine Verdichtung von Emulsionen. Daher können wir im weiteren dieselben Emulsionsgallerten nennen [1]).

Andere Eigenschaften besitzen Gallerten, die bei der Koagulation entstehen. Solche Gallerten bilden sich infolge einer undichten Aneinanderlagerung der bei der Koagulation erscheinenden Körnchen (Mikronen). Dieselben ordnen sich so, daß eine Art von Schwammgerüst entsteht, dessen Interstitien zunächst mit der noch nicht koagulierten Lösung, nach der Koagulation derselben aber mit locker gelagerten Körnchen und Wasser gefüllt sind. Ein gutes Beispiel solcher Koagulationsgallerten stellt die oben beschriebene Eiweißgallerte dar, die sich bei der Hitzekoagulation bildet.

Die Koagulationsgallerten sind wenig elastisch und zugleich auch nicht plastisch, sondern brüchig, weil die Anziehung zwischen den Körnchen infolge eines großen Wassergehalts der Gallerte nur schwach ist.

Eine besondere Gallertenart entsteht bei der Einwirkung von Elektrolyten auf kolloide Kieselsäurelösung. Das Ultramikroskop zeigt in der Gallerte, welche sich aus einer $2-3\%$igen Lösung bildet, zahlreiche Ultramikronen, die in konzentrierteren Gallerten so dicht gelagert sind, daß man sie schon nicht mehr einzeln unterscheiden kann. Auch in der Gelatinegallerte, die durch das Abkühlen einer $1-3\%$igen Gelatinelösung erhalten wird, zeigt das Ultramikroskop zahlreiche Ultramikronen, die in den Gallerten, welche sich aus konzentrierteren Gelatinelösungen bilden, nicht wahrgenommen werden.

Vor der Bildung einer Gelatinegallerte in verdünnten Gelatinelösungen erscheinen Ultramikronen, die sich zunächst in einer energischen Brownschen Bewegung befindet. Allmählich hört aber die Bewegung auf und entsteht eine Gallerte, die allem Anschein nach aus kleinen gallertartigen Flocken gebildet wird. In konzentrierten Gelatinelösungen erscheinen aber keine Ultramikronen, weil die innere Reibung zu schnell zunimmt, so daß Amikronen nicht mehr zu Ultramikronen zusammenkleben können. Es ist sehr möglich, daß konzentrierte Gallerten von Gelatine

---

[1]) Lepeschkin, W.: Kolloidzeitschr. 1913.

auf die Weise aus Amikronen gebaut sind, wie Koagulationsgallerten aus Mikronen. Die Interstitien eines schwammartigen Gerüstes der Gallerte sind mit Wasser erfüllt, welches durch Druck teilweise ausgepreßt werden kann.

Infolgedessen diffundieren in Wasser gelöste Substanzen in der Gelatinegallerte ungefähr so schnell wie in Wasser selbst (Graham). Je konzentrierter die Gallerte ist, desto enger sind aber die mit Wasser gefüllten Kanäle, so daß nicht alle kolloidal gelösten Substanzen in die Gelatinegallerte eindringen können (vgl. Ultrafiltration, S. 10).

Die Ansicht, daß kolloide Substanzen und Gallerten aus kleinen Teilchen (Micellen) gebaut sind, wurde zuerst von Nägeli[1] ausgesprochen, wurde aber während langer Zeit nicht anerkannt. Man nahm gewöhnlich mit Bütschli[2] an, daß Gallerten schaumartige Gebilde darstellen. Die wabigen Strukturen der trockenen und mit Alkohol gehärteten Gallerten Bütschlis erwiesen sich aber später als Kunstprodukte, die infolge einer Zerstörung der anfänglichen Ultra- und Amikronen-Struktur der Gallerte entstanden waren.

Abweichend gebaut sind Gallerten von Seifen und anderen organischen Salzen, wo unter dem Mikroskop Fäden und nadelförmige Kryställchen gefunden werden.

Bei der Austrocknung einiger Gallerten (z. B. Kieselsäuregallerten) entstehen zahlreiche sehr feine Hohlräume, die miteinander in Verbindung stehen und sich mit Luft erfüllen, während andere Gallerten (z. B. Gelatinegallerten) ihre sichtbar homogene Struktur bewahren. Infolgedessen saugt die ausgetrocknete Kieselsäuregallerte nicht nur Wasser, sondern auch organische Flüssigkeiten, z. B. Alkohol, Benzol usw. an, während die ausgetrocknete Gelatinegallerte in diesen Flüssigkeiten unverändert bleibt.

Die Aufnahme von Flüssigkeiten durch trockene Gallerten wird als Quellung bezeichnet. Parallel mit der Aufsaugung der Flüssigkeit vergrößert sich auch das Volumen der Gallerte, ihre Festigkeit nimmt aber ab. Die Quellung der Kieselsäuregallerte kann als die Aufsaugung von Flüssigkeit durch einen porösen Körper betrachtet werden, während die Quellung der Gelatinegallerte

---

[1] Nägeli, Stärkekörner. 1858.
[2] Bütschli: Untersuchungen über Strukturen. 1898.

außerdem in einer kolloiden Auflösung von Wasser in der Gelatinesubstanz bestehen soll.

Nach Katz[1]) soll die Quellung verschiedener Substanzen in Übereinstimmung mit den Lösungsgesetzen verlaufen. Bekanntlich lösen sich bestimmte Stoffe nur in bestimmten Lösungsmitteln, so z. B. löst sich Kochsalz nur in Wasser, Fett in Benzol, Chloroform u. a., Kautschuk in Schwefelkohlenstoff usw. Eine ähnliche Erscheinung wird auch bei der Quellung beobachtet. So quillt z. B. Gelatine nur in Wasser, Kautschuk quillt etwas in Alkohol, stark in Benzol; Kollodium quillt in Alkohol und Wasser usw. Wenn eine quellbare Substanz in Wasser quillt, so saugt sie es zunächst mit einer sehr großen Kraft auf, die auf mehrere Atmosphären geschätzt wird. Je mehr aber Wasser aufgenommen ist, desto kleiner wird die Kraft der Aufsaugung und, wenn die maximale Wassermenge durch die Gallerte aufgenommen ist, so kann schon ein ganz unbedeutender Druck das aufgenommene Wasser teilweise wieder herauspressen.

Der Wasserdampfdruck, der sich im geschlossenen Raum über der quellenden Gallerte einstellt, wächst mit der Aufnahme von Wasser durch dieselbe, so daß der Dampfdruck der mit Wasser gesättigten Gallerte demjenigen des reinen Wassers gleich ist. Somit entspricht einem jeden Wassergehalt in der Gallerte eine bestimmte Dampfdruckerniedrigung, die mit dem Gehalt an trockener Substanz in einem bestimmten Gallertenvolum ähnlich wie bei konzentrierten Lösungen wächst (Katz).

Bei der Quellung, wie bei der Herstellung konzentrierter Lösungen, wird Wärme gebildet, die größer bei wasserärmeren als bei wasserreicheren Gallerten ist und bei der Erreichung der Sättigung mit Wasser ausbleibt.

Die Analogie zwischen der Quellung und der Verdünnung einer konzentrierten Lösung ist so vollkommen, daß man sogar die Vermutung aussprach, daß bei der Quellung osmotische Kräfte wirksam seien [2]).

Wenn man Gelatinegallerte (2—6 %) austrocknet und nachher wieder in Wasser bringt, so nimmt sie weniger Wasser auf, als sie vorher enthalten hatte. Somit ist der Verlust von überschüssigem

---

[1]) Katz: Die Gesetze der Quellung. Dresden und Leipzig 1916.
[2]) Procter, H.: Journ. of the chem. soc. Vol. 105, p. 313. 1914. — Procter, H. and J. Wilson: Journ. of the chem. soc. Vol. 109, p. 307. 1916.

Wasser durch die Gallerte irreversibel. Die trockene Gelatinegallerte kann nur das 8—10fache ihres Gewichts an Wasser aufnehmen. Noch auffallender ist die Irreversibilität der Wasserabgabe durch die Kieselsäuregallerte.

Van Bemmelen[1]) untersuchte das Austrocknen der Kieselsäuregallerte im Exsiccator bei verschiedenem Wasserdampfdruck, der zwischen 0 und 12 mm variierte. Es zeigte sich, daß die frisch bereitete, mit Wasser gesättigte Kieselsäuregallerte ihr Wasser zunächst ziemlich leicht abgibt. Wird aber der Wasserdampfdruck wieder erhöht, so nimmt die Gallerte nur teilweise Wasser auf. Je mehr Wasser durch dieselbe abgegeben ist, desto schwieriger findet die Wiederaufnahme von Wasser statt und desto weniger Wasser wird aufgenommen. Nach dem Verlust von ungefähr der Hälfte des früheren Wassergehalts beginnt wieder eine sehr leichte Abgabe von Wasser und die Gallerte wird allmählich trübe. Später wird sie aber wieder klar und von da an wird Wasser wieder schwieriger abgegeben. Die Abgabe von Wasser ist aber diesmal vollkommen reversibel.

Um diese Eigentümlichkeiten in der Wasserabgabe durch die Kieselsäuregallerte zu erklären, muß man annehmen, daß mit dem Verlust von ungefähr einer Hälfte des Wassergehalts irgendwelche Strukturänderungen in der Kieselsäuregallerte auftreten, welche die Abgabe von Wasser begünstigen. Auch die Irreversibilität der Wasserabgabe war durch diese Strukturänderungen modifiziert, weil die Gallerte mehr Wasser, als man erwarten konnte, aufnahm und es bei einer nochmaligen Druckverminderung nicht so schnell abgab, wie es aufgenommen war.

Van Bemmelen untersuchte auch alte und konzentrierte Kieselsäuregallerten und fand, daß je länger eine Gallerte aufbewahrt wird, desto größere Veränderungen der Struktur in ihr auftreten. So trat die erwähnte Periode einer raschen Wasserabgabe bei einer 8 Jahre alten Gallerte schon am Anfang des Austrocknens ein, wobei nur eine sehr kleine Quantität von Wasser vollkommen irreversibel abgegeben wurde, während das übrige Wasser reversibel abgegeben wurde, so daß die ausgetrocknete Gallerte Wasser fast bis zum früheren Gehalt aufnahm, obwohl die Aufnahme langsamer stattfand, als die Abgabe. Ganz analog verhielten sich auch konzentrierte Gallerten (7%ige Kieselsäure).

---

[1]) Van Bemmelen: Zeitschr. f. anorgan. Chem. Bd. 13, S. 233. 1897; Bd. 59, S. 225. 1908; Bd. 62, S. 1. 1909.

Für die alten Gallerten ist also das Austrocknen nicht so gefährlich, wie für die frisch hergestellten.

Die in Gallerten und überhaupt in kolloidalen Systemen mit der Zeit auftretenden Veränderungen werden oft Hysteresis genannt. Die Ursache dieser Erscheinung ist noch nicht klargelegt, man könnte aber vermuten, daß sie in einer Umlagerung und Volumänderung der Amikronen und Ultramikronen besteht. Eine langsamere Aufnahme von Wasser im Vergleich mit der Abgabe desselben könnte dadurch zustande kommen, daß die beim Austrocknen entstehenden Capillaren nur langsam benetzt werden.

5. Kolloidchemie der Eiweißkörper.

a) Einteilung der Eiweißkörper.

Bekanntlich werden Eiweißkörper nach ihrer chemischen Zusammensetzung und teilweise auch nach ihren physikalischen Eigenschaften in Gruppen geteilt.

Die Hauptgruppen der Eiweißkörper sind die folgenden: 1. Proteine (oder Eiweiße), 2. Albuminoide, 3. Proteide und 4. Umwandlungsprodukte.

Proteine werden ihrerseits in Albumine, Globuline und Vitelline (oder Caseine) geteilt. Albumine sind in reinem Wasser löslich, Globuline lösen sich nur in Salzlösungen und Vitelline lösen sich weder in Wasser noch in Salzlösungen, werden aber durch schwache Alkalien gelöst.

Albuminoide lösen sich weder in Wasser, noch in Salzlösungen, noch in Alkalien und bilden die Hauptmasse der Gerüstsubstanzen der höheren Tiere. Beim Kochen mit Wasser spalten einige von ihnen das sogenannte Glutin oder Gelatine ab, die nur in heißem Wasser löslich ist, und bei der Abkühlung ihrer Lösungen gallertartig erstarrt.

Proteide sind Verbindungen von Proteinen (Eiweißen) mit anderen kompliziert gebauten Körpern, die eine ganz andere chemische Struktur haben und öfters außer N und S noch P enthalten. Proteide können in Wasser löslich oder unlöslich sein, lösen sich nicht selten in Salzlösungen oder gleichen in ihren Eigenschaften Kaseinen und Albuminoiden. Von den Proteiden sind Nucleoproteide, Glykoproteide, Lipoproteide und Hämoglobin am besten bekannt.

Die wichtigsten Umwandlungsprodukte der Eiweißkörper sind Acidalbumine, Alkalialbuminate, Albumosen, Peptone und Peptide. Sie entstehen hauptsächlich bei der Hydrolyse der Eiweißkörper.

b) Amphotere Eigenschaften der Eiweißkörper.

Proteine, Albuminoide und die Eiweißteile der Proteide sind bekanntlich aus Aminosäuren aufgebaut, die Carboxyle und Aminogruppen enthalten, welche ihnen gestatten, sowohl mit Basen als auch mit Säuren unter Bildung salzartiger Stoffe zu reagieren. Diese Eigenschaft wird auch den Eiweißkörpern erteilt. Wenn die letzteren mit Basen reagieren, wird Wasserstoff der Carboxylgruppen mit Metall vertauscht, wobei Wassermoleküle entstehen: $R-COOH + Me(OH) = R-COOMe + H_2O$. Reagiert ein Eiweißkörper mit Säuren, so werden die Moleküle derselben mit den Eiweißmolekülen verbunden: $R-NH_2 + HCl = R-NH_4Cl$. Man kann die Eiweißkörper gleichzeitig als Säuren und als Basen betrachten, je nachdem sie mit Basen oder Säuren reagieren.

Solche Verbindungen, die sowohl mit Säuren als auch mit Basen reagieren können, werden gewöhnlich amphoter genannt. Wenn amphotere chemische Verbindungen in Wasser gelöst werden, so müssen sie sowohl Wasserstoffionen ($\overset{+}{H}$), als auch Hydroxylionen ($\overset{-}{OH}$) in Lösung entsenden, weil gerade die Bildung dieser Ionen es den Eiweißkörpern ermöglicht, mit Basen und Säuren zu reagieren.

$$R\diagup_{COOH}^{NH_2} + H_2O = R\diagup_{COOH}^{NH_3OH} \qquad R\diagup_{COOH}^{NH_3OH} = \left(R\diagup_{COOH}^{\overset{+}{NH_3}}\right) + (\overset{-}{OH})$$

$$R\diagup_{COOH}^{NH_3OH} = \left(R\diagup_{COO}^{\overset{-}{NH_3OH}}\right) + (\overset{+}{H}).$$

c) Kolloide Eigenschaften der Eiweißlösungen.

Für die Kolloidchemie des Protoplasmas haben Eiweißkörper, die sich in Wasser oder Salzlösungen lösen, eine hervorragende Bedeutung. Wir beginnen daher die Betrachtung der kolloiden Eigenschaften der Eiweißkörper mit denjenigen der in Wasser oder Salzlösungen löslichen Eiweißkörper: Albumine, Hämoglobin, Globulin und Gelatine. Von diesen Körpern lassen sich Eieralbumin und Hämoglobin leicht krystallisieren und daher in vollkommen reiner Form erhalten.

Im allgemeinen Teil wurde betont, daß hydrophil-kolloide Lösungen, zu denen auch die Lösungen der eben aufgezählten Substanzen gerechnet werden müssen, einen Übergang zwischen kolloiden und molekularen Lösungen darstellen. Wir wollen jetzt die Übergangseigenschaften der Eiweißkörper etwas näher studieren.

Zunächst betrachten wir die Lösung von Hämoglobin in Wasser. Die Lösung wird zur Zeit als eine molekulare Lösung betrachtet. Die Moleküle des Hämoglobins sind aber so groß, daß sie durch die Membranen nicht durchdringen können und sicher zu den Amikronen gerechnet werden müssen, deren Größe nur mit derjenigen von kolloiden Goldlösungen verglichen werden kann. In der Tat berechnet man das Molekulargewicht des Hämoglobins nach seinem Eisengehalt (0,33%) in Voraussetzung, daß sein Molekül nur ein Eisenatom enthält ($C_{758}H_{1203}N_{195}O_{218}FeS_3$) zu 16666. Nach dem Gehalt des Kohlenoxyds in der Verbindung dieses Gases mit Hämoglobin wird das Molekulargewicht des Hämoglobins zu 16721 berechnet. Wenn man aber dieses Gewicht aus dem osmotischen Drucke des Hämoglobins in der Voraussetzung berechnet, daß seine kolloidalen Teilchen nur aus einem einzigen Molekül bestehen, so findet man es gleich 15849. Nach dem spezifischen Gewicht des Hämoglobins berechnet, ergibt sich der Durchmesser der Hämoglobinmoleküle gleich $2,3-2,5\ \mu\mu$ [1]). Die Größe der kolloidalen Goldteilchen wird aber zu $1-15\ \mu\mu$ berechnet.

Ob auch Albuminlösungen molekular sind, läßt sich zur Zeit nicht entscheiden. Doch scheinen einige Tatsachen dafür zu sprechen, daß in Albuminlösungen Aggregationen von Molekülen anwesend sind. Zunächst sei darauf aufmerksam gemacht, daß der osmotische Druck der Albuminlösungen kleiner als der des Hämoglobins ist, so daß das hypothetische Molekulargewicht des Albumins, in der Voraussetzung, daß jedes Albuminteilchen in Lösung nur ein einziges Molekül enthält, zu 34000 berechnet wird [2]).

Andererseits lassen sich in Albuminlösungen Dispersitätsänderungen wahrnehmen. So zeigten z. B. die eingehenden Untersuchungen von Lillie [3]), daß der osmotische Druck von Albumin

---

[1]) Näheres darüber: Zsigmondy: Kolloidchemie. 1922. S. 382.
[2]) Sörensen, S.: Zeitschr. f. physikal. Chem. Bd. 106, S. 111. 1919.
[3]) Lillie, R.: Americ. journ. of physiol. Vol. 20, p. 127. 1907.

durch einen Zusatz von Salzen zu seinen Lösungen erniedrigt wird, wobei sich nicht nur Anionen, sondern auch Kationen als wirksam erwiesen. Ordnet man die Anionen nach ihrer Wirkungskraft, so erhält man dieselbe Reihe, welche von Hofmeister und Pauli für die fällende Wirkung der Salze auf Eiweißlösungen erhalten wurden. Es wirken nämlich Sulfate stärker als Chloride, diese stärker als Nitrate usw. Die vollständige Reihe ist: $SO_4 >$ $Cl > NO_3 > Br > I > CNS$. Da die Koagulation mit einer Dispersitätsverminderung verbunden ist, so ist die Voraussetzung sehr wahrscheinlich, daß der osmotische Druck dank einer Dispersitätsverminderung der Albuminlösung durch Salze in den Versuchen Lillies verkleinert wurde, so daß die Zahl der Moleküle in einem Albuminteilchen vergrößert wurde.

Gegen die angeführte Auffassung der Wirkung der Salze machte Jacques Loeb [1]) begründete, aber doch nicht vollkommen unanfechtbare Einwände, indem er vor allem darauf hinwies, daß bei der Beurteilung der Resultate der Versuche über die osmotischen Drucke der Eiweißlösungen das sogenannte Donnansche Gleichgewicht berücksichtigt werden muß.

Wenn eine Membran zwei Elektrolytlösungen trennt und zugleich für eine Ionenart undurchlässig ist, so muß nach Donnan an der Membranseite, wo sich diese Ionenart befindet, ein osmotischer Überdruck und ein elektrisches Potential entstehen, obwohl die übrigen Ionen durch die Membran leicht permeieren.

Setzen wir voraus, daß sich eine Lösung von Eiweißchlorid, d. h. eine Verbindung von Eiweiß mit Salzsäure in einem Kollodiumsack befindet, welcher in eine verdünnte Salzsäure getaucht ist. Infolge der elektrischen Dissoziation ist diese Verbindung in Ionen zerlegt, so daß in der inneren Flüssigkeit Eiweißionen und Chlorionen anwesend sind (vgl. S. 41). In der Außenflüssigkeit sind Chlorionen und Wasserstoffionen anwesend. Alle Ionen, außer Eiweißionen, können durch die Membran leicht permeieren. Eiweißionen sind zu groß dazu. Nach Donnan [2]) soll sich das Ionengleichgewicht so einstellen, daß die Summe der Ionen im Kollodiumsack größer wird als draußen. Wenn also Salzsäure zu einer Albuminlösung, deren osmotischer Druck gemessen wird, zugesetzt wurde, so muß der osmotische Druck der Lösung größer

---

[1]) Loeb, Jacques: Proteins and the Theorie of Colloidal Behavior. p. 16, 88, 179. New York 1922.
[2]) Donnan, F.: Zeitschr. f. Elektrochem. Bd. 17, S. 572. 1911.

sein als vor dem Säurezusatz. Die gleiche Erscheinung muß auch nach dem Zusatz von Natronlauge zur Lösung zu beobachten sein.

Loeb machte viele Versuche, welche die Richtigkeit der angeführten Folgerungen bestätigten. Weiter untersuchte Loeb die Wirkung von Salzen auf die sauren Albuminlösungen und fand, daß dieselben, in Übereinstimmung mit dem Donnanschen Gleichgewicht, den osmotischen Druck herabsetzen, indem sie die elektrische Dissoziation vermindern. Es zeigte sich gleichzeitig, daß nur die Wertigkeit der Anionen für die Herabsetzung des osmotischen Drucks von Bedeutung ist. Salze setzen den osmotischen Druck auch alkalischer Albuminlösungen herab; in diesem Falle soll aber nur die Wertigkeit der Kationen von Bedeutung sein.

Leider machte Loeb keine Versuche mit neutralen Albuminlösungen, mit denen Lillie gearbeitet hatte, so daß die Versuchsresultate des letzteren ihre große Bedeutung nicht verlieren.

Der wichtigste Grund dafür, daß Albuminlösungen molekular sind, ist der, daß Säuren nach Loeb nur unbedeutende Änderungen der Viscosität dieser Lösungen hervorrufen (l. c. S. 199). Wenn die Albuminteilchen so groß wären, daß Eiweißionen aus dem Inneren der letzteren nach außen nicht wandern könnten, so würde sich zwischen dem Teilcheninneren und der umgebenden Säure ein Donnansches Gleichgewicht einstellen, so daß sich im Teilcheninneren ein osmotischer Überdruck entwickeln würde, der das Teilchenvolum und daher auch die Viscosität der Lösung vergrößern würde.

Man muß aber bemerken, daß Albuminteilchen Albuminionen nur an ihrer Oberfläche bilden könnten, so daß dieselben in das umgebende Wasser gar nicht zu wandern brauchten[1]).

Loeb nimmt an, daß heiße Gelatinelösungen ebenfalls molekular sind. Doch ist die Viscositätsänderung dieser Lösung nach dem Zusatz von Säuren auch nach Loeb sehr merklich, obwohl sie viel kleiner ist, als die Viscositätsänderungen der abgekühlten

---

[1]) Die Beobachtung Loebs, daß Säuren die Viscosität der Albuminlösung beinahe unverändert lassen, widerspricht den Angaben Wo. Paulis, denen zufolge die Viscosität der Albuminlösung durch Säuren und Laugen bedeutend erhöht wird. Um diese Erscheinung zu erklären, setzt Wo. Pauli sogar voraus, daß die Albuminionen, welche nach dem Säurezusatz entstehen, hydratisiert (gequollen) sind. Dieser Widerspruch könnte vielleicht dadurch erklärt werden, daß Wo. Pauli mit alten Eiweißlösungen arbeitete, welche wahrscheinlich einen kleineren Dispersitätsgrad haben, als frisch bereitete Lösungen.

Gelatinelösung. Diese ist so groß, daß man mit Loeb als bewiesen betrachten kann, daß die abgekühlten Gelatinelösungen grobe Emulsionen darstellen, deren Teilchen gallertartig sind. Die Versuche des genannten Forschers über die Viscositätsänderung solcher Emulsionen unter dem Einfluß von Säuren und Laugen usw. beweisen jedenfalls, daß das Donnansche Gleichgewicht auch auf kleine Gallertflöckchen anwendbar ist.

Je konzentrierter Gelatinelösungen sind, desto mehr Gallertflöckchen entstehen nach der Abkühlung, so daß die Viscosität der Gelatinelösungen mit der Konzentrationsvergrößerung zunimmt, bis in genügend konzentrierten Lösungen alle Gallertflöckchen zusammenhängend werden und die ganze Masse der Lösung zu Gallerte erstarrt.

Im vorigen Kapitel wurde erwähnt, daß man die Quellung als einen Lösungsvorgang betrachten kann. Wenn man zum Wasser, in welchem die Quellung der Gelatine stattfindet, eine Säure oder Lauge zusetzt, so nimmt die Gelatine viel mehr Wasser auf. Procter und Wilson, später auch Loeb, stellten fest, daß die Verstärkung der Quellung in Säuren und Laugen einem osmotischen Überdruck im Innern der Gallerte zugeschrieben werden muß, der sich in Übereinstimmung mit dem Donnanschen Gleichgewicht einstellt, weil die Gelatineionen nach außen nicht diffundieren können. Dieses Gleichgewicht soll nach Loeb auch die Verminderung der Quellung in konzentrierteren Säuren und Laugen erklären.

Die Wirkung der Salze auf die Gelatinequellung, die Hofmeister, Pauli, Spiro, Wo. Ostwald und Fischer festgestellt hatten, läßt sich nach Loeb ebenfalls durch das Donnansche Gleichgewicht erklären. Die genannten Forscher zeigten nämlich, daß verschiedene Anionen der Salze eine ungleich starke Verminderung der Quellung verursachen. Citrate, Acetate und Sulfate vermindern die Quellung in Wasser, Nitrate, Chloride, Bromide, Jodide und Rhodanide fördern dieselbe und hindern die Quellung in verdünnten Säuren nicht so stark, wie Citrate und Sulfate. Die ganze Ionenreihe, die unter dem Namen der Hofmeisterschen Reihe bekannt ist, gestaltet sich, nach der abnehmenden hemmenden Wirkung der Ionen, folgendermaßen: Citrat > Sulfat > Acetat > Nitrat > Bromid > Jodid > Rhodanid [1]).

---

[1]) Hofmeister, F.: Arch. f. exp. Pathol. u. Pharmakol. Bd. 25, S. 13. 1888. Bd. 27, S. 397. 1890; Bd. 28., S. 210. 1891. — Pauli, W.: Pflügers

Loeb zeigte, daß bei der Quellung der Gelatine in Säuren nur Anionen, bei der Quellung in Laugen nur Kationen der Salze eine hemmende Wirkung ausüben, wobei nicht die spezifische chemische Natur der Ionen, sondern ihre Wertigkeit von Bedeutung sei. Die zweiwertigen Ionen wirken stärker als die einwertigen. Die dreiwertigen Ionen wirken aber noch stärker als die zweiwertigen. Die Wirkung der Salze läßt sich nach Loeb mit Hilfe des Donnanschen Gleichgewichts erklären. Salze setzen nämlich die elektrische Dissoziation der Verbindung der Gelatine mit Säuren oder Laugen herab und erniedrigen damit den osmotischen Überdruck im Gallerteninneren. Die Nichtübereinstimmung mit den Resultaten früherer Forscher erklärt Loeb damit, daß in den Versuchen derselben die Wasserstoffionkonzentration der Lösung nicht berücksichtigt wäre. Diese Konzentration werde durch verschiedene Salze ungleich stark beeinflußt.

Betrachten wir jetzt die kolloidalen Eigenschaften von Globulin, das in reinem Wasser unlöslich, in Salzlösungen dagegen löslich ist. Dieses merkwürdige Verhalten von Globulin soll nach Hardy[1]) durch die Bildung komplexer Salzverbindungen erklärt werden. Globulin, das unlöslich in Wasser ist, soll mit Salzen wasserlösliche Verbindungen bilden, die durch Wasser zersetzt werden, wie es auch für andere anorganische Verbindungen bekannt ist. Verdünnt man nach Michaelis[2]) eine Globulinlösung statt mit Wasser mit physiologischer Kochsalzlösung, so fällt das Protein nicht aus, obwohl in der Lösung Ultramikronen erscheinen.

d) Elektrische Eigenschaften der kolloiden Eiweißlösungen.

Die Teilchen einer hydrophilen Kolloidlösung werden, wie erwähnt, durch Anziehungskräfte zwischen denselben und Wasser in Lösung erhalten. Die elektrische gegenseitige Abstoßung der Teilchen spielt in diesem Falle keine Rolle, weil die Ladung der hydrophilen Kolloide entweder sehr gering ist oder gänzlich fehlt.

Arch. f. d. ges. Physiol. Bd. 67, S. 219. 1897; Bd. 71, S. 333. 1898. — Spiro, K.: Hofmeisters Beitr. z. chem. Physiol. u. Pathol. Bd. 5, S. 276. 1904. — Fischer, M.: Oedema. New York 1910. — Ostwald, Wo.: Pflügers Arch. f. d. ges. Physiol. Bd. 108, S. 563. 1905; Bd. 111, S. 581. 1906.
[1]) Hardy, W.: Journ. of the physiol. Vol. 33, p. 251. 1905; Proc. of the roy. soc. Vol. 79, p. 413. 1907.
[2]) Michaelis: Virchows Arch. f. pathol. Anat. u. Physiol. Bd. 179, S. 195. 1905.

Die Teilchen der Eiweißlösungen sind meistenteils etwas negativ geladen. Im Gefälle des elektrischen Feldes bewegen sich die Eiweißteilchen sehr schwach nach der Anode. Um sie vollkommen isoelektrisch zu machen, muß man zur Eiweißlösung etwas Säure hinzusetzen. So wird z. B. Serumalbumin isoelektrisch, wenn die Konzentration der Wasserstoffionen in seinen Lösungen 2×10^{-5} normal ist, oder wie man dies jetzt mit Sörensen ausdrückt, bei $-\mathrm{pH} = 4{,}7$ [1]). Der Neutralpunkt liegt bekanntlich bei $-\mathrm{pH} = 7{,}2$. Eieralbumin ist isoelektrisch bei $-\mathrm{pH} = 4{,}8$; Serumglobulin bei $-\mathrm{pH} = 4{,}4$; Oxyhämoglobin, Gelatine und Casein bei $-\mathrm{pH} = 4{,}7$. Beim weiteren Zusatz von Säure werden die Eiweißkörper positiv geladen und bewegen sich sehr schwach nach der Kathode. Nach dem Zusatz von Laugen werden sie stärker negativ.

Man könnte freilich alle diese Verhältnisse mit Hilfe der früher beschriebenen Adsorptionshypothese erklären, wie wir die elektrische Ladung der Teilchen der hydrophoben Kolloide erklärten. Es sei aber daran erinnert, daß die Teilchen der hydrophilen Kolloide sich nicht durch Salze elektrisieren lassen, weil sie mit Wasserhüllen bedeckt sind, so daß sie keine freie Oberfläche, an welcher Elektrolyte adsorbiert werden könnten, besitzen. Man könnte aber die erwähnten Ladungsverhältnisse der Eiweißlösungen rein chemisch deuten.

Wir wissen schon, daß Eiweißkörper amphotere Elektrolyte sind und daß sie in wäßrigen Lösungen sowohl $(\overset{+}{\mathrm{H}})$-Ionen als auch $(\overset{-}{\mathrm{OH}})$-Ionen entsenden.

Die elektrische Dissoziation verläuft bekanntlich stets so, daß das Verhältnis des Produkts der aus einem Elektrolyten gebildeten Ionenmengen zur Menge des unzersetzten Elektrolyts konstant ist. Man nennt dieses Verhältnis Dissoziationskonstante. Nach diesem Gesetz ist also bei der Auflösung eines Eiweißkörpers in Wasser (vgl. S. 34):

$$\frac{(\overset{+}{\mathrm{H}}) \times (\mathrm{NH_3OH} - \overset{-}{\mathrm{R}} - \mathrm{COO})}{\mathrm{NH_3OH} - \mathrm{R} - \mathrm{COOH}} = K_1 \quad \text{und} \quad \frac{(\overset{-}{\mathrm{OH}}) \times (\mathrm{NH_3} - \overset{+}{\mathrm{R}} - \mathrm{COOH})}{\mathrm{NH_3OH} - \mathrm{R} - \mathrm{COOH}} = K_2$$

Die Konstante K_1 ist gewöhnlich größer als K_2, so daß in Eiweißlösungen $(\overset{+}{\mathrm{H}})$-Ionen stets in einer größeren Menge als $(\overset{-}{\mathrm{OH}})$-Ionen

---

[1]) Sörensen: Cpt. rend. trav. laborat. Carlsberg. Tome 12, 1915—17.

vorhanden sind. Eiweißkörper müssen also als sehr schwache Säuren betrachtet werden. Andererseits sind in Eiweißlösungen auch Ionen ($NH_3OH-\overset{-}{R}-COO$) in Mehrzahl vorhanden. Wenn wir also durch eine Eiweißlösung den elektrischen Strom leiten, so bewegen sich die Eiweißteilchen in beiden Richtungen, aber die Bewegung nach der Anode ist stärker als nach der Kathode [1]); gleichzeitig wird eine schwache Ausscheidung von Wasserstoff an der Kathode und eine noch schwächere Ausscheidung von Sauerstoff an der Anode beobachtet. Die Bewegung der Eiweißteilchen und die Ausscheidung der Gase ist aber nur sehr schwach, weil freie Eiweißkörper nur sehr schwach elektrolytisch dissoziiert sind.

Bringen wir in die Lösung außer einem Eiweißkörper eine starke Säure, z. B. verdünnte Salzsäure, so bildet sie sehr viel Wasserstoffionen und die Ionisation in der linken Gleichung wird zurückgedrängt, während umgekehrt dieselbe in der rechten Gleichung befördert wird. Infolgedessen entstehen ($\overset{-}{OH}$)-Ionen, die sofort durch die ($\overset{+}{H}$)-Ionen der Salzsäure neutralisiert werden; die Kationen ($NH_3-\overset{+}{R}-COOH$) verbinden sich teilweise mit den Anionen der Salzsäure (Cl) zum Salz $NH_3Cl-R-COOH$, hauptsächlich bleiben sie aber in der Lösung frei, weil die elektrische Dissoziation der Salze schwacher Basen, zu denen Eiweißkörper gerechnet werden müssen, immer sehr stark ist. Deshalb sind jetzt in der Lösung die Kationen ($NH_3-\overset{+}{R}-COOH$), je nach der Menge der zugesetzten Salzsäure, entweder in Mehrzahl oder in einer Menge vorhanden, die derjenigen der Anionen ($NH_3OH-\overset{-}{R}-COO$) gleich ist. Im letzteren Falle ist der isoelektrische Punkt erreicht, weil sich Eiweißkörper gleich stark, aber sehr schwach nach beiden Polen bewegen. Sind aber die Kationen ($NH_3-\overset{+}{R}-COOH$) in Mehrzahl vorhanden (wenn also eine größere Salzsäuremenge zugesetzt ist), so bewegen sich die Eiweißteilchen stärker nach der Kathode.

Bei den Untersuchungen von Pauli zeigte es sich in der Tat, daß nach einem steigenden Zusatz von Salzsäure zu Eiweißlösungen die Konzentration der freien Chlorionen immer zunimmt. Bei

---

[1]) Pauli, W.: Beitr. z. chem. Pathol. u. Physiol. Bd. 7, S. 531. 1906.

einer höheren Konzentration als 0,02 normaler Salzsäure nimmt infolge einer Depression der elektrischen Dissoziation die Konzentration der freien Chlorionen wieder ab, bis bei größeren Säurekonzentrationen die beiden Ionen ($\overset{-}{\text{Cl}}$), sowohl auch ($\overset{+}{\text{H}}$), durch Eiweiß fast in gleicher Weise gebunden werden.

e) Die Koagulation der Eiweißkörper.

Wie schon früher auseinandergesetzt wurde, verhalten sich hydrophil-kolloide Lösungen, zu denen auch Eiweißlösungen gerechnet werden müssen, gegen Elektrolyte ganz anders, als hydrophobe Lösungen. Nur konzentrierte Salzlösungen können Eiweißlösungen zur Koagulation bringen. Eine ähnliche Wirkung üben auch Alkohol, Aceton und andere organische Körper aus. Bei hohen Temperaturen zeigen dagegen einige wasser- und salzlösliche Eiweißkörper Koagulation ohne vorherigen Zusatz größerer Salzmengen. Diese sogenannte Hitzekoagulation wird in Lösungen von Albumin, Globulin, Hämoglobin und anderen Proteiden beobachtet.

Wie früher erwähnt, gelingt die Hitzekoagulation der Eiweißlösungen, welche durch Dialyse von Salzen befreit sind, gar nicht. Sie tritt aber ein, sobald Salze zu solchen Lösungen zugesetzt werden. Auch nach dem Kochen und Abkühlen der Eiweißlösungen koagulieren sie, wenn zu ihnen Elektrolyte hinzugefügt werden[1]).

Hardy[2]) wies zuerst darauf hin, daß die Hitzekoagulation aus zwei Prozessen zusammengesetzt ist: 1. Denaturation und 2. Agglutination (d. h. Koagulation) des denaturierten Eiweißes (z. B. Albumins). Diese Annahme wurde später von H. Chick und C. J. Martin[3]) und dem Verfasser[4]) bestätigt. Diese Forscher zeigten außerdem, daß Wasser bei der Denaturation eine bedeutende Rolle spielt und betrachteten dieselbe als eine chemische Reaktion zwischen Wasser und Eiweißkörpern.

Auf Grund seiner Untersuchungen über den Einfluß von

---

[1]) Aronstein, B.: Pflügers Arch. f. d. ges. Physiol. Bd. 8, S. 75. 1874. — Heinsius, E.: Ibid. Bd. 9, S. 514. 1874. — W. Kieseritzky: Die Gerinnung usw. Diss. Dorpat 1882. — Rosenberg, Al.: Vergleichende Untersuchungen betr. das Alkalialbuminat usw. Diss. Dorpat 1883.

[2]) Hardy, W.: Journ. of the physiol. Vol. 24, p. 158. 1899.

[3]) Chick and Martin, C.: Journ. of the physiol. Vol. 45, p. 61. 1912.

[4]) Lepeschkin, W.: Biochem. Journ. 1922; Kolloidzeitschr. Bd. 21, S. 342. 1922; S. 168. 1923.

Säuren, Laugen und Salzen auf die Geschwindigkeit der Denaturation kam der Verfasser zum Schlusse, daß dieselbe eine schwache Hydrolyse von Eiweißkörpern darstellt.

Die Hydrolyse, z. B. die Zuckerinversion, wird bekanntlich durch Säuren sehr stark beschleunigt, weil Wasserstoffionen in diesem Falle katalytisch wirken. Salze verstärken die katalytische Kraft dieser Ionen und daher die Hydrolyse nach der Reihenfolge ihrer Anionen: Rhod. > Chlor > Sulf. Ähnlich beeinflussen Säuren und Salze auch die Denaturation der Eiweißkörper. Größere Konzentrationen der Salze wirken aber in beiden Fällen verlangsamend, weil sie die elektrische Dissoziation der Säure hindern. Kleine Konzentrationen von Laugen hindern die Zersetzung in beiden Fällen, weil Hydroxylionen die Wasserstoffionen neutralisieren, größere Konzentrationen von Laugen beschleunigen aber die Denaturation der Eiweißkörper, weil die mit Alkalien entstehende Verbindung derselben (oder ihre Ionen) mit Wasser leichter reagiert, als freie, schwach ionisierte Eiweißkörper. Leichter reagieren mit Wasser auch die Verbindungen der Eiweißkörper mit Säuren, so daß die Wirkung der letzteren eine doppelte ist.

Die Reaktion zwischen Eiweiß und Wasser, die zur Bildung des denaturierten Eiweißes führt, wird durch Temperaturerhöhung außerordentlich stark beschleunigt. In den Versuchen des Verfassers wurde z. B. filtriertes Hühnereiweiß bei 63° C in 40 Sekunden, bei 56° C aber erst in 6 Stunden denaturiert. Der Temperaturkoeffizient variiert sehr stark bei verschiedenen Eiweißarten und ist gewöhnlich 1,3—2,5 für jede Temperaturerhöhung um 1° C, oder 14—9500 für jede Temperaturerhöhung um 10° C, so daß dieser Koeffizient viel größer ist als derjenige der meisten chemischen Reaktionen (2—3 für jede Temperaturerhöhung um 10° C). Die Temperaturkoeffizienten von Hämoglobin und Hühnereiweiß, nach der Formel von Arrhenius berechnet, sind ungefähr $M = 62 \cdot 10^3$ und $M = 126 \cdot 10^3$ [1]).

Denaturiertes Eiweiß besitzt nicht mehr die Eigenschaften der hydrophilen Kolloide. Seine Lösungen sind nicht weniger empfindlich gegen Salze als hydrophob-kolloide Lösungen. So verlangte in den Versuchen des Verfassers die Koagulation einer nativen

---

[1]) Die Arrheniussche Formel ist: $K_1 = K_0 e^{\frac{\mu}{2}\left(\frac{T - T_0}{T_0 T}\right)}$, wo K_1 die Reaktionskonstante (oder Reaktionsgeschwindigkeit) bei der absoluten Temperatur T_1, K_0 diejenige bei der Temperatur T_0, μ der Temperaturkoeffizient.

Albuminlösung den Zusatz von zwei Molekülen Ammoniumsulfat für jedes Lösungsliter, während die Koagulation desselben Albumins nach der Denaturation bei einem Gehalt von 0,05 Molekülen Ammoniumsulfat im Liter eintrat.

Denaturiertes Eiweiß verbindet sich mit Säuren und Alkalien, ähnlich wie natives Eiweiß. Die entstehenden Verbindungen mit Säuren sind viel empfindlicher gegen Elektrolyte als freies Eiweiß, während die Verbindungen mit Alkalien, je nach dem Alkaligehalt, mehr oder weniger hydrophil sind. Verbindungen, die viel Alkali enthalten, verlangen für die Koagulation beinahe soviel Salz wie natives Eiweiß.

Der Temperaturkoeffizient der Koagulation der sauren Verbindungen denaturierten Eiweißes ist sehr klein und demjenigen der Koagulation anderer hydrophober Kolloide (z. B. Arsensulfid) ungefähr gleich (1,2—1,5), während der Temperaturkoeffizient der Koagulation der alkalischen Verbindungen bedeutend höher ist und sogar denjenigen der meisten chemischen Reaktionen übersteigt.

Die Koagulation nicht denaturierter Eiweißkörper tritt nur bei einem hohen Salzgehalt in Lösung ein, weil infolge dicker Wasserhüllen die Kolloidteilchen Ionen nicht adsorbieren und daher nicht geladen oder entladen werden können. Um elektrisch durch Ionen geladen zu werden, müssen die Eiweißteilchen erst von ihrer Wasserhülle befreit werden. Diese Befreiung vom Wasserüberschuß kann gerade durch stark konzentrierte Salzlösungen erzielt werden. Salze haben eine größere Affinität zu Wasser und entwässern daher die Eiweißteilchen. Nachdem aber die letzteren vom Wasserüberschuß befreit sind, beginnen sie sofort zusammenzukleben und auszufallen. Wird aber der entstandene Niederschlag von Eiweiß mit Wasser behandelt, so werden Wasserhüllen hergestellt und die Teilchen wieder dispergiert (peptisiert).

Verschiedene Alkalisalze üben eine ungleich stark entwässernde Wirkung auf Eiweißkörper aus. In neutralen und alkalischen Lösungen entwässern Citrate mehr als Tartrate, diese mehr als Sulfate usw. Die ganze Anionenreihe ist die folgende: Citr. > Tartr. > SO_4 > Acet. > Cl > NO_3 > J > Rhod.[1]). Diese Ionenreihe ist derjenigen, welche bei der Wirkung der Salze auf die

---

[1]) Hofmeister, F.: Arch. f. exp. Pathol. u. Pharmakol. Bd. 24, S. 247. 1888; Bd. 25, S. 1. 1889. — Lewith, S.: Ibid. Bd. 24, S. 1. 1888.

Quellung und den osmotischen Druck erhalten war, gleich. Merkwürdigerweise kehrt sich die Reihe um, wenn die Reaktion der Eiweißlösung sauer wird, so daß jetzt Rhodanide am stärksten fällen, während Citrate am schwächsten wirken [1]). Die Ursache der ungleichen Wirkung verschiedener Ionen bei der reversiblen Koagulation der Eiweißkörper ist bis jetzt noch nicht erklärt.

Die Hofmeistersche Ionenreihe bezeichnet man oft auch als lyotrope oder hydrotrope Reihe.

Salze zweiwertiger Metalle (Ca, Ba, Sr) rufen Koagulation von Eiweißkörpern ebenfalls nur bei hohem Salzgehalt in der Lösung hervor. Die entstehenden Niederschläge sind aber in diesem Falle unlöslich in Wasser. Die Ursache dieser Erscheinung liegt in einer stark beschleunigenden Wirkung der Salze zweiwertiger Metalle auf die Denaturation. Auch Alkalisalze rufen irreversible Koagulation hervor, wenn Eiweißlösungen mehr als 0,03 mal Salzsäure im Liter enthalten. Säure beschleunigt die Denaturation des niedergeschlagenen Eiweißes.

Ganz anders wirken Schwermetallsalze auf Eiweißlösungen. Schwermetalle (Quecksilber, Blei, Zink, Kupfer u. a.) bilden mit Eiweißkörpern salzartige Verbindungen, die einen hydrophoben Charakter besitzen. Da das Molekulargewicht des Eiweißes sehr groß ist, so genügt schon eine ganz kleine Quantität von Schwermetallsalzen, um in einer Eiweißlösung eine Koagulation hervorzurufen. Die entstehenden Eiweißverbindungen sind in Wasser unlöslich, lösen sich aber im Überschuß der Reagentien und Alkalisalze, sodaß das Eiweiß der Verbindungen nicht denaturiert ist. Die Löslichkeit derselben im Salzüberschuß wird durch die Bildung von Doppelsalzen erklärt. Solche Doppelsalze besitzen hydrophilen Charakter und werden durch Ammoniumsulfat bei starker Konzentration desselben zur Koagulation gebracht.

Die Verbindungen von Eiweißkörpern mit Schwermetallsalzen reagieren viel leichter mit Wasser und werden viel schneller denaturiert, als native Eiweißkörper. So genügt schon ein Zusatz von 0,0001 Mol Sublimat zu einem Liter Eiweißlösung, um die Denaturation des Eiweißes um das 40fache zu beschleunigen.

Eiweißlösungen werden auch durch organische Flüssigkeiten und feste Substanzen, die sich mit Wasser in jedem Verhältnisse

---

[1]) Posternak, S.: Ann. de l'inst. Pasteur. Tome 15, p. 85. 1901. — Pauli, W.: Hofmeisters Beitr. z. chem. Physiol. u. Pathol. Bd. 5, S. 27. 1903.

mischen, oder doch in demselben sehr gut löslich sind, zur Koagulation gebracht. Koagulierend wirken z. B. Alkohole, Aceton, Chloralhydrat u. a. Aber auch in diesem Falle sind Salze notwendig. Von Salzen befreite Eiweißlösungen koagulieren nicht bei Einwirkung von Alkohol. Die genannten Substanzen wirken offenbar entwässernd auf die Eiweißteilchen, die, von ihren Wasserhüllen befreit, sich wie Teilchen von hydrophoben Kolloiden verhalten. Setzt man viel Alkohol zu einer Eiweißlösung, die durch Dialyse von Elektrolyten befreit ist, so entsteht noch kein Niederschlag. Nach Zusatz einer kleinen Salzmenge bildet sich sofort ein Niederschlag. Man kann also schließen, daß nach der Einwirkung von Alkohol, wie nach derjenigen von Alkalisalzen, in hohen Konzentrationen, Eiweiß einen hydrophoben Charakter annimmt.

Die unter der Einwirkung der organischen Substanzen entstehenden Eiweißniederschläge sind nur während einer kurzen Zeit in Wasser löslich, weil alle diese Substanzen die Denaturation sehr stark beschleunigen. Die beschleunigende Wirkung von Alkohol auf die Denaturation von Albumin zeigt die folgende Tabelle[1]).

Beschleunigende Wirkung von Äthylalkohol auf die Denaturation von Albumin.

Temperatur in Graden Celsius	Zeit der Denaturation von Albumin in Sekunden Alkoholgehalt in Prozenten			
	0% Sek.	4% Sek.	8% Sek.	16% Sek.
60,0	37	—	—	—
56,0	295	—	—	—
55,0	465	—	—	—
53,0	1110	103	—	—
51,0	2700	265	75	—
49,0	—	710	140	—
47,0	—	1820	445	15
45,0	—	—	1260	47
42,0	—	—	—	200
40,0	—	—	—	480
38,0	—	—	—	970
Temperaturkoeffizient für eine Temperaturerhöhung um 1° C	1,59	1,61	1,61	1,59

[1]) Lepeschkin, W.: Kolloidzeitschr. Bd. 22, S. 100. 1923.

Aus der angeführten Tabelle ersieht man, daß der Temperaturkoeffizient der Denaturation durch Alkohol nicht verändert wird, so daß die chemische Reaktion zwischen Albumin und Wasser nicht modifiziert, sondern nur beschleunigt wird. Ähnlich wirken auch die anderen organischen Substanzen.

Wenn Äther, Chloroform, Benzol und andere organische Flüssigkeiten, die mit Wasser nicht mischbar sind, über eine konzentrierte Albuminlösung geschichtet werden, so bildet sich nach Verlauf von einigen Stunden an der Grenze beider Flüssigkeiten ein festes Häutchen denaturierten Eiweißes. Dieses Häutchen entsteht infolge einer starken Kondensation von Albumin an der Oberfläche (Adsorption vgl. S. 14 u. 19) ihrer Lösung. Äther, Chloroform und andere Flüssigkeiten bilden in Wasser nur kolloide Lösungen [1]), d. h. sie zerteilen sich in Wasser zu sehr kleinen Tröpfchen. An der Oberfläche solcher Tröpfchen wird Albumin kondensiert und es ist vollkommen begreiflich, daß diese Flüssigkeiten, hinzugesetzt zu Eiweißlösungen, die Denaturation des Eiweißes sehr stark beschleunigen. So verläuft die Denaturation des Hühnereiweißes, das mit Chloroform geschüttelt worden war, beinahe augenblicklich bei 55° C, während dasselbe Hühnereiweiß ohne Chloroform wenigstens 12 Stunden verlangt, um bei 55° C denaturiert zu werden [2]).

6. Kolloidchemie der Lipoide.

Als Lipoide bezeichnet man zur Zeit Substanzen, die in Organismen gefunden werden und sich durch ihre Löslichkeit in Äther, Benzol, Chloroform, Öl und zum Teil in Alkohol und Unlöslichkeit (molekulare) in Wasser auszeichnen. Zu der genannten Gruppe gehören einerseits die sogenannten neutralen Fette, d. h. hauptsächlich Triglyceride von Stearin-, Palmitin- und Öleinsäure, Phosphatide, die Abkömmlinge von Glycerin, Phosphorsäure und Cholin darstellen, und Sterine (Phyto- und Cholesterine), die zur Klasse der hochmolekularen aliphatischen Alkohole gehören.

Alle Lipoide bilden unter geeigneten Bedingungen Emulsionen in Wasser, deren Teilchen sich zum Teil in Ultramikronen verwandeln können, so daß schließlich emulsionskolloide Lösungen

---

[1]) Traube, J. und P. Klein: Kolloidzeitschr. Bd. 21, S. 236. 1917. Biochem. Zeitschr. Bd. 130, S. 479. 1922.

[2]) Lepeschkin, W.: Kolloidzeitschr. Bd. 32, S. 102. 1923.

entstehen. Die Emulsionen und kolloiden Lösungen der Lipoide haben meistenteils einen hydrophoben Charakter, indem sie durch kleine Elektrolytmengen koaguliert werden.

Die kolloiden Lecithinlösungen nehmen eine Stellung zwischen hydrophoben und hydrophilen Lösungen, während sich aus Fetten bildende Seifen einen ausgeprägten hydrophilen Charakter haben.

Öle bilden mit destilliertem Wasser keine Emulsionen. Nur ein Zusatz von Seifen, kohlensauren Alkalien, Laugen, Eiweißkörpern, Polysacchariden usw. führt zur Bildung beständiger Emulsionen. Alle diese Substanzen erniedrigen die Oberflächenspannung an der Grenze Öl — Wasser sehr stark und hindern somit das Bestreben der Tröpfchen, zu größeren Tropfen zusammenzufließen. Man schreibt diese schützende Wirkung der Zusätze auch der Bildung von Adsorptionshäutchen an der Oberfläche der Tröpfchen zu. Diese Annahme ist aber nicht für alle Fälle bewiesen, und es ist viel wahrscheinlicher, daß die zugesetzten oder entstehenden (beim Zusatz von kohlensauren Alkalien bildet sich Seife) hydrophilen Kolloide als Schutzkolloide wirken, indem sie Öltröpfchen mit einer Wasserhülle bedecken; sie wirken auf Ölemulsionen, wie Gelatine auf Silberlösungen (vgl. S. 27).

Man kann sich zweierlei Ölemulsionen denken. Es kann entweder Öl oder Wasser die disperse Phase bilden. Wenn man Öl zu Wasser hinzusetzt, so erhält man Öl als disperse und Wasser als zusammenhängende Phase. Wenn dagegen Wasser zu Öl zugesetzt wird, so bildet Wasser die disperse Phase. Die beiden Emulsionen verwandeln sich bei zunehmendem Gehalt an dispersen Phasen ineinander. Wenn z. B. Öl zur Ölemulsion immer mehr hinzugesetzt und das Gemisch geschüttelt wird, so nimmt die Viscosität der Emulsion fortwährend zu, bis die Öltröpfchen gegeneinander gepreßt werden. Alsdann fließen dieselben zusammen und bilden die zusammenhängende Phase, während das Wasser dispers wird.

Der beschriebene Umschlag einer Emulsion in die andere tritt bei einem verschiedenen Ölgehalt, je nach der Alkalität der Flüssigkeit, dem Gehalt an Salzen, Temperatur usw. ein. So findet z. B. der Umschlag erst bei einem doppelt so niedrigen Ölgehalt statt, wenn die Alkalität von $1/4$ auf $1/2$ normal NaOH erhöht wird. Der Zusatz von $CaCl_2$ begünstigt diesen Umschlag usw.[1]

---

[1] Robertson, Th.: Kolloidzeitschr. Bd. 7. 1910.

Die beständigsten Emulsionen werden beim Eingießen der Alkohol- oder Acetonlösungen von Öl in Wasser erhalten, wobei sich die Öltröpfchen negativ laden (vgl. S. 24)[1]). Zwischen dispersen Öltröpfchen besteht eine Anziehung, wie zwischen Teilchen hydrophob-kolloider Lösungen; die elektrische Ladung der Tröpfchen wirkt aber derselben entgegen. Wird aber das elektrische Potential durch zugesetzte Elektrolyte unter den kritischen Wert erniedrigt, so überwiegt die Anziehung und die Tröpfchen vereinigen sich, um später zusammenzufließen. Die Koagulation tritt ein, wenn das Potential ungefähr gleich 0,03 Volt wird. Am stärksten wirken die dreiwertigen Anionen, dann folgen die zweiwertigen und schließlich die einwertigen.

Lecithin- und Cholesterinemulsionen und -Lösungen werden durch Eingießen ihrer ätherischen Lösungen in Wasser erhalten. Lecithinemulsionen entstehen aber auch bei einer freiwilligen Dispersion in Wasser. An der Grenze von Lecithin und Wasser ist nur eine minimale Oberflächenspannung vorhanden, die sich besonders bei Zusatz von Albumin zu Wasser sogar in die negative verwandelt, so daß das Lecithin die bekannten Myelinformen bildet. Es zerfällt in kleine unregelmäßige Tröpfchen, die ihre Gestalt fortwährend ändern. Die Vermehrung der Tröpfchen kann man unter dem Mikroskop leicht verfolgen[2]). Somit erinnert Lecithin durch seine Fähigkeit, in Wasser selbständig zu emulgieren, an hydrophile Kolloide. Auch die kolloidalen Eigenschaften der Lecithinlösungen nehmen eine mittlere Stellung zwischen denjenigen der hydrophilen und der hydrophoben Lösungen ein.

Die kolloiden Lecithinlösungen werden nur durch größere Konzentrationen von Alkalimetallsalzen koaguliert. Doch sind sehr konzentrierte Lösungen dieser Salze wirkungslos. Nach Porges und Neubauer[3]) wirkt Kochsalz nur in normalen Lösungen vollständig ausfällend. Halbnormale und 5-normale Lösungen koagulieren dagegen Lecithin nicht. Salze von zweiwertigen Metallen wirken viel stärker koagulierend, als Alkalisalze. So wirken $CaCl_2$, $SrCl_2$ und $BaCl_2$ schon bei einer Konzentration von $1/100$ mol im Liter ausfällend.

---

[1]) Hatschek: Kolloidzeitschr. Bd. 9, S. 159. 1911.

[2]) Quinke: Ann. d. Physiol. u. Chem. N. F. Bd. 53. 1891. — Freundlich: Kapillarchemie. S. 473. 1909. — Michaelis: Kolloidzeitschr. Bd. 4, S. 55. 1909.

[3]) Porges, O. und E. Neubauer: Biochem. Zeitschr. Bd. 7, S. 152. 1908.

Die spezifischen chemischen Eigenschaften von Kationen sind scharf ausgeprägt. So fällt Aluminiumsulfat Lecithin gar nicht, während Eisensulfat schon in Konzentrationen von 1-norm. bis $1/2000$-norm. koagulierend wirkt. Salze von Schwermetallen fällen ebenfalls zum Teil. So fällt Zinkchlorid Lecithin bei der Konzentration von 1, $1/5$ und $1/100$ mol. im Liter, während es bei der Konzentration von $1/20$ mol. im Liter wirkungslos ist. Quecksilbersalze fällen Lecithin überhaupt nicht.

Entsprechend den schwachen hydrophilen Eigenschaften der Lecithinlösungen koagulieren Salze mit verschiedenen Anionen ungleich stark, wobei die bekannte lyotrope Reihe zum Vorschein kommt: $SO_4 >$ Acet. $>$ Cl $> NO_3 >$ Br $>$ J $>$ Rhod.

Am merkwürdigsten ist bei Lecithinlösungen das erwähnte Hervortreten von zwei und sogar drei Koagulationszonen, wie z. B. bei der Einwirkung von Zinkchlorid.

Kolloidale Cholesterinlösungen sind in bezug auf die Wirkung von Elektrolyten denjenigen von Lecithin sehr ähnlich. Abweichend ist die Wirkung von Aluminium- und Eisensalzen. Aluminiumalaun fällt Cholesterin schon bei einer Konzentration von 0,0001 mol. im Liter und Eisenchlorid bei 0,002 mol im Liter. Quecksilbersalze koagulieren auch die Cholesterinlösung garnicht.

Erster Teil.
Allgemeine Kolloidchemie des Protoplasmas.
1. Vorbemerkungen.

Der Gedanke, daß das Protoplasma und seine lebenden Einschlüsse einen besonderen Bau besitze, der demjenigen der kolloiden Körper ähnlich ist, wurde zum ersten Male von Nägeli ausgesprochen[1]). Dieser Bau sollte, nach Nägeli, ein micellarer sein, d. h. ein System von kleinen Teilchen — „Micellen" darstellen, die aus Molekülen zusammengesetzt sind. In der Einleitung haben wir erfahren, daß diese Ansicht Nägelis eine Grundlage unserer modernen Theorien des kolloidalen Zustands geworden ist.

Seit Nägeli wurde die Analogie zwischen den physikalischen Eigenschaften des Protoplasmas und denjenigen der Kolloide von Biologen mehrmals hervorgehoben und auch von Pfeffer durch die Aufstellung der Theorie der Tagmen unterstrichen.

Doch wurden die Biologen durch ihre Überzeugung, daß die lebende Materie einen sehr feinen, festen und komplizierten Bau besitze, der derselben alle Räder und Federn der Maschine ersetzen könne, zur Erforschung des histologischen Baus der Zelle veranlaßt, so daß die Anwendung der Physik und Chemie auf die Lösung des Grundproblems der Physiologie verlassen wurde.

Die entstandenen Theorien der Protoplasmastruktur, obwohl sie schon durch ihre Verschiedenheit ihre Hilflosigkeit in der Entscheidung des Protoplasmaproblems zu demonstrieren schienen, wurden doch von den meisten Naturforschern für die weitere Entwicklung der Wissenschaft als notwendig anerkannt.

Als sich vereinzelte Stimmen erhoben, die darauf hinwiesen, daß die histologischen Strukturen des Protoplasmas nur eine

---

[1]) Nägeli: Stärkekörner. 1858; Mechanisch-physiologische Theorie der Abstammungslehre. 1884.

Folge der Einwirkung der Reagentien auf die kolloiden Stoffe desselben darstellen können [1]) und daß eine einheitliche Protoplasmastruktur nicht existieren könne [2]), wurde dies von der Mehrzahl der Naturforscher mit Mißtrauen aufgenommen. Erst im zwanzigsten Jahrhundert, nachdem die Kolloidchemie sich als ein selbständiger Zweig der physikalischen Chemie entwickelt und die allgemeine Aufmerksamkeit auf sich gelenkt hatte, wurden die Anschauungen der Naturforscher notwendig zur Annahme einer Analogie zwischen dem physikalischen Zustand des Protoplasmas und dem kolloidalen Zustand der Körper hingelenkt. Mehr und mehr drangen die neuen Ideen in den Gedankengang weiter Kreise der Naturforscher ein, und es erscheint jetzt fast keine den Fragen der Zellenphysiologie gewidmete Arbeit mehr, welche die Kolloidchemie nicht anzuwenden suchte. Auf diese Weise entstand die Kolloidchemie des Protoplasmas.

Die wichtigsten Gründe, die die Naturforscher ihre Ansichten über den Protoplasmabau zu verändern spornte, ergaben sich bei der Erforschung des Aggregatzustandes des Protoplasmas. Mit dem Studium dieses Zustands wollen wir auch unsere kolloidchemischen Betrachtungen des Protoplasmas beginnen.

2. Der Aggregatzustand der lebenden Materie.

a) Nomenklatur.

Die Physik kennt drei Aggregatzustände der Körper: feste, flüssige und gasartige. Man muß aber gestehen, daß die Ausdrücke fest und flüssig nicht vollkommen bestimmt sind und daß sie deswegen von verschiedenen Autoren sehr oft in ungleichem Sinne gebraucht werden. So wurde öfters die Meinung ausgesprochen, daß nur krystallinische Körper fest sein können und daß starre amorphe Körper Flüssigkeiten von großer innerer Reibung seien, welche vielleicht als unterkühlte Flüssigkeiten betrachtet werden können [3]). Lehmann zeigte aber bekanntlich,

---

[1]) Fischer, A.: Fixierung, Färbung und Bau des Protoplasmas. 1899.
[2]) Reinke: Zellstudien. Arch. f. mikroskop. Anat. Bd. 44. 1895. — Held: Arch. Du Bois-Reym. Anat. Abt. 1897.
[3]) Ostwald, W.: Grundriß der allgemeinen Chemie. S. 146. — Wulff: Zeitschr. f. Krystallogr. Bd. 18, S. 174. 1891. — Lehmann: Molekularphysik. I, S. 706. — Doelter: Physikalisch-chemische Mineralogie. S. 1. 1905.

daß es flüssige Krystalle und krystallinische Flüssigkeiten geben kann; die Versuche Springs bewiesen außerdem, daß krystallinische Metalle zum Fließen befähigt sind. Infolgedessen betonte Tamman (später auch Schaum), daß das Wort fest zur Bezeichnung eines Körperzustandes ungeeignet ist und daß wir nicht zwischen festen und flüssigen, sondern zwischen krystallisierten und amorphen Aggregatzuständen zu unterscheiden haben [1]).

Die lebende Materie ist ein Gemenge verschiedener Körper, von denen die Mehrzahl amorph ist, doch können einzelne von ihnen auch krystallinisch sein, und wenn wir von einem Aggregatzustande dieser Materie sprechen, so verstehen wir darunter nicht denjenigen einzelner Bestandteile, sondern denjenigen des ganzen Komplexes, so daß die lebende Materie weder amorph noch krystallinisch sein kann. Im Gegensatz dazu könnten wir diese Materie als fest oder flüssig bezeichnen, wenn wir diese Ausdrücke in einem voraus bestimmten Sinne gebrauchen würden.

Obwohl ein allmählicher Übergang zwischen dem festen und flüssigen Zustande amorpher und mancher krystallinischer Körper stets beobachtet wird, so dürfen wir doch in Übereinstimmung mit Wo. Ostwald [2]) diejenigen Körper als fest bezeichnen, deren innere Reibung so groß ist, daß sie durch die Oberflächenspannung nicht überwunden werden kann und der Körper kein Bestreben hat, eine Kugelgestalt anzunehmen, wenn auf ihn keine äußeren Kräfte einwirken. Da aber die Oberflächenspannung einer Flüssigkeit an der Grenze verschiedener Flüssigkeiten und Gasen ungleich ist, und da Wasser unter allen Flüssigkeiten (außer flüssigen Metallen) die größte Capillarkonstante besitzt, wäre unsere Definition in dem Sinne zu verstehen, daß die Oberflächenspannung des Körpers stets an der Grenze mit Wasser beobachtet wird [3]).

---

[1]) Tammann: Krystallisieren und Schmelzen. S. 5.
[2]) Ostwald, Wo.: Grundriß der Kolloidchemie. 1909.
[3]) Rhumbler definiert den flüssigen Zustand durch die folgenden Merkmale: 1. Mangel jeder meßbaren Elastizität, beliebige Verschieblichkeit der Teile, 2. Inkompressibilität gegenüber Drucken von nicht allzu großer Stärke, 3. Kontraktive Oberflächenspannung, welche bewirkt, daß die Oberfläche möglichst klein wird, 4. Änderung der Oberflächenspannung u. a. (Zeitschr. f. allg. Physiol. 1904). Diese Definition stimmt in ihren Hauptzügen mit der oben gegebenen des flüssigen Zustands überein. Die Punkte 1 und 2 sind aber auch für Emulsionsgallerten manchmal gültig, so daß man sie lieber fallen lassen wird.

Nach unserer Definition nehmen alle Flüssigkeiten, die von Wasser allerseits umgeben sind, Kugelgestalt an. Auch Wasser nimmt diese Gestalt an, wenn es sich in einer Flüssigkeit befindet.

Die Konsistenz eines Körpers wird bekanntlich in der physiologischen Literatur oft als festflüssig, halbflüssig, halbfest usw. definiert. Wir werden solche Ausdrücke im weiteren vermeiden, weil sie offenbar für einen Übergangszustand fest $\rightleftarrows$ flüssig bestimmt sind und unserer Definition des festen Zustandes widersprechen. Demgegenüber werden wir die Ausdrücke: dickflüssig, sehr dickflüssig, zähe-flüssig, dünnflüssig und für feste Körper brüchig, spröde, hart, weich, gallertartig, elastisch beibehalten und im weiteren verwenden.

b) Der Aggregatzustand des Protoplasmas.

Die Hauptmasse des Protoplasmas.

Als man in den dreißiger Jahren des vorigen Jahrhunderts das Mikroskop zu wissenschaftlichen Zwecken allgemein zu gebrauchen begann, studierte man besonders eingehend den mikroskopischen Pflanzenbau. Man erkannte, daß die Pflanzen aus Zellen bestehen, das Protoplasma wurde aber mit dem Zellsaft verwechselt [1]). Erst Schleiden schrieb dem „schleimigen" Zellinhalt eine große Rolle im Zelleben zu, indem er diesen Inhalt „Cytoblastem" nannte und als eine Bildungssubstanz des Zellkerns betrachtete [2]).

Purkyně, Mohl und Nägeli [3]) waren die ersten, welche das Protoplasma von den übrigen Zellbestandteilen unterschieden und die außerordentlich große Bedeutung desselben für das Pflanzenleben nachwiesen. Die genannten Forscher bezeichneten das Protoplasma als eine schleimig-flüssige Substanz oder als eine „körnigschleimige" Flüssigkeit. Die flüssige Beschaffenheit des Protoplasmas wurde bald von Goeppert und Cohn durch ihre Untersuchungen an Nitella bestätigt [4]). Das Protoplasma dieser Pflanze

---

[1]) Vgl. z. Beisp. B. Fr. H. Meyen: Phytotomie. S. 139. 1830; Anatomie und Physiologie usw. S. 123. 1836.

[2]) Schleiden: Arch. f. Anat., Physiol. usw. 1838.

[3]) Mohl: Botan. Zeitg. S. 74. 1846. — Nägeli: Zellbildung und Zellwachstum bei den Pflanzen. 1844—46.

[4]) Goeppert und Cohn: Botan. Zeitg. S. 665. 1849.

befinde sich in einer fortwährenden Strömung und trete aus den Wunden in Form von kugligen Tropfen heraus.

Als von Max Schultze[1]) und anderen Zoologen die von Dujardin[2]) als Sarkode bezeichnete Substanz der nackten Rhizopoden und Infusorien mit dem Protoplasma der Pflanzenzellen identifiziert wurde, wurden die flüssigen Eigenschaften des Tierprotoplasmas ebenfalls anerkannt.

Die Einwände, welche gegen diese Ansicht von Unger[3]) und Reichert[4]) gemacht wurden, basierten auf der Beobachtung der Bewegung der Pseudopodien von Rhizopoden und des Protoplasmas der Pflanzenzellen. Der zuerst genannte Forscher schrieb die Ursache dieser Bewegung der Kontraktilität der Protoplasmasubstanz zu, die seiner Meinung nach nicht kontraktil sein könnte, wenn es eine Flüssigkeit wäre. Reichert wollte außerdem die Bewegung von Rhizopoden nicht mit derjenigen in den Pflanzenzellen identifizieren (wie es Max Schultze getan hatte), indem er die Bewegung in den Pflanzenzellen als eine Saftströmung betrachtete und die Bewegung bei Rhizopoden für „eine wellenförmige Erhaltung der Oberfläche in Form einer am Faden fortziehenden fest-weichen Schlinge" hielt.

Auch rein theoretische Überlegungen veranlaßten manche Forscher, z. B. Brücke[5]), das Protoplasma für eine feste Substanz zu halten, weil es ihnen unmöglich zu sein schien, daß verschiedenartige Lebensvorgänge an ein flüssiges Substrat gebunden sein könnten. Die Vorgänge sollten eine bestimmte „Organisation" voraussetzen lassen, die sich mit den flüssigen Eigenschaften nicht vertrüge.

Max Schultze wies aber darauf hin, daß die Bewegung des Protoplasmas der Pflanzenzellen und Pseudopodien nur durch eine flüssige Beschaffenheit des Protoplasmas erklärt werden könne. Seine Beobachtungen zeigten, daß in einem und demselben Protoplasmastrang zwei entgegengesetzt gerichtete Körnchenströmungen auftreten können und daß sich nähernde Protoplasmafäden öfters, wie flüssige Körper, zusammenfließen. Die

---

[1]) Schultze, Max: Das Protoplasma der Rhizopoden. S. 12, 53, 54, 64, 66. 1863.

[2]) Dujardin: Histoire naturelle des Zoophytes-Infusores. Paris 1841.

[3]) Unger: Anatomie und Physiologie der Pflanzen. S. 280—284. 1855.

[4]) Reichert: Arch. f. Anat., Physiol. usw. S. 638, 646, 650, 652. 1862.

[5]) Brücke: Die Elementarorganismen. Wien. Sitzungsber. Jahrg. 44, Abt. 2, S. 186.

Ursache der Bewegung sollte nach Schultze in der Kontraktilität des Protoplasmas liegen (l. c. S. 12, 60, 66), welche mit der flüssigen Konsistenz des letzteren vollkommen vereinbar sei, weil auch der Aggregatzustand der Muskelsubstanz im Leben von dem einer Flüssigkeit nicht sehr abweichen könne, wie es aus den Beobachtungen von Kühne folge, der eine lebende Nematode in einer lebenden Muskelfaser wie in einer Flüssigkeit sich bewegen sah.

Die flüssige Beschaffenheit der Hauptmasse des Protoplasmas wurde später auch durch die Beobachtungen von Cienkowski[1]) und Hofmeister[2]) an Plasmodien der Schleimpilze bestätigt. Einige Plasmodien, wie das von Didymium, erwiesen sich als vollkommen dünnflüssig. Unter der Einwirkung von Erschütterung, von Druck, Glycerin usw. findet nach Hofmeister eine Annäherung des Protoplasmas der Plasmodien im ganzen oder von einzelnen Massen, in die sie zerfallen, an die Kugelform statt. Unter Umständen nähmen dieselben eine vollkommene Kugelgestalt an, so daß die Hauptmasse des Plasmodiums nur flüssig sein könne.

Eine analoge Erscheinung beobachtete Kühne an den Haarzellen von Tradescantia virginica. Wenn ein elektrischer Strom durch die Zellen geleitet war, zerfielen die Protoplasmastränge, die den Zellsaft durchzogen, zu kugeligen Massen[3]).

Die flüssige Beschaffenheit des Protoplasmas tritt nach Hofmeister besonders schön bei der Plasmolyse der Zellen hervor, die zuerst von Nägeli[4]) und Pringsheim[5]) beschrieben war. Die Pflanzenzellen, die in konzentrierte Lösungen von Zucker und Salzen gebracht sind, weisen eine Kontraktion ihres Protoplasmas auf, wobei die Plasmamasse eine Kugelgestalt annimmt. Wenn die Zellen langgestreckt sind, so kann sich nach Hofmeister das Protoplasma in zwei oder drei Stücke teilen, welche alle Kugelgestalt annehmen. Die so entstehenden Protoplasmaballen bleiben nach ihm oft zuerst durch einen Protoplasmastrang verbunden, der aber bald zerrissen und in die Ballen eingezogen

---

[1]) Cienkowski: Pringsheims Jahrb. f. wiss. Botan. Bd. 3, S. 400; Max Schultzes Arch. f. mikroskop. Anat. Bd. 1.
[2]) Hofmeister: Die Lehre von der Pflanzenzelle. S. 17 u. ff. 1867.
[3]) Kühne: Untersuchungen über das Protoplasma. Leipzig 1864.
[4]) Nägeli und Cramer: Pflanzenphysiologische Untersuchungen. Bd. 1. 1855.
[5]) Pringsheim: Untersuchungen über den Bau und die Bildung der Pflanzenzelle. S. 12. Berlin 1854.

werde. Die Abtrennung der Ballen soll nach Hofmeister „der Abtrennung eines von einer Flüssigkeitsmasse sich sondernden Tropfens zu vergleichen" sein und „sich ohne weiteres aus bekannten Gesetzen der Hydrostatik erklären" lassen (l. c. S. 16—17). Das Protoplasma der langen Algenzellen runde sich zu Kugeln ab, wenn es nach dem Durchschneiden der Zelle in die schwache Zuckerlösung heraustrete. Dieses Bestreben des Protoplasmas, Kugelgestalt anzunehmen, äußere sich auch darin, daß das Protoplasma hautloser Pflanzenzellen (Pollenmutterzellen, Zygoten usw.) eine Kugelform annehme (l. c. S. 70—76). Eine analoge Erscheinung der Abkugelung der Protoplasmastücke bei niedrigen Tieren beschrieb später auch Verworn[1]).

Aber nicht nur das Protoplasma im Wasser, sondern auch das Wasser im Protoplasma nimmt stets eine Kugelform an. Wassertropfen (Vakuolen) in jungen Pflanzenzellen, welche viel Protoplasma enthalten, in Amöben, Infusorien, haben stets Kugelform. Bütschli wies im besonderen auf das leicht stattfindende Zusammenfließen der Vakuolen bei Infusorien hin[2]). Dieselbe Erscheinung in Pflanzenzellen beobachtete Went[3]).

Jedenfalls war zu jener Zeit die Meinung von Sachs[4]), daß das Protoplasma keinesfalls eine Flüssigkeit sei, von seinen Zeitgenossen nicht anerkannt, so daß Sachs diese Meinung bald verlassen mußte und das Protoplasma als eine wäßrige Lösung betrachtete[5]).

Was nun die Kontraktilität des Protoplasmas anbelangt, so wies Geddes[6]) darauf hin, daß dieselbe mit derjenigen eines Flüssigkeitstropfens verglichen werden könne, der durch seine Oberflächenspannung („Oberflächenattraktion") eine Kugelform anzunehmen und also sich zu kontrahieren bestrebt ist.

Nur in speziellen Fällen, wo sich das lebende Protoplasma nicht in tätigem Zustande, sondern in Anabiose befindet, kann es einen festen Aggregatzustand annehmen. So z. B. in trockenen Samen, wie es E. Tangl auseinander gesetzt hat[7]).

[1]) Verworn, Max: Pflügers Arch. f. d. ges. Physiol. Bd. 51. 1891.
[2]) Bütschli: Untersuchungen über mikroskopische Schäume. S. 144. 1892.
[3]) Went: Jahrb. f. wiss. Botanik. Bd. 19, S. 318—319. 1889.
[4]) Sachs: Experimentalphysiologie. S. 444 ff.
[5]) Sachs: Lehrbuch der Botanik. IV. Aufl., S. 38. 1873.
[6]) Geddes: Proc. of the roy. soc. Edinburgh. Vol. 12, p. 266—292.
[7]) Tangl, E.: Sitzungsber. d. Wien. Akad. Bd. 76. 1877; Bd. 78. 1878.

Vereinzelt erhoben sich aber doch einige Stimmen, die meistenteils den Histologen angehörten (auch bis in die letzte Zeit hinein), daß das Protoplasma in seiner ganzen Masse fest und gallertartig sei. Dieses Zurückhalten der Histologen ist übrigens begreiflich, weil sie ihre Untersuchungen gewöhnlich an fixiertem Material ausführen und die Resultate auf das lebende Protoplasma übertragen. Diese Haltung der Histologen war offenbar die Ursache, daß bis in die letzte Zeit zoologische Arbeiten erschienen, die zu beweisen suchten, daß das Protoplasma im allgemeinen flüssige Eigenschaften besitzt.

Von diesen Arbeiten sei zuerst diejenige von Jensen [1]) erwähnt, der nicht nur das Protoplasma, sondern auch die Muskelsubstanz für flüssig hält. Rhumbler [2]), der, wie wir später erfahren werden, die Frage über den Aggregatzustand des Protoplasmas vom kolloidchemischen Standpunkt aus betrachtete, führte ebenfalls mehrere Beweise für die flüssige Natur der Hauptmasse des Protoplasmas an. Die Bewegung, die Nahrungsaufnahme, die Defäkation, die Vakuolenpulsation und sogar der Gehäuseaufbau bei Protozoen ließen sich nach Rhumbler ohne Schwierigkeiten und ausnahmslos auf die Wirkung sehr einfacher physikalischer Gesetze, nämlich auf die Wirkung der für Flüssigkeiten geltenden Oberflächenspannungsgesetze zurückführen. Die flüssige Beschaffenheit des Protoplasmas lasse sich besonders schön an Pelomyxa-Arten demonstrieren, indem diese Tiere, an die Wasseroberfläche gebracht, sich auf derselben wie Öltropfen ausbreiteten. Der genannte Verfasser wies auch darauf hin, daß nicht nur das Protoplasma der schalenlosen Rhizopoden unter passenden Bedingungen, sondern auch das der Foraminiferen nach dem Zertrümmern der Schale eine Kugelgestalt annimmt.

Die Abrundung abgeschnittener Infusorienstücke beobachtete auch Prowazek [3]). Ähnliche Beobachtungen an Spermien der Decapoden machte Koltzoff [4]). Die komplizierte Form der

---

[1]) Jensen, P.: Arch. f. d. ges. Physiol. Bd. 80, S. 176 ff. 1900.

[2]) Rhumbler: Arch. f. Entwicklungsmech. d. Organismen. Bd. 7, S. 103. 1898; Zeitschr. f. wiss. Zool. Bd. 83, S. 1—52. 1905; Zeitschr. f. allg. Physiol. Bd. 1, S. 279. 1902; Arch. f. Entwicklungsmech. d. Organismen. Festschr. Roux. Bd. 30, S. 194. 1910; Die Foraminiferen der Plankton-Expedition. Verlag von Lepsius. 1909.

[3]) Prowazek: Zeitschr. f. wiss. Zool. Bd. 63, S. 187. 1898; Einführung in die Physiologie der Einzelligen. 1910.

[4]) Koltzoff, N.: Arch. f. mikroskop. Anat. Bd. 67, S. 426 ff. 1906.

Spermatozoiden ist nach Koltzoff, durch die Anwesenheit eines festen Fadengerüstes, an dem das flüssige Protoplasma klebt, zu erklären. Der genannte Autor wies auch darauf hin, daß abgeschnittene Protoplasmastücke der Epithelzellen höherer Tiere sich zu kugeligen Tropfen abrunden. Weiter sollen, nach Bethe[1]), das Neuroplasma, nach Lenhossek[2]), das Protoplasma der Neuriten sich wie Flüssigkeiten verhalten.

Fassen wir alle Gründe zusammen, die beweisen, daß die Hauptmasse des tätigen Protoplasmas flüssige Eigenschaften besitzt, so werden sie sich folgendermaßen formulieren lassen:
1. Fließende Bewegungen des Protoplasmas.
2. Bewegungen von Körnchen in demselben.
3. Das Bestreben, Kugelgestalt anzunehmen.
4. Die kugelige Form der Vakuolen und die Möglichkeit ihres Zusammenfließens.
5. Die Möglichkeit des Zusammenfließens des Protoplasmas und des Durchdringens desselben durch kleine Öffnungen.
6. Nahrungsaufnahme und Defäkation bei Amöben.
7. Ausbreitungserscheinungen auf der Wasseroberfläche bei Amöben.

Somit kann man die flüssige Natur der Hauptmasse des tätigen Protoplasmas bei Pflanzen und bei untersuchten Tierzellen als bewiesen betrachten. Daß die Hauptmasse des Protoplasmas flüssig ist, besagt aber nichts über den Aggregatzustand der einzelnen Teile desselben und seiner Einschlüsse.

Die peripherischen Schichten des Protoplasmas.

Max Schultze wies schon darauf hin, daß es bei Rhizopoden häufig vorkomme, daß die Verschmelzung der Fäden bei gegenseitiger direkter Berührung ausbleibt und daß es Pseudopodien gebe, deren Achse ein hyaliner und, wie es scheint, fester Faden sei, auf dessen Oberfläche sich die körnchenreiche, „weichere" Substanz bewege. Gewöhnlich soll aber die hyaline Protoplasmaoberfläche der Rhizopoden zäher als das innere körnchenreiche Protoplasma sein.

Bei Plasmodien sollte nach Cienkowski und Hofmeister die Hautschicht des Protoplasmas eine größere Festigkeit besitzen

---

[1]) Bethe, A.: Anat. Anz. Bd. 37, S. 129 ff. 1910.
[2]) Lenhossek: Anat. Anz. Bd. 36, S. 337. 1910.

und in der Nähe der Fruchtzeit soll die Hautschicht der Pseudopodien sogar straff und elastisch werden, so daß die letzteren eine Art von Röhren darstellen, in denen sich das flüssige innere Protoplasma befindet.

Berthold[1]) berichtet über die Protoplasmabewegung bei Amöben und bemerkt, daß das äußere Medium, trotz der inneren Plasmabewegung, auch in unmittelbarer Nähe der Oberfläche in Ruhe bleibe, so daß man eine festere Beschaffenheit der Protoplasmaoberfläche annehmen müsse. Die oberflächliche Protoplasmaschicht bilde in vielen Fällen eine deutliche, faltenbildende, membranartige Hülle.

Veränderlichkeit des Aggregatzustandes des Protoplasmas.

Aus den angeführten Angaben folgt schon, daß der Aggregatzustand des Protoplasmas wenigstens in den oberflächlichen Teilen bald flüssig, bald fest ist, so daß man vermuten kann, daß die Konsistenz dieser Teile veränderlich ist.

In der Tat wies schon Schultze nach, daß an einem und demselben Tiere festere und flüssigere Substanz der Pseudopodien gleichzeitig vorkommen kann (l. c. S. 29). Nach Cienkowski und Hofmeister und auch de Bary[2]) soll die Hautschicht des Plasmodiums von Didymium verschieden ausgebaut sein. So sei sie an den fortrückenden Rändern nur noch in der glatten Umgrenzung der Masse zu erkennen, während sie in langsam wandernden Plasmodien sehr deutlich und membranähnlich sei und sich durch weit größere Festigkeit und stärkeres Lichtbrechungsvermögen auszeichne. An dünnen Plasmodiensträngen soll die Hautschicht gegen die Innenmasse scharf mit ebener Fläche abgegrenzt sein. „Beide Beschaffenheiten der Außenfläche können nebeneinander, durch allmähliche Übergänge vermittelt, am nämlichen Plasmodium vorkommen" (Hofmeister, l. c. S. 21—22).

Berthold gibt an, daß sich die Substanz des Amöbenkörpers in den seitlich gelegenen Partien, indem sie von vorn nach hinten rückt, bezüglich ihres Aussehens, ihrer Konsistenz usw. ändere (l. c. S. 114). Auch nach Bütschli können einzelne Partien des Protoplasmas dauernd oder vorübergehend feste Beschaffen-

---

[1]) Berthold: Studien über die Protoplasmamechanik. S. 153. 1886.
[2]) De Bary: Zeitschr. f. wiss. Zool. Bd. 10, S. 121; Die Mycetozoen. S. 35. 1864.

heit annehmen resp. sich dem Zustande fester Körper sehr nähern (l. c.).

Schön ausgeprägt ist, nach Pfeffer[1]), die Veränderlichkeit des Aggregatzustandes des Protoplasmas in Plasmodien von Chondrioderma. Das Plasmodium vermag feste Körper als Nahrung aufzunehmen. Wenn diese in Berührung mit dem fortrückenden Saume des Plasmodiums gelangen, werden sie durch die Bewegung in dieses hineingepreßt, gelangen durch die Hautschicht und durch die relativ ruhende peripherische Schicht des Protoplasmas in das Körnerplasma und werden von diesem mitgeführt. Nachdem sie entweder dauernd im Protoplasma verblieben oder inzwischen in Vakuolen übergetreten waren, werden sie allmählich wieder ausgestoßen. Die in Vakuolen befindlichen Fremdkörper werden durch Einreißen der an die Peripherie gelangten Vakuole mitsamt der in dieser enthaltenen Flüssigkeit ausgestoßen. Bei der Aufnahme und der Ausgabe fremder Körperchen entstehen, nach Pfeffer, keine Risse oder Falten. Das zähflüssige strömende und das festere ruhende Protoplasma sollen daher sich wechselartig ineinander verwandeln (l. c. S. 254).

Auch Rhumbler weist darauf hin, daß die Kohäsion der peripherischen Schichten von Amöben veränderlich sei. Diese Veränderlichkeit lasse sich besonders schön bei der Bewegung und Nahrungsaufnahme dieser Tiere konstatieren (l. c. 1905, 1910).

In letzter Zeit beschrieb schließlich Doflein [2]) eine Verflüssigung und Verfestigung zentraler und peripherischer Protoplasmateile der Pseudopodien von Foraminiferen. Die feste Achse derselben und die feste Haut bei Gromia sollen sich beim Einziehen der Pseudopodien verflüssigen, beim Ausziehen aber von neuem gebildet werden.

Versuche des Verfassers.

Wie aus unseren Literaturangaben zu ersehen ist, wurde der Aggregatzustand des lebenden Protoplasmas hauptsächlich an Protozoen und Pflanzenzellen untersucht. Bisweilen wurden aber auch sich frei bewegende Zellen der Metazoen und nur ausnahms-

---

[1]) Pfeffer, W.: Abh. math.-phys. Klasse Sächs. Ges. d. Wiss. Bd. 16, S. 149—184. 1890.
[2]) Doflein: Zell-Protoplasmastudien. Rhizopoda. Jena: Fischer 1916. Änderungen des Aggregatzustandes im lebenden Protoplasma. Ber. d. Naturforsch.-Ges. zu Freiburg. 1915.

weise und gelegentlich die Gewebezellen der höheren Tiere beobachtet, so daß neue Untersuchungen der Metazoenzellen sehr erwünscht wären. Aber auch die Beobachtungen an Protozoen und Pflanzenzellen lassen noch manches unerklärt.

So haben wir in der Literaturübersicht gesehen, daß die Stränge des strömenden Protoplasmas zusammenfließen können, also flüssig sind und doch ihre Fadenform im Zellsaft (bei Pflanzenzellen) oder in Wasser (bei Rhizopoden) behalten. Heidenhain[1]) betrachtet daher die Protoplasmastränge der Pflanzenzellen als feste Fibrillen und die Protoplasmaströmung als eine Fortbewegung innerhalb der fest orientierten Struktur.

Andererseits wird die Formbeständigkeit einiger sich frei bewegender Zellen der Metazoen und einzelliger Organismen als eine Folge der Anwesenheit einer Membran (Pellicula) oder eines Fadengerüsts im Protoplasma betrachtet. Es wäre aber interessant, zu erforschen, ob diese Bildungen nur als differenziertes Protoplasma, wie die starren Häute der Plasmodien und Amöben, anzusehen sind, oder beständige, vom Protoplasma ausgeschiedene Organe, wie z. B. die Zellwände der Pflanzen, darstellen.

Um die erwähnten Fragen zu erläutern, stellte der Verfasser einige Versuche an, die hier kurz wiedergegeben seien. Diese Versuche erstrecken sich auf Gewebszellen und Blutkörperchen vom Frosch, auf Foraminiferen und Pflanzenzellen.

Zunächst soll erwähnt werden, daß die Hautzellen des Frosches, die unter der verhornten Schicht liegen, sicher flüssiges Protoplasma besitzen, das sich beim Durchschneiden der Zellen zu kugeligen Tropfen abrundet. Ebenso verhält sich das Protoplasma der Flimmerepithelzellen aus dem Rachen. Ein leichtes Drücken des Deckgläschens veranlaßt das Austreten desselben aus Randzellen des Präparats, wobei sich das Protoplasma sofort zu kugeligen Tropfen abrundet. Die flimmernde Bewegung der Cilien hört nicht auf. Aber zugleich zeigt sich, daß die äußere Partie des Protoplasmas, welche Cilien trägt, eine gelatinöse Konsistenz hat, so daß, wenn die ganze Protoplasmamasse heraustritt, nur die inneren Partien desselben sich abrunden. Nach der Einwirkung einer etwas verdünnten physiologischen Lösung entstehen im Protoplasma Vakuolen, die vollkommen kugelig sind. Ebenso verhalten sich auch die cilienlosen Epithelzellen. Die Ganglienzellen

---

[1]) **Heidenhain:** Plasma und Zelle. Bd. 1, S. 102.

Der Aggregatzustand der lebenden Materie. 63

des Kopfgehirns des Frosches oder ihre Stücke nehmen in physiologischer Kochsalzlösung eine Kugelgestalt an, während ihre fadenförmigen Fortsätze (Dendriten) die unregelmäßig gebogene Form behalten, so daß man hier eine gelatinöse Hülle vermuten darf.

Wenden wir uns jetzt zur Erklärung der Existenzmöglichkeit der flüssigen Protoplasmafäden, welche ihre Form stundenlang behalten. Solche Fäden kommen sehr oft in Haarzellen der Pflanzen vor.

Bringen wir einen Tropfen Cedernöl ins Wasser und versuchen wir mittels eines Glasstäbchens oder Drahts von diesem Tropfen lange Fäden auszuziehen, so überzeugen wir uns bald, daß die Fäden nur solange ihre Form behalten, wie die Flüssigkeit, die dieselben bildet, fließt. Hört aber die Bewegung auf, so zerreißen die Fäden sofort und werden in die Endtropfen eingezogen. Somit könnten wir die Existenz der beständigen und vollkommen flüssigen Protoplasmafäden nur dann verstehen, wenn das Protoplasma, das sie zusammensetzt, in fortwährender fließender Bewegung ist. Hört aber diese Bewegung auf, so müssen diese Fäden zerreißen und in das Protoplasma eingezogen werden. Diese Voraussetzung bestätigt sich in der Tat vollkommen.

Der Verfasser wählte drei Objekte aus: Haarzellen von Primula obconica, Brennhaare von Urtica urens und Spirogyra. In allen drei kommen vollkommen flüssige Protoplasmafäden vor. Bei Spirogyra halten sie den Zellkern. In den Haarzellen sieht man nicht selten, wie die Fäden sich dem wandständigen Protoplasma nähern und mit demselben zusammenfließen. Das Protoplasma fließt in den Fäden fortwährend weiter. Hemmt man aber die Bewegung durch Einbringen der Haare oder der Alge in Chloroformwasser oder eine sauerstofffreie Atmosphäre, so zerreißen die Fäden sofort und werden in das wandständige Protoplasma eingezogen.

In jungen Haaren der Brennessel, auch in einigen Haarzellen von Primula fließt aber das Protoplasma nicht, die Fäden bestehen aber doch. In diesem Falle zeigt sich, daß die Fäden entweder eine feste Oberflächenschicht haben (Brennessel), oder vollkommen fest sind (Primula) (vgl. die Mikrophotographie S. 133, Abb. 9). Solche Fäden können mit dem Protoplasma nicht mehr zusammenfließen und werden durch ein leichtes Pressen auf die Zelle (mittels des Deckgläschens) abgebrochen. In den Haaren der Brennessel verschwindet die die Fäden bekleidende

Haut allmählich, indem sie sich mit dem inneren Protoplasma mischt, und dasselbe gerät in Bewegung, so daß jetzt die flüssigen Fäden existieren können. Nur strömende flüssige Fäden können also bestehen.

Betrachten wir jetzt die Pellicula der Infusorien und roten Blutkörperchen. Drückt man vorsichtig das Deckgläschen des Präparates, in dessen Wassertropfen Infusorien (z. B. Stylonychia, Paramaecium usw.) schwimmen, so platzt die Pellicula und quillt das Protoplasma durch die entstandene Öffnung heraus. Beim weiteren Drücken verflüssigt sich die Pellicula stückweise und fließt mit dem Protoplasma zusammen. Wenn eine Stylonychiazelle im Wasser des Präparats zwischen zwei Luftblasen gerät und durch diese gepreßt wird, so verflüssigt sich die Pellicula ebenfalls, das Protoplasma quillt heraus und mischt sich mit derselben.

Die Verflüssigung der Pellicula kann ebenfalls durch eine 1%ige Kochsalzlösung oder durch Erwärmen auf $40-50°$ C erzielt werden. Kochsalz wirkt in diesem Falle nur osmotisch und kann durch Zuckerlösung ersetzt werden.

Ganz ähnliche Resultate werden auch an roten Blutkörperchen vom Frosch erhalten. Die Pellicula wird durch Pressen, durch Erwärmen ($50°$ C) und durch eine Kochsalzlösung verflüssigt. Das Pressen und die pressende Wirkung des osmotischen Drucks des Kochsalzes muß aber in diesem Falle stärker sein (3% Kochsalz). Es ist interessant, daß in diesem Falle sich nicht nur die Pellicula der Blutkörperchen, sondern auch der Randreifen derselben verflüssigt, obwohl nicht so leicht wie die Pellicula. Der feste fadenförmige Randreifen der Blutkörperchen kann unter der pressenden Wirkung von Kochsalz entzweibrechen und man erhält dann merkwürdige Bilder der Verflüssigung, die auf der beigefügten Mikrophotographie S. 133 zu sehen sind (Abb. 1—6)[1]).

Die Versuche des Verfassers an Foraminiferen (Discorbina und Truncatulina) zeigten, daß alle angeführten Eingriffe, die die festen Teile der Zelle der Infusorien und Blutkörperchen verflüssigen, auch eine Verflüssigung der festen Achse der Pseudopodien hervorrufen und das Zerfallen der Pseudopodien zu vollkommen flüssigen kugeligen Tropfen bewirken. Eine notwendige Bedingung

---

[1]) Der Randreifen der Blutkörperchen wurde von Meves beschrieben (Anat. Anz. Bd. 24 u. 25), die Pellicula von Weidenreich (Arch. f. mikroskop. Anat. Bd. 61 u. 66).

der Verflüssigung ist aber in allen Fällen die gegenseitige Berührung der starren Zellenteile mit dem flüssigen Protoplasma. Die bei einem zu raschen Einziehen des Pseudopodiums zurückbleibende Achse verflüssigt sich schon nicht mehr, wie auch die hervorragenden Reifenteile des Blutkörperchens (Mikrophotographie Abb. 4, S. 133).

Bis jetzt haben wir nur von einer Erstarrung und Verflüssigung des Fadengerüsts und der oberflächlichen Teile des Protoplasmas gesprochen. Es kann aber auch vorkommen, daß die ganze Protoplasmamasse erstarrt oder sich wieder verflüssigt.

Eine allmähliche Änderung des Aggregatzustandes der ganzen Protoplasmamasse bei Tierzellen kann sehr gut bei der Verhornung der Epidermiszellen des Frosches verfolgt werden. Die noch nicht verhornten Zellen besitzen ein flüssiges Protoplasma, das beim Durchschneiden der Zellen herausquillt und sich zu kugeligen Ballen abrundet, während die verhornten Zellen ein gallertartiges Protoplasma besitzen.

Die Verflüssigung des erstarrten Protoplasmas wird am besten an den Zellen der Keime der Samen beobachtet. Das Protoplasma der Embryozellen der trockenen Erbsensamen wird auch nach dem Aufsaugen von Wasser nicht flüssig. Das plasmolysierte Protoplasma strebt nicht, Kugelgestalt anzunehmen. Erst nach 8—10stündigem Verweilen in Wasser erlangt das Protoplasma flüssige Eigenschaften.

Zusammenfassung.

Alle mitgeteilten Literaturangaben und die angeführten Versuche geben zu dem Schluß Anlaß, daß der Aggregatzustand der Hauptmasse des Protoplasmas, wenn es sich im tätigen Zustande befindet, stets flüssig ist, daß aber dieser Aggregatzustand veränderlich ist. Äußere und innere Protoplasmateile können sich leicht verflüssigen und wieder erstarren, wenn sie sich mit der Hauptmasse des Protoplasmas in Berührung befinden. Nur während der Anabiose erstarrt die ganze Masse des lebensfähigen Protoplasmas gallertartig, beim Übergang in den tätigen Zustand verflüssigt es sich aber von neuem.

Diese Erstarrung und Verflüssigung des Protoplasmas und seiner Teile bei konstanter Temperatur kann nur durch seinen kolloiden Bau erklärt werden. Nur kolloide Substanzen weisen solche rasche Änderungen des Aggregatzustandes bei konstanter Temperatur auf, wie sie am Protoplasma beobachtet werden.

c) Der Aggregatzustand des Zellkerns.

Die Hauptmasse des Zellkerns.

Den ersten Naturforschern, die den Zellkern vom übrigen Zellinhalt unterschieden, kam derselbe wie ein Saftbläschen vor. Nägeli und Schleiden [1]) betrachteten den Zellkern als ein Bläschen, das vom Protoplasma durch eine gallertartige Membran abgesondert ist. Nur Mohl [2]) stellte sich den Zellkern als ein kugelförmiges, schleimig-körniges Körperchen vor.

Hofmeister [3]) zeigte bald, daß bei der Vermehrung der Zellen die Umgrenzung des Kerns verschwindet und die Kernsubstanz mit dem Protoplasma zusammenfließt. Die später erschienenen Publikationen beschreiben den Zellkern als eine tropfenförmige Ansammlung einer vom eigentlichen Protoplasma verschiedenen dickflüssigen Substanz. Weiß [4]) beobachtete sogar im Kerninnern eine Zirkulation der Flüssigkeit und eine Körnchenbewegung.

Andererseits verhält sich der Zellkern („Cytoblast") in der Jugend, nach Hanstein [5]), wie „ein Plasmodium im kleinen", indem er in der Zelle, wie dieser, herumkrieche und seine Gestalt beständig ändere. Dieses Verhalten des Kernes kann nur durch flüssige Eigenschaften der Kernsubstanz erklärt werden.

Nach Brandt und Eimer [6]) sollen in tierischen Zellen auch amöboide Bewegungen von Nucleolen beobachtet werden, welche ebenfalls nur bei flüssiger Natur der Kernsubstanz zustande kommen können.

Strasburger bemerkte, nachdem er die eigentümlichen Strukturen, welche im Zellkern während der Zellteilung entstehen, be-

---

[1]) Nägeli und Schleiden: Zeitschr. f. wiss. Botan. Bd. 1. 1844.
[2]) Mohl: Grundzüge der Anatomie und Physiologie der Zelle. S. 55. 1856.
[3]) Hofmeister: Die Entstehung des Embryo der Phanerogamen. S. 10, 11 u. 62.
[4]) Weiß, G.: Anatomie der Pflanzen. S. 100—103. 1878.
[5]) Hanstein: Botan. Zeitg. S. 22 ff. 1872; Sitzungsber. d. Niederrhein. Ges. Bonn, 19. Dez. 1870.
[6]) Brandt, A.: Arch. f. mikroskop. Anat. Bd. 10, S. 505. 1874. — Eimer, Th.: Arch. f. mikroskop. Anat. Bd. 11, S. 325. 1875. Weitere Literatur betr. amöboide Bewegungen von Nucleolen findet sich im Buche Heidenhains „Plasma und Zelle" Bd. 1, S. 184.

schrieben hatte, daß solche Strukturen keinesfalls in einer Flüssigkeit auftreten können. Die Auflösung des Kernes bei der Zellteilung soll nur dadurch zustande kommen, daß derselbe von der Peripherie aus beginnend, sich in der Plasmamasse verteilt[1]). Die Gestaltsänderungen des Zellkerns aber, welche von Hanstein beschrieben waren, schienen Strasburger unbegreiflich zu sein. Doch durfte die Möglichkeit dieser Gestaltsänderungen nicht vernachlässigt werden.

Spätere Untersuchungen von Elfing[2]) und Schmitz[3]) (Kerne der Orchideen-Pollenkörner und von Chara) bestätigten die Möglichkeit der Gestaltsänderungen des Zellkerns. In reifen Pollenkörnern sollen die Kerne sternförmige oder fadenförmige Gestalt annehmen, während die Kerne von Chara und Euphorbia ganz unregelmäßig werden (zylindrisch, nieren-rosenkranzförmig).

Auch Strasburger[4]) änderte später seine Meinung, indem er annahm, daß bei der Zellteilung die aus dem umgebenden Plasma aufgenommene Substanz innerhalb der jungen Kerne ausgesondert werde und daß, unter Aufnahme von wässeriger Flüssigkeit, die den Kernsaft bilde, aus der Umgebung sich die Kernwandung von den übrigen Teilen der Kernsubstanz abhebe.

Auf zoologischer Seite berichtete Flemming[5]), daß die Begrenzung des Kernes stets gerundet sei und daß nur selten scharfe Kanten durch Einfaltung der Umrisse nach innen gebildet werden. Die amöboiden Veränderungen der Kernumrisse sollen aber recht verbreitet sein. Auch nach Schorler[6]) sollen Gestaltsveränderungen der Zellkerne, aber ohne Riß- oder Faltenbildung, zu beobachten sein.

Weitere Untersuchungen über Gestaltsänderungen vom Zellkern wurden an tierischen Zellen von Korschelt[7]) und Dixon[8]) und an pflanzlichen Zellen von Kohl[9]) gemacht. Die zuerst genannten

---

[1]) Strasburger: Über Zellbildung und Zellteilung. 1875
[2]) Elfing, F.: Jenaische Zeitschr. f. Naturwiss. Bd. 13, S. 1.
[3]) Schmitz: Zellkerne der Thallophyten. Sitzungsber. d. Niederrhein. Ges. f. Natur- u. Heilk. Aug. 1879.
[4]) Strasburger: Dritte Auflage seiner Arbeit über die Zellbildung und Zellteilung.
[5]) Flemming, W.: Zellsubstanz, Kern- und Zellteilung. 1882.
[6]) Schorler: Jenaische Zeitschr. f. Naturwiss. Bd. 16, S. 329—358. 1883.
[7]) Korschelt: Zool. Jahrb. Abt. Anat. Bd. 3. 1889. Bd. 4. 1891.
[8]) Dixon, H.: Proc. roy. Irish. acad. III ser. Vol. 3, p. 721. 1896.
[9]) Kohl, F.: Botan. Zentralbl. Bd. 72, S. 168. 1897.

Gelehrten beschrieben amöboide Bewegungen normal entwickelter Kerne, wobei pseudopodienartige Fortsätze am Kerne entstehen können. Der zuletzt genannte Forscher zeigte, daß die Kerne von Elodea und Tradescantia durch Zufließen von Asparaginlösung zu Gestaltsänderungen veranlaßt werden, welche so schnell verlaufen sollen, daß es eben noch gelinge, die einzelnen Stadien der Bewegung zu skizzieren. Außer der kontinuierlichen amöboiden Bewegung des Zellkerns werden auch Verschiebungen des Nucleolus in der Kernsubstanz beobachtet, wobei keine Risse oder Falten entstehen.

Eine direkte Prüfung des Aggregatzustandes der Hauptmasse des Kerns führte Berthold[1]) aus. Derselbe zeigte an Antheren von Monocotylen, daß freie Kerne, die in der schleimigen, den Mutterzellen eingelagerten Protoplasmamasse enthalten sind, am Glase festkleben und zu langen Fäden ausgezogen werden können, d. h. eine zähflüssige Konsistenz besitzen. Nucleolen lassen sich nach Berthold gleichfalls zu langen Fäden ausziehen.

Der Aggregatzustand des Zellkerns und der Kernkörperchen wurde von Albrecht[2]) an Seeigeleiern durch Drücken untersucht. Es zeigte sich, daß die beiden Bestandteile der Zelle flüssige Gebilde darstellen.

An Furchungskernen gelang es sogar bei vorsichtigem Pressen zwei und drei Furchungskerne einander zu nähern und zum Zusammenfließen zu einem einheitlichen, sich wieder abrundenden Tropfen zu bringen. Die Beobachtungen des genannten Autors zeigten, daß alle direkt wahrnehmbaren geformten Bestandteile der lebenden Seeigelzelle unter verschiedenen äußeren Einflüssen nur solche Veränderungen zeigen, welche für „entsprechend geformte und angeordnete Flüssigkeiten zu fordern sind".

Eine merkwürdige Erscheinung, die sich durch einen flüssigen Aggregatzustand der Kerne erklären läßt, wurde von Tamba[3]) bei der Thyllenbildung beobachtet. Bei diesem Prozeß soll der Zellkern der Parenchymzellen sich in die Länge strecken und in den Tüpfelkanal und weiter in die Nachbarzellen überwandern.

---

[1]) Berthold: Studien über Protoplasmamechanik. S. 48. 1886.
[2]) Albrecht: Sitzungsber. d. Ges. f. Morphol. Physiol. München. Bd. 14, S. 133.
[3]) Tamba, K.: Sitzungsber. d. Phys.-math. Sozietät zu Erlangen. Bd. 19, S. 4—5. 1887.

Analoge Erscheinungen wurden von Miehe[1]) beim Abziehen der Epidermisstreifen der Zwiebelschuppen u. a. beobachtet. Die Kerne vieler Zellen schlüpften in seinen Versuchen durch die Poren der Zellmembran in die Nachbarzellen, so daß in den abgezogenen Hautstücken zahlreiche kernlose und zweikernige Zellen sich nachweisen ließen. Dieselbe Erscheinung beobachteten Koernicke[2]) an den Pollenmutterzellen von Crocus und Schweidler[3]) an anderen Pflanzen. Eine Fülle Beobachtungen solcher Art wird in der Arbeit von Němec[4]) angeführt, wo auch die weitere Literatur über diese Fragen nachzusehen ist.

Der flüssige Aggregatzustand der Zellkernsubstanz folgt ebenfalls aus der öfters beobachteten Verschmelzung (Zusammenfließen) der Kerne in mehrkernigen Zellen. Solche Verschmelzung wurde z. B. von Němec[5]) in Zellen von Vicia faba u. a., welche durch Chloralisierung zweikernig gemacht worden waren, beobachtet.

Schließlich sollen noch die Untersuchungen von Matruchot und Molliard[6]) erwähnt werden, welche unter dem Einfluß von Kälte, Plasmolyse usw. innerhalb des Kerns Strömungen in einer oder mehreren Richtungen beobachteten. Brownsche Bewegung im Kerninneren wurde neuerdings von Groß[7]) beobachtet.

Fassen wir alle angeführten Literaturangaben zusammen, so kommen wir zum Schlusse, daß die flüssige Formart der Hauptmasse des Kerns in vielen Fällen nachgewiesen und von der Mehrzahl der Naturforscher angenommen ist. Die Gründe zur Annahme des flüssigen Aggregatzustandes der Hauptmasse des Kerns sind die folgenden:

1. Die Form des Kerns und ihre Änderungen, welche bisweilen sehr schnell stattfinden, ohne daß sich dabei Risse oder Falten bilden.
2. Das Strömen des Kerninhalts und die Bewegung der Körnchen in demselben.

---

[1]) Miehe, H.: Flora. Bd. 88, S. 105. 1901.
[2]) Koernicke, M.: Sitzungsber. d. Niederrhein. Ges. d. Naturforsch. Bonn. 1901.
[3]) Schweidler: Jahrb. f. wiss. Botan. Bd. 48, S. 562, 566. 1910.
[4]) Němec, B.: Das Problem der Befruchtungsvorgänge. Berlin 1910.
[5]) Němec, B.: Jahrb. f. wiss. Botan. Bd. 39. 1904; Sitzungsber. d. kgl. Böhm. Ges. d. Wiss. Nr. 27. 1903; Nr. 13. 1904.
[6]) Matruchot, L. et Molliard, M.: Rev. gén. de botan. Tome 14, p. 401. 1902.
[7]) Groß, Rich.: Arch. f. Zellforsch. Bd. 14, S. 320. 1917.

3. Unmittelbare Prüfung der Kernsubstanz durch Druck- und Präparationsversuche (zähe Flüssigkeit).
4. Das Zusammenfließen der Kerne.
5. Das Durchschlüpfen der Kerne durch sehr kleine Öffnungen ohne Auftreten von Rissen und Falten.

Die Feststellung der flüssigen Eigenschaften der Hauptmasse des Zellkerns besagt aber noch nichts über den Aggregatzustand der einzelnen Teile desselben und seiner Einschlüsse.

Kernmembran.

Wir haben schon gehört, daß die ersten Erforscher des lebenden Inhalts der Zelle den Zellkern als ein Bläschen betrachteten und eine Verfestigung der peripherischen Kernsubstanz annahmen, um die Absonderung des flüssigen Kerninhalts vom flüssigen Protoplasma zu erklären. Bisweilen nahm man aber auch an, daß der Kern von verdichteten Protoplasmaschichten umgeben ist. So soll, nach Schacht[1]), der Zellkern immer ziemlich scharf umgrenzt oder von einer dichteren Protoplasmamasse umhüllt sein, welche bisweilen sogar eine doppelte Kontur hat. Hofmeister[2]) nimmt an, daß die peripherische Schicht des Zellkerns dichter und stärker lichtbrechend als seine innere Masse ist und als doppelt konturierter Saum auftritt, obwohl die inneren Konturen gegen die Innensubstanz nicht scharf abgegrenzt seien, sondern allmählich in dieselbe übergehen. Auch nach Dippel[3]) soll der Zellkern in keinem Entwicklungsstadium einer Membran (einer „äußeren Schale") entbehren.

Im Gegensatz dazu gibt Sachs[4]) an, daß der Kern keine Membran besitze und erst später werde die Kernoberfläche fester, ohne daß sie indessen als besondere Haut sich darstelle. Auerbach[5]) berichtet ebenfalls, daß anfänglich der Kern nur einen Tropfen dickflüssiger Substanz darstelle. Nachträglich verdichte sich aber eine der Kernoberfläche anliegende Grenzschicht des Protoplasmas zu einer besonderen Wandung, die die Kernmembran,

---

[1]) Schacht, H.: Die Pflanzenzelle. S. 32—34. 1852.
[2]) Hofmeister: Die Entstehung des Embryo der Phanerogamen. S. 10, 11, 62. Die Lehre von der Pflanzenzelle. S. 78. 1867.
[3]) Dippel: Das Mikroskop. II. Bd. 9. 1872.
[4]) Sachs: Lehrbuch der Botanik. 4. Aufl. S. 45. 1874.
[5]) Auerbach, M.: Organische Studien. S. 328; Zelle und Zellkern. Beitr. z. Biolog. d. Pflanzen, herausgegeben von Cohn. Bd. 2, S. 1.

wenn eine solche vorhanden ist, umgebe. Eine ähnliche Ansicht vertritt auch Weiß[1]), dem zufolge „der Cytoblast" (d. h. der Zellkern) zuerst als einfaches, dichteres Protoplasmatröpfchen erscheine, später aber sich als „entschiedenes Bläschen" darstelle, an welchem man eine von dem Inhalte sich deutlich abhebende Membran erkennen könne.

Daß die Kernmembran nicht immer wahrgenommen werden kann, schien auch Fromann[2]) am wahrscheinlichsten zu sein.

Eine Reihe von Forschern war jedenfalls darin einig, daß die Kernmembran anwesend oder fehlend sein kann. In diesem Sinne äußerte sich auch Hertwig[3]), dem zufolge die Kernmembran der Amphibieneier eine relativ große Widerstandsfähigkeit besitze und, nach dem unversehrten Herauspräparieren des Kerns, mit der Nadel zerreißbar sei, während die Kernmembran bei Samenmutterzellen der Nematoden vollkommen fehle.

Es ist sehr wahrscheinlich, daß sich die Kernmembran erst in älteren Zellen bildet, wie es Sachs, Auerbach und Weiß annehmen. In Übereinstimmung mit solcher Ansicht befinden sich die Beobachtungen von Němec[4]) über die Verschmelzung der Kerne in mehrkernigen Zellen. In den meristematischen zweikernigen Zellen von Pisum und Lilium verschmelzen, nach ihm, die Kerne sehr leicht, während in der Übergangsregion zur Streckungszone die Kerne zwar ebenfalls verschmelzen können, aber unregelmäßige Gestalten behalten. In noch älteren Zellen der Streckungszone legen sich die Kerne aneinander, ohne zu verschmelzen.

Man könnte denken, daß, wenn eine Kernmembran vorhanden ist, dieselbe in ihren physikalischen Eigenschaften der Pellicula der Amöben ähnlich ist. Wenigstens geben Fromann und Strasburger[5]) an, daß aus dem Protoplasma ins Kerninnere Fäden eindringen können, unabhängig davon, ob eine Membran fehlt oder vorhanden ist. Häufig wurde ein Austritt von Kernkörperchen und Chromatinmassen aus dem Kerne ins Protoplasma beobachtet. Der Austritt des Nucleolus aus dem Kerne wurde z. B. von Němec

---

[1]) Weiß, G.: Anatomie der Pflanzen. S. 100—101. 1878.
[2]) Fromann, Sitzungsber. d. Jenaischen Ges. f. Naturwiss. Bd. 17, S. 26—46. 1882. S. 78—84. 1883.
[3]) Hertwig, O.: Die Zelle und Gewebe. Jena. S. 37. 1893.
[4]) Němec: Befruchtungsvorgänge. S. 21, 46. 1910.
[5]) Strasburger: Arch. f. mikroskop. Anat. Bd. 23.

beschrieben. Diese Erscheinung trete unter dem Einfluß der Plasmolyse ein, wobei auch die Kerne plasmolysiert werden, indem rund um sie herum Vakuolen entstehen. Seine Figur (l. c. Taf. IV, Abb. 123) zeigt, daß der Nucleolus aus einer kleinen Öffnung in der Kernmembran herausgepreßt wird, wobei derselbe die Gestalt eines durch eine Öffnung herausfließenden Flüssigkeitstropfens annimmt. Der Austritt des Chromatins aus dem Kern wurde z. B. von Derschau[1]) beobachtet, in dessen Arbeit auch die weitere Literatur nachzusehen ist.

Eine direkte Prüfung des Aggregatzustandes der Zellkerne und der Kernmembran unternahm kürzlich Seifriz[2]) mit Hilfe einer Mikrodissektion. Nach diesem Autor läßt sich an degenerierten Kernen die Kernmembran lang ausziehen und von der übrigen Kernsubstanz abheben. Bei der Verwendung dieser Methode muß man jedoch die Möglichkeit einer Verfestigung unter der mechanischen Einwirkung der Nadel vermuten, so daß in Wirklichkeit die Kernmembran vielleicht nicht so resistent ist.

Versuche des Verfassers.

Hier sollen einige Versuche des Verfassers, die sich auf den Aggregatzustand der inneren Kernsubstanz und die Kernmembran beziehen, kurz erwähnt werden. Als Objekte dienten: Spirogyra, Epidermis der Zwiebelschuppen von Allium cepa, Brennhaare der Brennessel (Urtica dioica), embryonale Wurzelzellen von Vicia faba und Paramaecium aurelia. Alle Beobachtungen wurden mit Apochr. Zeiß, 2 mm, Ap. 1,3 und Comp. Okul. 4, 8, 12 gemacht.

Spirogyra.

Der Kern ist in der Mitte der Zelle an plasmatischen Fäden aufgehängt und durch eine dünne Protoplasmaschicht vom Zellsaft abgesondert. Die Form des Kerns ist bald kugelig, bald vier- bis sechseckig. Drückt man das Deckgläschen des Präparats ganz zart, so daß der Algenfaden mehrmals etwas abgeplattet wird, so zerreißen die den Kern tragenden Plasmafäden und werden sofort in den protoplasmatischen Wandbelag der Zelle eingezogen. Der Kern nimmt sofort Kugelgestalt an[3]). Drückt man etwas stärker, so fließt die Kernsubstanz mit dem Protoplasma zusammen

---

[1]) Derschau, M. v.: Arch. f. Zellforsch. Bd. 14, S. 257. 1917. Flora. 1920
[2]) Seifriz, W.: Ann. of botan. Vol. 35, p. 269. 1921.
[3]) Daß die Kerne von Spirogyra nach dem Zerreißen der Plasmafäden kugelig werden, beobachtete auch O. Loew (Biochem. Zeitschr. Bd. 74, S. 377, 1916).

(der Nucleolus bleibt zurück)[1]), oder, seltener, die Protoplasmahülle des Kerns wird durchbrochen und spritzt die Kernsubstanz direkt in den Zellsaft aus, wonach sich das Kernvolum zu einem kleinen Rest vermindert. Der Nucleolus ist stets kugelförmig und enthält oft eine vollkommen kugelige Vakuole und eine Anzahl undeutlich sichtbarer Körper[2]). Manchmal kommen Tröpfchen aus dem Nucleolus heraus (vollkommen kugelige) und schwimmen im Kern herum; sie können im weiteren mit dem Nucleolus zusammenfließen, wobei die beiden Gebilde sich wie zwei Flüssigkeitstropfen in einer anderen Flüssigkeit verhalten (vgl. Microphot. 7). Durch diese Versuche ist die flüssige Beschaffenheit des Kerns und des Nucleolus bewiesen.

Brennhaare von Urtica dioica.

Der Zellkern hat eine regelmäßige Kugelgestalt und ist im unteren Teile der Zelle an Plasmafäden und Plasmabändern aufgehängt. Die Umrisse des Kerns sind gewöhnlich durch Protoplasmakörnchen an der Kernoberfläche markiert. Keine sichtbare Membran, auch nicht beim Mikroskopieren mit Paraboloidkondensor (keine meßbar dicke helle Linie). Nucleolus entweder kugelförmig oder nur rundlich. Im letzteren Falle, bei Verwendung des Paraboloidkondensors, ist derselbe mit einer dicken Membran bekleidet. Der Nucleolus enthält mehrere kugelige Vakuolen.

Im Kerninnern und im Nucleolus sieht man zahlreiche winzige Körnchen (oder Tröpfchen), die im Kerne in stetiger Bewegung begriffen sind (die Bewegung erinnert an einen Reigentanz). Wird der Kern durch den Protoplasmastrom mitgerissen und an die Wand gebracht, so wird er abgeplattet, wie Vakuolen. Drückt man plötzlich die Zelle mittels des Deckgläschens, so werden die Umrisse des Kerns unscharf und die Kernsubstanz fließt mit derjenigen des Protoplasmas zusammen. Der Nucleolus bleibt im Protoplasma zurück.

Epidermiszellen der Zwiebelschuppen von Allium cepa (innere Seite).

Der Kern der embryonalen Zellen (von der innersten Schuppe) ist bald an Plasmafäden aufgehängt, bald liegt er im protoplasmatischen Wandbelag. Die Kernform wird durch Plasmafäden bestimmt und ändert sich infolge Bewegung mit dem Protoplasma. Zerreißen die Fäden, so nimmt der Kern sofort Kugelform an (beim langsamen Absterben ist es stets der Fall).

Das Kerninnere ist sehr oft dicht mit Tröpfchen erfüllt, die an die Kernoberfläche gelangen und derselben ein feinknotiges Aussehen erteilen, so daß der Kern keine Membran besitzt. Beim Mikroskopieren mit dem Paraboloidkondensor ist auch keine Membran sichtbar.

Der Kern der Zellen in Schuppen mittleren Alters (zweite Schuppe von außen) befindet sich im plasmatischen Wandbelag. Die Form des

---

[1]) Ein Zusammenfließen des Kerns mit dem Protoplasma wurde auch von Albrecht am Seeigelkeime beobachtet. Beitr. z. pathol. Anat. 1903.

[2]) Diese Körper sind nach Fixation und Färbung bei H. v. Neuenstein abgebildet (Arch. f. Zellforsch. Bd. 13, S. 1. 1914). Die Körper müssen als Chromatinkörper betrachtet werden.

Kernes ist diejenige eines auf einer nicht benetzbaren Unterlage liegenden Flüssigkeitstropfen (von oben gesehen — kreisrund, von der Seite gesehen — ellipsoidisch). Drückt man das Deckgläschen des Präparats mit der Spitze einer Lanzette direkt über der zu prüfenden Zelle, so wird der Zellinhalt in Bewegung versetzt. Der Kern bewegt sich auch hin und her und beim stärkeren Drücken zerfließt er und mischt sich mit dem Protoplasma (seine Substanz behält ihre Selbständigkeit).

Das Einlegen in Wasser nach einem gelinden Antrocknen der Epidermis oder eine gewaltsame, plötzliche Plasmolyse ruft Vakuolisation des Protoplasmas und des Kerns hervor. Die Vakuolen im Kern sind vollkommen kugelig. Die weitere Entstehung derselben führt zum Aufblähen des Kerns und zu einer Vermischung seiner Substanz mit derjenigen des Protoplasmas.

In den Zellen der alten Schuppen kommen auch Kerne vor, welche eine dicke Membran besitzen, die bei Dunkelfeldbeleuchtung sehr hell hervortritt. Solche Kerne lassen sich nicht mit dem Protoplasma mischen. Wenn sie zur Vakuolisation gebracht werden, platzt die Membran und der flüssige Kerninhalt fließt heraus.

Embryonale Wurzelzellen von Vicia faba (Plerom).

Die Kerne sind kugelförmig oder, wenn sie an die Vakuolen grenzen, etwas abgeplattet. An der Kernoberfläche befinden sich zahlreiche, dem Protoplasma angehörige Klümpchen. Die Nucleolen sind entweder kugelig und besitzen dann keine Membran, oder ellipsoidal, abgeplattet und haben eine Membran. Die Kerne haben eine deutliche Membran (auch beim Mikroskopieren mit dem Paraboloidkondensor).

Drückt man das Deckgläschen des Präparats, so ändert sich die Kernform und der Nucleolus schwimmt im Kerninnern herum, der Kern fließt aber nicht mit dem Protoplasma zusammen.

In den Kernen älterer Partien der Wurzel (4—5 mm von der Spitze entfernt) ist der Kerninhalt dünnflüssiger und man sieht sehr oft eine Brownsche Bewegung der Nucleolen.

Paramaecium aurelia.

Der Kern hat eine ellipsoidale Form und ist dicht mit Körnchen (Tröpfchen) erfüllt. Die Körnchen gelangen nicht bis zur Oberfläche, weil der Kern eine Membran besitzt, und zeigen manchmal Brownsche Bewegung. Die Beobachtung des Kerns gelingt am besten nach der vorherigen Verflüssigung der Pellicula und dem Zerfließen des Protoplasmas. Ein sehr zartes Pressen mittels des Deckgläschens ruft eine Deformierung des Kerns hervor. Hört aber das Pressen auf, so nimmt der Kern wieder seine ursprüngliche Form an. Vorübergehende Änderungen der Kernform finden auch unter der Einwirkung der Protoplasmaströmung und des Kontakts mit Pellicula und Vakuolen im intakten Tiere statt. Die ursprüngliche Form wird aber sofort nach dem Aufhören der Einwirkung angenommen, so daß eine elastische Kernmembran sichergestellt ist.

Das weitere Drücken des Kerns mittels des Deckgläschens führt zu einer Verflüssigung der Membran und zum Zerfließen des Kerninhalts, der sich zunächst mit dem Protoplasma nicht mischt. Die winzigen Tröpfchen, die den Kern erfüllen, können dabei zu größeren, stark lichtbrechenden Tropfen zusammenfließen. Schließlich mischt sich die Kernsubstanz mit derjenigen des Protoplasmas, wobei die Tröpfchen mit der Grundsubstanz des Kerns oft zu einer einheitlichen homogenen Masse zusammenfließen. Ähnlich gebaut ist auch der Doppelkern von Stylonychia.

Zusammenfassung.

Überblicken wir die mitgeteilten Literaturangaben und die angeführten Versuche, so kommen wir zu folgenden Schlüssen.

Die Kernsubstanz ist in ihrer Hauptmasse stets flüssig. Eine feste Kernmembran fehlt oder ist anwesend. Oft fehlt sie in jungen Zellen und wird erst in alten Zellen gebildet. Die Kernsubstanz ist mit dem Protoplasma mischbar. Der Nucleolus mischt sich dagegen nicht mit dem Protoplasma, obwohl er meistenteils auch flüssig ist. Die Kernmembran kann sich bisweilen verflüssigen.

d) Der Aggregatzustand der pflanzlichen Chromatophoren.

Die ersten Erforscher des lebenden Zellinhalts beschrieben in Pflanzenzellen verschiedenartige „Bläschen", die bald farblos, bald grün oder anders gefärbt sein sollten. Die späteren Untersuchungen wurden fast ausschließlich den Chloroplasten gewidmet, deren lebendige Natur erst von Mohl[1]) erkannt wurde. Derselbe betrachtete die Chloroplasten als protoplasmatische Bildungen, die mit dem Farbstoff (Chlorophyll) bedeckt sind.

Unter dem Einfluß von Wasser tritt, nach Mohl, ein Vakuolisieren und Aufblähen (Aufquellung) derselben ein. Diese Erscheinung wird auch am bandförmigen Chloroplasten von Spirogyra beobachtet, wobei vollkommen kugelige oder eiförmige Massen entstehen.

Solche in Wasser „gequollenen" Chloroplasten sollen, nach Mohl, sehr weich sein und bei gegenseitiger Berührung verschmelzen oder eckig werden (S. 109). Die Chlorophyllkörner anderer Pflanzen sollen aber eine gelatinöse Konsistenz besitzen und beim Drücken Falten bilden.

Hofmeister[2]) betrachtete die Chlorophyllkörner als halbweiche oder gallertartige Körper. Ihre peripherische Schicht sollte dichter sein als die innere Masse. Zugleich erwähnt Hofmeister

---

[1]) Mohl: Botan. Zeitg. S. 89 u. 97. 1855.
[2]) Hofmeister, W.: Die Lehre von der Pflanzenzelle. 1867.

die Versuche von Rosanoff, denen zufolge die Chlorophyllkörner, in Wasser gebracht, Kugelgestalt annehmen. Nägeli und Schwendener beschreiben die Chlorophyllkörner als „halbflüssige" Körper, die an ihrer Oberfläche von einem dünnen, farblosen Häutchen bedeckt sind. Ihre Abbildungen zeigen, daß bei der Einwirkung von Wasser die Oberfläche der Chlorophyllkörner, durch Vakuolen aufgeblasen, zehnmal so groß werden kann als ursprünglich, so daß man kaum annehmen darf, daß das Häutchen einen festen Aggregatzustand besitzt [1]).

Nach Pringsheim [2]) sollen dagegen Chlorophyllkörner feste poröse Körper sein, deren Höhlungen mit ölartigen Tropfen gefüllt seien; eine ähnliche Ansicht äußerte auch Tschirch [3]). Derselbe nahm aber an, daß die Chlorophyllkörner von einer Plasmahaut umkleidet seien. Die Anwesenheit solcher Haut wurde jedoch von Schmitz bestritten [4]).

Weiß [5]) beschrieb verschiedenartige amöboide Bewegungen und Gestaltsänderungen der Chromatophoren in den Epidermiszellen der Perigonblätter bei Iris, Tulipa u. a. Die Bewegung soll von Auftreten und Wiederverschwinden von Vakuolen im Innern der Chromatophoren begleitet werden. Gestaltsänderungen der Chloroplasten unter der Einwirkung verschiedener Agentien beschrieben auch Schimper [6]) und in letzter Zeit Senn [7]). In einer neuerdings erschienenen Arbeit berichtet der zuletzt genannte Autor, daß in den Initialzellen der braunen Algen die Phoeplasten kugelig sind; in ausgewachsenen Zellen haben sie keine Kugelgestalt, aber werden schließlich wieder kugelig. Solche Formänderungen können kaum anders als durch flüssige Eigenschaften der Chromatophoren erklärt werden.

Nach Haberlandt [8]) sollen die Chloroplasten verschiedener Pflanzen unter dem Einfluß intensiver Beleuchtung ihre Gestalt

---

[1]) Nägeli und Schwendener: Das Mikroskop. S. 553—554. 1867.
[2]) Pringsheim, N.: Monatsber. d. Berlin. Akad. Nov. 1879; Pringsheims Jahrb. Bd. 12, S. 288.
[3]) Tschirch: Untersuchungen über das Chlorophyll. Berlin 1884. S. 9.
[4]) Schmitz, F.: Jahrb. f. wiss. Botan. 15, S. 1—178.
[5]) Weiß, A.: Sitzungsber. d. Akad. Wien, Mathem.-naturw. Kl. Bd. 90, Abt. I, S. 91—109.
[6]) Schimper, A.: Jahrb. f. wiss. Botan. Bd. 16, S. 240.
[7]) Senn: Die Gestalts- und Lageveränderungen der Pflanzenchromatophoren. Leipzig 1908. Zeitschr. f. Botanik. S. 111—114—136. 1919.
[8]) Haberlandt: Physiol. Pflanzenanatomie. S. 249. 5. Aufl. 1918.

ändern und sich kugelförmig abrunden, wobei keine Falten und Risse entstehen.

Küster [1]) beschrieb amöboide Bewegungen der Chromatophoren von Florideen. Die sich bildenden Pseudopodien sollen miteinander fusionieren. Ähnliche Beobachtungen, die den flüssigen Aggregatzustand der Chromatophoren beweisen sollen, beschrieb derselbe Autor auch für Leukoplasten und Chromoplasten. Eine flüssige Konsistenz der Chloroplasten nimmt auch Scherrer [2]) an.

Der flüssige Aggregatzustand der Chromatophoren folgt auch aus den Beobachtungen von Rothert, nach denen die flüssigen Farbstofftropfen in Chromatophoren stets kugelig sind.

Nach Liebaldt [3]) soll die Konsistenz der Chromatophoren veränderlich sein. Dieselben sollen befähigt sein, in Wasser zu quellen, so daß sie wahrscheinlich häufiger gallertartig sind. Ähnliche Ansichten wurden von Bredow, Traube-Mengarini und Scala geäußert [4]).

Nach d'Arbaumont [5]) wären zwei Gruppen von Chloroplasten zu unterscheiden. Die eine Gruppe umfaßt kuglige oder linsenförmige Chloroplasten, die eine schwammartige Struktur besitzen und in Wasser keine wesentliche Quellung aufweisen. Die andere Gruppe umfaßt die übrigen Chloroplasten, die in Wasser quellen können und vermutlich gelatinös sind.

Ponomarew [6]) ist es gelungen, an verschiedengeformten Chloroplasten von Algen u. a. durch verschiedene Eingriffe (Änderung der Beleuchtung, der Temperatur, durch Alkoholwirkung usw.) diese zur Annahme einer Kugelgestalt zu zwingen und damit ihren flüssigen Aggregatzustand zu beweisen.

Nach Meyer [7]) sind die Chloroplasten spindelförmig, wenn sie sich in Plasmafäden befinden; sie runden sich aber ab, wenn sie in das Wandprotoplasma gelangen. Wenn in Chloroplasten

---

[1]) Küster, E.: Zeitschr. f. allg. Physiol. Bd. 4, S. 221. 1904; Ber. d. Dtsch. Botan. Ges. Bd. 29, S. 369. 1911.
[2]) Scherrer: Flora. N. F. Bd. 7, S. 46. 1914.
[3]) Liebaldt, E.: Zeitschr. f. Botanik. Bd. 5, S. 65.
[4]) Traube-Mengharini M. und A. Scala: Biochem. Zeitschr. Bd. 17, S. 488. 1909.
[5]) D'Arbaumont, S.: Ann. d. sc. natur. botanique. Tome 14, p. 197. 1909.
[6]) Ponomarew, A.: Ber. d. Dtsch. Botan. Ges. Bd. 32, S. 483. 1914.
[7]) Meyer, A.: Morphologische und physiologische Analyse der Zelle. S. 31. 1920.

Stärkekörner wachsen, so kann ihre Substanz, die diese Körner bedeckt, ungeheuer dünn werden. Beim Lösen der Körner fließt sie aber wieder zu massiven Kugeln zusammen.

Überblickt man die mitgeteilten Literaturangaben, betreffend den Aggregatzustand der pflanzlichen Chromatophoren, so kommt man zum Schlusse, daß dieselben oft flüssige Eigenschaften haben. Es kommt aber vor, daß sie auch gallertartig erstarren können. Besonders schön lassen sich die flüssigen Eigenschaften der Chloroplasten der Algen zeigen, obwohl sich ihre Konsistenz zugleich als veränderlich erweist.

Es bleibt aber noch zu erklären, wie Chloroplasten flüssig sein und zugleich ihre unregelmäßige Form im flüssigen Protoplasma behalten können. So erscheint es namentlich unverständlich, daß die bandförmigen Chloroplasten von Spirogyra und die sternförmigen von Zygnema ihre sonderbare Form unverändert behalten und nicht zu kugeligen Tropfen zerfallen, obwohl sie flüssig sind.

Um diese Erscheinung zu verstehen, müssen wir uns an die Bildung von Myelinformen durch Lecithin erinnern. Wir wissen schon, daß die Ursache dieser sonderbaren Formen in einer minimalen Oberflächenspannung liegt, die sich an der Grenze von Lecithin und Wasser einstellt. Die minimale Oberflächenspannung ist offenbar auch die Ursache der Form der flüssigen Chloroplasten.

In der Tat: ändert sich die Grenzspannung, so können die Chloroplasten zu kugelförmigen Tropfen zerfallen; solches Zerfallen der Chloroplasten von Spirogyra beobachteten der Verfasser[1]) und auch Ponomarew in der oben zitierten Arbeit.

Zum Schlusse sollen hier flüssige Eigenschaften der Chloroplasten von Spirogyra demonstriert werden. Zur Demonstration passen nur üppig wachsende und ganz gesunde Spirogyra. Durch ganz zartes abwechselndes Pressen und Freilassen der Algenzellen (mittels des Deckgläschens) gelingt es manchmal, die bandförmigen Chloroplasten mit dem Protoplasma zu mengen, so daß dieselben sich wie mit Sudan gefärbtes Öl verhalten, wenn man es mit farblosem Öl mengt. Das auf diese Weise erhaltene Bild gibt Abb. 13 mikrophotographisch wieder.

---

[1]) Lepeschkin, W. W.: Ber. d. Dtsch. Botan. Ges. Bd. 27, S. 99. 1910.

Aber auch auf anderem Wege kann man die flüssige Natur der Chloroplasten von Spirogyra demonstrieren. Plasmolysiert man langgestreckte Algenzellen, so zerfällt sehr oft das Protoplasma in zwei Stücke. Zugleich kommt es auch vor, daß separierte Protoplasmastücke eine Zeitlang durch einen protoplasmatischen Strang verbunden bleiben, der manchmal auch aus Chloroplasten bestehen kann. Wenn bei solchem Fadenziehen das Protoplasma nicht erstarrt (mechanische Koagulation, vgl. Kapitel 5 dieses Teils), so zerreißt der Faden mitsamt dem Chloroplasten, ähnlich wie ein Cedernölfaden, und wird sofort in die Protoplasmastücke eingezogen. Bei dieser Erscheinung treten Falten oder Risse nicht auf, so daß sie nur durch zähflüssige Eigenschaften nicht nur des Protoplasmas, sondern auch der Chloroplasten erklärt werden kann. Merkwürdig ist es aber, daß die Pyrenoide als feste Klümpchen im Protoplasmastrange bleiben, so daß man annehmen muß, daß sie gallertartig sind.

Dieses Verhalten der Chloroplasten und Pyrenoide ist in Abb. 10 und 11 mikrophotographisch wiedergegeben.

Zusammenfassung.

Das Studium des Aggregatzustandes der Chromatophoren der Pflanzen zeigte uns wieder auf das deutlichste, daß die lebende Materie einen kolloiden Bau besitzt. Nur durch diesen Bau kann man Änderungen dieses Zustandes vom dünnflüssigen in den gallertartigen und umgekehrt ohne sichtbare Änderungen des mikroskopischen Aussehens erklären.

e) Der Aggregatzustand der Fibrillen.
Nervenfibrillen.

Es gibt zur Zeit keine Meinungsverschiedenheit über den Aggregatzustand der Nervenfibrillen. Man nimmt gewöhnlich an, daß diese Fibrillen bei der Leitung der Erregung eine Hauptrolle spielen. Andererseits sind auch Ansichten bekannt, denen zufolge Nervenfibrillen eine mechanische Rolle spielen sollen [1]). In beiden Fällen ist der feste Aggregatzustand der Fibrillen notwendig.

In der Tat, der Scheitelpunkt der wachsenden Axonen bahnt sich den Weg durch die anliegenden Gewebe und muß also durch

---

[1]) Solche Ansicht wurde z. B. von R. Goldschmidt ausgesprochen. Festschr. z. 70. Geburtstag Hertwigs. Bd. 2, S. 316. 1910.

feste Teile verstärkt werden. Diese Verstärkung wird zweifellos durch feste Nervenfibrillen erzielt, unabhängig davon, ob sie auch der Erregungsleitung dienen oder nicht.

Die wachsenden Axonen können mit den wachsenden Spitzen der Pseudopodien der Foraminiferen verglichen werden. Die Stärke der letzteren ist aber gerade durch eine feste Achse bedingt. Daß eine solche Analogie vollkommen berechtigt ist, folgt z. B. aus den Untersuchungen von Cajal und Harrison[1]), welche amöboide Bewegungen des wachsenden Scheitelpunktes der Axonen beschrieben haben.

Doch ist es noch nicht bewiesen, daß das Neuroplasma die Erregung allein fortleiten kann, wenigstens in dem Maße, wie es dem ganzen Apparate zukommt[2]). Somit darf man kaum die Rolle der Fibrillen bei der Erregungsleitung vernachlässigen. Jedenfalls zeigt der degenerative Zerfall der Fibrillen zu Körnchen, daß sie kompliziert gebaut sind. Dieser Zerfall kann kaum anders erklärt werden als durch die Annahme eines kolloiden Baues der Fibrillen.

Muskelfibrillen.

Der Aggregatzustand der Muskelfibrillen ist zweifellos demjenigen der Muskelfasern und Muskeln selbst gleich, weil das Protoplasma der Muskeln nur einen unbedeutenden Teil des Ganzen ausmacht.

Brücke,[3]) der die Doppelbrechung der Fibrillen entdeckte, glaubte, die Anwesenheit krystallinischer Teile in denselben annehmen zu müssen. Er betrachtete die kontraktile Masse als ein unkontrollierbares Gemenge von festen und flüssigen Teilen.

Die Kontraktionsfähigkeit wurde bald nach der Entdeckung der Muskelfibrillen als eine allgemeine Eigenschaft der lebenden Materie anerkannt. Da aber die Muskelsubstanz speziell für die Kontraktion eingerichtet ist, suchte man eine Ähnlichkeit zwischen den physikalischen Eigenschaften der Muskeln und denjenigen der ebenden Materie im allgemeinen zu finden. Max Schultze, der die Kontraktionsfähigkeit als eine allgemeine Eigenschaft der lebenden Materie betrachtete, betonte, daß die Kontraktionsfähigkeit mit der flüssigen Konsistenz des Protoplasmas vereinbar sei,

---

[1]) Zitiert nach Heidenhain: Plasma und Zelle. Bd. 2, S. 721—722.
[2]) Bethe, Albrecht: Anat. Anz. Bd. 37, S. 129. 1910.
[3]) Brücke, Denkschr. Wiener Akad., math.-nat. Kl. Bd. 15. 1858.

weil der Aggregatzustand der Muskelsubstanz im Leben von dem einer Flüssigkeit nicht weit abweichen könne, wie es aus den Beobachtungen von Kühne folge (vgl. S. 56).

Der zuletzt genannte Forscher dachte sich die ganze Muskelsubstanz, außer den Querstreifen (Q), aus einer Flüssigkeit gebaut. Anders konnte er die Kontraktilität dieser Substanz nicht erklären [1]).

Kühne beschreibt unter anderem Beobachtungen über die Wirkung eines lokalen Druckes auf Muskeln. Die Muskelsubstanz zeige ein Hin- und Herwogen. Solche wellenartige Verschiebung der Teilchen in der kontraktilen Substanz soll so sehr den Eindruck der Bewegung einer Flüssigkeit machen, daß diejenigen, welche bei der Meinung beharrten, die kontraktile Substanz sei ein fester Körper, selbst auf den Gedanken kämen, dieselbe rühre von dem Eindringen des Wassers in das Innere der Muskelzylinder her.

Da aber bald bewiesen wurde, daß Muskelfibrillen ein umgewandeltes Protoplasma darstellen, und deshalb mit Bindegewebefasern in Parallele gesetzt werden können, die niemand für flüssig hielt, so betrachtete man gewöhnlich auch die Muskelfibrillen als feste Bildungen. Die flüssige Beschaffenheit derselben schien auch aus theoretischen Gründen unglaubhaft zu sein.

Nach Heidenhain [2]) findet in der Flüssigkeit auf spontanem Wege jederzeit eine Verschiebung aller Teile gegeneinander, eine Durchmischung derselben statt, welche in Körpern von festem Aggregatzustande ebenso wie bei „organisierten" Gebilden ausgeschlossen sei. Deshalb schließt sich Heidenhain der Ansicht vom festen Aggregatzustand der Muskelsubstanz an. Die regelmäßige Anordnung der Q-Streifen sei unmöglich in einer Flüssigkeit; die Kontraktion würde flüssige Teile durcheinander mischen. Bei der Zerreißung des Sarkolemms oder bei einer Zerspaltung der Fasern mit Einreißen des Muskelsäulchens trete keinerlei Muskelsubstanz in die umgebende Flüssigkeit heraus.

Wenn, nach Kühne, die kontraktile Substanz mit einer Kochsalzlösung mischbar ist, so meint Heidenhain, daß auf diese Weise hergestelltes „Muskelplasma" das Produkt einer vollständigen Zertrümmerung der Struktur der Muskeln darstelle. Eine flüssige Konsistenz der Muskelsubstanz vertrage sich nicht mit der enormen

---

[1]) Kühne: Archiv von Reichert und Du Bois-Reymond. S. 810. 1859.
[2]) Heidenhain: Plasma und Zelle. Bd. 2, S. 573.

Zugfestigkeit der Muskeln. Wenn in Muskeln 75% Wasser enthalten ist, so müsse letzteres sich größtenteils in chemischer Bindung befinden.

Für den festen Aggregatzustand der Muskelsubstanz haben sich Kölliker, Henle, Hensen, Engelmann, Rollet und Pflüger erklärt, während die flüssige Natur dieser Substanz von Bütschli, Verworn und Jensen[1]) verteidigt wird.

Wir wollen hier etwas ausführlicher die Argumente von Jensen betrachten, dessen Arbeit große Aufmerksamkeit erregte.

Die Zugkraft, welche nötig ist, um einen an der capillaren Öffnung einer Röhre hängenden Wassertropfen abzureißen, ist dem Durchmesser der Röhre proportional. Somit hält nur die Oberflächenhaut des oberen Tropfenendes, vermöge ihrer Oberflächenspannung, der Last des Tropfens das Gleichgewicht. Infolgedessen ist es, nach Jensen, von großer Bedeutung, daß der Muskel aus einer großen Menge dünner „flüssiger" Fibrillen besteht. Ein Wasserzylinder von 0,8 cm Umfang vermag durch die Oberflächenspannung 0,06 g das Gleichgewicht halten. Wenn die gleiche Menge von Wasser in 100 Lamellen von je 1 cm Breite zerteilt würde, so würde sie in dieser Form 16,4 g ertragen können.

Weiter berechnet dieser Autor, daß eine flüssige Muskelfibrille (Durchmesser 0,0014 mm) einen Zug von $3,6 \cdot 10^{-5}$ g aushalten könnte. Für alle Fibrillen mache das 18 g für jedes Quadratmillimeter aus. Da aber die Zugfestigkeit des Muskels 80 g pro 1 qmm beträgt, so nimmt Jensen an, daß jede Muskelfibrille von einer Plasmahaut bedeckt sei, die eine größere Zugfestigkeit als Wasser selbst habe. Da aber, nach Plateau, flüssige Zylinder in Kugeln zerfallen, wenn ihre Länge größer als ihr Umfang ist, so nimmt Jensen zugleich an, daß der Aufbau der Fibrillen aus isotroper und anisotroper Substanz dem unvermeidlichen Zerfall zu Tropfen widerstehe. Die Kontraktion des Muskels sei dann die Folge einer Vergrößerung der Oberflächenspannung der Fibrillen (l. c. S. 181, 222, 223, 225).

Man muß aber bemerken, daß die Zugfestigkeit eines festen Körpers nicht durch seine Oberflächenenergie, sondern durch Attraktionskräfte zwischen seinen Molekülen bedingt wird. Es ist auch bekannt, daß diese Kräfte bei festen Körpern viel größer als bei Flüssigkeiten sind. Die große Zugfestigkeit der Pseudo-

---

[1]) Jensen, P.: Pflügers Arch. f. d. ges. Physiol. Bd. 80, S. 176. 1900.

podien von Orbitolites, welche Jensen mit 17 g auf 1 qmm schätzt (l. c. S. 216), muß gerade den festen Pseudopodienteilen zugeschrieben werden. Wenn die Pseudopodien aus Wasser bestehen würden, würden sie durch ihre Oberflächenspannung höchstens 0,3 g tragen können. Die Oberflächenspannung des Protoplasmas ist aber kleiner als diejenige von Wasser. Somit würden die flüssigen protoplasmatischen Pseudopodien noch weniger einer Last widerstehen können als diejenigen aus Wasser. Die Plasmahaut, wenn sie, wie Jensen will, flüssig sein sollte, würde also die Zugfestigkeit der Fibrillen nicht vergrößern können. Wenn aber die Plasmahaut fest sein würde, so würde die Bedeutung der Oberflächenspannung vollkommen wegfallen und die Zugfestigkeit des Muskels nur von der Festigkeit dieser Haut abhängen können. Wie dick und fest müßte aber diese Plasmahaut sein, um 80 g für jedes Quadratmillimeter des Muskels tragen zu können? Sie müßte sicher nicht dünner sein als die Fibrille selbst.

Andererseits kann sich die Vermutung Jensens, daß dem Zerfalle der flüssigen Fibrillen zu Tropfen der Aufbau derselben aus isotroper und anisotroper Substanz widerstehe, wohl nicht auf die glatten Muskeln beziehen.

Wir kommen also zu dem Schluß, daß die Zugfestigkeit des Muskels, wie sie durch direkte Messungen festgestellt wird, nur durch eine Beteiligung fester Substanz an dieser Festigkeit erklärt werden kann.

Die einfachste Form des Muskels ist im kontraktilen Stiel der Vorticellen vorhanden. Die Kontraktion desselben wird bekanntlich durch einen Achsenfaden (Myonem) bewirkt. Nach Untersuchungen von Koltzoff besteht dieser Stiel zum Teil aus flüssigem Protoplasma, zum Teil aber aus festen Fibrillen, die gemeinsam mit Hüllen „ein festes Gelskelett" bilden[1]).

Untersuchen wir die lebende Muskelsubstanz eines Wirbeltieres oder eines Insekts in physiologischer Kochsalzlösung, so finden wir, daß es durch keine Eingriffe gelingt, aus dieser eine flüssige Substanz herauszubringen, die mit Wasser nicht mischbar wäre und kugelige Oberfläche anzunehmen bestrebt wäre. Man kann aus dem Muskel mittels eines scharfen Rasiermessers sehr feine Querschnitte machen und die Fibrillen mehrmals durchschneiden und doch kann man auch in diesem Falle keine

---

[1]) Koltzoff, N.: Pflügers Arch. f. d. ges. Physiol. Bd. 149. S. 328.

Abrundung der Fibrillenenden beobachten. Das Pressen bleibt ebenfalls wirkungslos.

Nur wenn der Muskel abstirbt, scheidet sich eine Flüssigkeit aus ihm aus, aber dieselbe ist nur eine wäßrige Lösung verschiedener Eiweißsubstanzen, die offenbar bei der durch das Absterben verursachten chemischen Zersetzung entstanden sind.

Wir kommen also zu dem Schluß, daß lebende Fibrillen nicht flüssig sein können. Ihr Verhalten spricht vielmehr für eine amikroskopische gallertartige Struktur, also für ihren festen Aggregatzustand.

3. Allgemeiner kolloidchemischer Bau der lebenden Materie.

a) Vorbemerkungen.

Im vorhergehenden Kapitel haben wir den Aggregatzustand der lebenden Materie kennen gelernt. Es zeigte sich, daß die Hauptmasse der wichtigsten Arten dieser Materie im tätigen Zustande flüssige Eigenschaften besitzt. Das Protoplasma und der Zellkern, d. h. die unentbehrlichsten Teile des lebenden Inhalts der Zelle, können in ihrer ganzen Masse entweder nur während der Anabiose oder nur in denjenigen Zellen (verhornte Hautzellen des Frosches) erstarren, die zum Tode verurteilt sind.

Nur zu speziellen Zwecken ausgebildete Teile des Protoplasmas (feste Achse der Pseudopodien, Fadengerüst), oder für besondere Funktionen bestimmte Arten der lebenden Materie (pflanzliche Chromatophoren, Muskelfibrillen, Nervenfibrillen), oder schließlich Grenzschichten des Protoplasmas und Kerns mit der umgebenden Flüssigkeit (Pellicula, Kernmembran) können einen festen Aggregatzustand besitzen. Aber auch in diesen Fällen wird er nur da, wo er dauernd notwendig ist, persistent, und doch bleiben die starren Teile (Nervenfibrillen und Muskelfibrillen) vom flüssigen Protoplasma immer umgeben!

Somit scheint die flüssige lebende Materie ein notwendiges Substrat zu sein, welches allein als Quelle des Lebens dienen kann. Diese lebende Materie interessiert uns daher am meisten und wir beginnen unsere kolloid-chemischen Betrachtungen mit dem kolloid-chemischen Bau des Protoplasmas.

Betrachten wir diese wichtigste Art lebender Materie unter dem Mikroskop, so finden wir bekanntlich in derselben gewöhnlich verschiedenartige Einschlüsse, die bald fest, bald flüssig sein mögen und vom Standpunkte der Kolloidchemie aus als disperse Phasen betrachtet werden können.

Nur selten kommt es vor, daß das Protoplasma unter dem Mikroskop vollkommen homogen erscheint. In jungen Schimmelpilz- und Hefezellen, bei gut ernährten Bakterien und einigen Amöbenarten sieht das Protoplasma manchmal homogen aus. Aber auch dann kann man nicht behaupten, daß in demselben Körperchen, deren optischen Eigenschaften denjenigen der Grundmasse des Protoplasmas gleich sind, fehlen. In manchen Pflanzenzellen sind ja auch Zellkerne unter dem Mikroskop unsichtbar (z. B. bei der Hefe) und lassen sich nur durch Färbung nachweisen.

Somit können wir das Protoplasma im allgemeinen als ein grob disperses System betrachten; zugleich bildet es aber auch ein kolloidales System, weil chemische Stoffe, die es zusammensetzen, Wasser, Eiweißkörper, Lipoide nur in kolloiden Lösungen gemeinsam vorkommen können und weil Änderungen des Aggregatzustandes, welche, wie erwähnt, nur durch kolloide Eigenschaften des Protoplasmas erklärt werden können, gerade die Grundsubstanz desselben betreffen. Die dispersen Phasen sind gewöhnlich in solcher Zahl anwesend, daß sie keine Änderung des Aggregatzustandes des Protoplasmas bewirken können. Aus der Einleitung wissen wir schon, daß nur ein Zusammenpressen der Tröpfchen zur Bildung einer Emulsionsgallerte führen kann.

Andererseits ist es vollkommen möglich, daß das Wasser des Protoplasmas einige molekular gelöste Stoffe, wie Salze, wasserlösliche organische Stoffe usw., gelöst enthält.

Somit kann man das Protoplasma als eine kolloide Lösung betrachten, die zugleich molekular sein kann und die gewöhnlich auch grob disperse Phasen enthält.

Um einen Blick auf den allgemeinen kolloiden Bau dieses komplizierten Systems zu werfen, versuchen wir, die kolloiden Eigenschaften der dispersen Phasen des Protoplasmas näher zu bestimmen.

b) Grob disperse Phasen und Strukturen des Protoplasmas.

Wenden wir uns zunächst zu grob dispersen Phasen des Protoplasmas, die unter gewöhnlichem Mikroskop sichtbar sind und die nach der in der Kolloidchemie üblichen Terminologie „Mikronen" genannt werden müssen. Selbstverständlich werden wir nur die disperse Phase des lebenden Protoplasmas betrachten, weil nach dem Absterben das ganze System zerstört wird.

Doch können wir auch die bekannten Theorien der Protoplasmastruktur, die aus Untersuchungen an toten Zellen entstanden, nicht gänzlich vernachlässigen. Diese Theorien wurden oft kritisiert und es ist kaum notwendig, hier alle Argumente pro und contra anzuführen. Die betreffende Kritik finden wir in den ausgezeichneten Abhandlungen von Bütschli[1]) und Fischer[2]). Diese Theorien entstanden bekanntlich aus dem Bestreben der Naturforscher, einzelne morphologische Strukturelemente zur Basis einer allgemeingültigen Strukturtheorie der lebenden Materie zu verwenden.

Man suchte vor allem im Protoplasma ein festes Gerüst zu entdecken, weil man nicht glauben wollte, daß sich so komplizierte Lebensvorgänge in einer vollkommen flüssigen Maschine abspielen können. Die Existenz einer flüssigen lebenden Materie schien auch manchen unter den ersten Erforschern des Protoplasmas unwahrscheinlich.

Bütschli erschienen dagegen die Theorien des netzartigen Baues von Fromann, diejenige der fibrillären Struktur von Flemming und die Granulalehre von Altmann deshalb unzutreffend, weil sie temporär entstehende Protoplasmaeinschlüsse oder grobe Strukturen, die durch unbelebte Körnchen oder Vakuolen gebildet werden, als den Bau der lebenden Materie betrachteten, und weil sie den flüssigen Eigenschaften des Protoplasmas widersprachen.

Um diese Eigenschaften mit der Existenz einer feinen und persistenten Struktur des Protoplasmas zu vereinigen, schuf Bütschli seine bekannte Theorie des Schaumbaues des Protoplasmas. Die Theorie wurde mit Beifall angenommen und von den meisten Biologen anerkannt, ohne daß die Gründe früherer Protoplasmatheorien als widerlegt betrachtet wurden, so daß man gewöhnlich in den Lehrbüchern alle vier Theorien nebeneinander beschrieb.

---

[1]) Bütschli: Untersuchungen über mikroskopische Schäume und Protoplasma. S. 102 ff. 1892.
[2]) Fischer, Alfr.: Fixierung, Färbung und Bau des Protoplasmas. 1899. Man sehe auch Berthold: Studien zur Protoplasmamechanik. 1886 und Růžička: Struktur und Plasma. S. 202 ff. 1907.

Im Gegensatz zu den Theorien fester Strukturen im Protoplasma, die nach Berthold[1]) nicht imstande waren, auch nur „irgend einen der einfachen vitalen Bewegungsvorgänge im Protoplasma mechanisch zu erklären", bot die Theorie Bütschlis auch eine einfache Erklärung solcher Bewegungen durch den Vergleich des Protoplasmas mit künstlichen „Schäumen", die unter dem Einfluß der Oberflächenspannung amöboide Bewegungen ausführen können.

Man darf aber nicht außer acht lassen, daß die von Bütschli beschriebenen Schaumstrukturen fast ausschließlich am toten (fixierten) Protoplasma beobachtet wurden und, nach Bütschli, auch leblosen Objekten eigen waren. Andererseits glichen diese Strukturen nicht den eigentlichen Schaumstrukturen, weil die Wände der Waben sich unter allen möglichen Winkeln schnitten.

Aber schon die gleichzeitige Existenz mehrerer Theorien, die auf direkten Beobachtungen basierten, sprach für die Unmöglichkeit, solche Strukturen, wie sie die einzelnen Beobachter beschreiben, auf das Protoplasma im allgemeinen zu übertragen. Daher kam schon Reinke[2]) zu dem Schluß, daß die Protoplasmastrukturen polymorph seien, indem sie nicht nur in den Zellen verschiedener Gewebe, sondern auch in einer und derselben Zelle ungleich sein können. Zu demselben Schluß kam auch Fischer (l. c.). Nach diesen beiden Forschern soll das Protoplasma verschieden geformte Elemente ungleicher Konsistenz enthalten, die während des Lebens Veränderungen unterliegen. Einen Polymorphismus des Protoplasmas nimmt auch Růžička (l. c.) an. Die Protoplasmastruktur könne entweder homogen, undifferenziert erscheinen oder in Form von Körnern, Fäden und kombinierten Strukturen auftreten.

Weitere Untersuchungen am lebenden Protoplasma zeigten, daß man im Protoplasma gewöhnlich Körnchen und Tröpfchen, bisweilen aber auch fadenförmige Gebilde auftreten sehen kann und daß alveoläre Strukturen, wenn sie vorkommen, durch dichtgelagerte Vakuolen, die mit einer wäßrigen Lösung erfüllt sind, verursacht werden [3]).

---

[1]) Berthold: Studien über Protoplasmamechanik. S. 62. 1886.
[2]) Reinke, J.: Studien über das Protoplasma. 1881; Einleitung in die theoretische Biologie. 1911.
[3]) Meyer, A.: Physiologische und morphologische Analyse der Zelle. S. 410.

Auf Grund seiner Untersuchungen an Amöben kam kürzlich Giersberg[1]), früher ein Anhänger der Wabentheorie Bütschlis, zu dem Schluß, daß der „Wabenbau des Plasmas der Amöben nicht nur als Elementarstruktur, sondern auch als Normalzustand des Plasmas abzulehnen" sei.

Auf Grund seiner Untersuchungen an lebenden Objekten gelangte Berthold schon viel früher zu der Auffassung, daß das Protoplasma eine höchst komplizierte Emulsion von je nach den Einzelfällen sehr wechselnder Konsistenz darstelle (l. c.). Im ähnlichen Sinne äußerte sich auch der Verfasser, der das Protoplasma als eine Emulsion und zugleich als eine Suspension betrachtete[2]).

Daß grob disperse Phasen des Protoplasmas nicht nur flüssig, sondern auch fest sein können, zeigten mikroskopische Untersuchungen des Verfassers, die hauptsächlich an Pflanzenzellen mittels des Paraboloidkondensors gemacht worden waren.

Der genannte Kondensor ist sehr oft imstande, uns einen Aufschluß über den Aggregatzustand der grob dispersen Phasen zu geben. In der Tat, betrachtet man Öltröpfchen unter dem Mikroskop mittels des Paraboloidkondensors, so sieht man die Oberfläche der Tropfen durch eine scharfe helle Linie begrenzt. Je kleiner die Tröpfchen werden, desto blasser und verschwommener wird diese Linie, so daß ganz winzige Tröpfchen nur sehr undeutlich und schließlich kaum noch sichtbar sind. Betrachtet man dagegen einen fein zerteilten festen Körper, z. B. Ultramarin, unter dem Mikroskop mit dem Paraboloidkondensor, so sieht man sehr helle Partikelchen, deren Helligkeit mit der Verkleinerung ihres Durchmessers sogar zunimmt, um von einer gewissen Größe an fast unverändert zu bleiben. Infolgedessen sind sehr kleine feste Partikelchen beim Mikroskopieren mit diesem Kondensor sehr hell und viel besser sichtbar als beim gewöhnlichen Mikroskopieren, während sehr kleine Öltröpfchen beim gewöhnlichen Mikroskopieren besser zu sehen sind und im Dunkelfeld blaß erscheinen.

Die beschriebene Erscheinung ist auch theoretisch begreiflich, weil flüssige Tröpfchen mehr Licht durchgehen lassen, als sie es zerstreuen, während feste Partikelchen es hauptsächlich reflektieren.

---

[1]) Giersberg, H.: Arch. f. Entwicklungsmech. d. Organismen. Bd. 51, S. 223. 1922.
[2]) Lepeschkin, W.: Ber. d. Dtsch. Botan. Ges. Bd. 29, S. 181, 1911; Bd. 28, S. 91, 384. 1910.

Beobachtet man das Protoplasma unter dem Mikroskop mit dem Paraboloidkondensor, so sieht man fast immer sehr helle Partikelchen, die sich bald in Brownscher Bewegung befinden oder durch die Protoplasmaströmung mitgerissen werden. Die Versuche des Verfassers erstreckten sich auf die Zellen der Brennhaare der Nessel (Urtica urens), der Zwiebelschuppen von Allium cepa und der embryonalen Wurzelteile (Vicia faba), ferner auf Infusorien (Paramaecium) und die Blutkörperchen vom Frosch. Mit Ausnahme der Blutkörperchen findet man überall sehr helle feste Partikelchen, die mit verschiedener Dichtigkeit im Protoplasma gelagert sein können. Die Blutkörperchen erwiesen sich als frei von hellen Partikelchen, aber es sind verschwommene flüssige Gebilde in einer geringen Zahl in ihrem Protoplasma doch sichtbar (flüssige Phase).

Gerade die feste, grob disperse Phase sah auch Gaidukov[1]), der die Partikelchen freilich für „Ultramikronen" des Protoplasmas hielt. Übrigens gab der genannte Autor zu, daß man „die Gruppen der Ultramikronen" auch „bei gewöhnlicher Beleuchtung" sehen kann [2]).

Eine große Menge von sehr hellen Partikelchen beobachtete mit dem Paraboloidkondensor auch Marinesco[3]) im Protoplasma von Nervenzellen.

A. Meyer[4]) untersuchte das Protoplasma der Haarzellen von Tradescantia virginica mit dem Ultramikroskop und fand drei Arten von „Mikrosomen". Eine Art bestand aus sehr hellen Kügelchen; eine zweite Art (Stäbchen) und eine dritte (Kügelchen) hellte aber nicht auf und war nur mit sehr dünner, heller Linie begrenzt. Die hellen Kügelchen waren offenbar fest, die anderen „Mikrosomen" flüssig.

Von den in den Tierzellen vorkommenden Granulis sind die einen, z. B. diejenigen der Schleimdrüsen, sicher flüssig, die anderen können aber fest sein. Der Aggregatzustand der Chondriosomen, Mitochondrien, Chondriokonten u. dgl. Gebilde ist noch nicht festgestellt, aber es ist sehr wahrscheinlich, daß sie zähflüssig sind.

---

[1]) Gaidukov, W.: Die Dunkelfeldbeleuchtung in der Biologie und Medizin. Jena 1910. Gaidukov benutzte bei seinen Untersuchungen den Paraboloidkondensor, der nicht gestattet, Ultramikronen zu sehen.
[2]) Gaidukov, W.: Kolloidzeitschr. Bd. 6, S. 267. 1910.
[3]) Marinesco, G.: Kolloidzeitschr. Bd. 11, S. 209—225. 1912.
[4]) Meyer, Arth.: l. c. S. 418.

Wenigstens erinnert die Form derselben an Tröpfchen einer zähen Flüssigkeit, an deren Grenze mit einer anderen Flüssigkeit eine minimale Oberflächenspannung vorhanden ist (vgl. S. 78). Weitere Untersuchungen müssen entscheiden, wie weit flüssige und grobdisperse Phasen außer Fetttröpfchen im Protoplasma verbreitet sind.

Wenden wir uns jetzt zu den kolloidal-dispersen Phasen des Protoplasmas.

c) Kolloidaldisperse Phasen des Protoplasmas.

Nach den ultramikroskopischen Beobachtungen von André Mayer und Schaeffer [1]) soll die Grundmasse des Protoplasmas, welche die Interstitien zwischen den Mikrosomen, Körnchen usw. erfüllt, „optisch leer" sein, d. h. sie weise keine Ultramikronen auf. Aggazzotti[2]) kam zu demselben Schluß in bezug auf das ultramikroskopische Aussehen des Protoplasmas von Blutkörperchen von Spelerpes fuscus.

Nach Fauré-Fremiet[3]) erscheint die Grundsubstanz des Protoplasmas unter dem Ultramikroskop nur etwas neblig („légèrement lumineuse à la manière d'une vague nébulosité"). Einen ähnlichen Eindruck hatte A. Meyer, der das Protoplasma mit dem Kardioidkondensor untersuchte. Sehr dicke Cytoplasmafäden sollen etwas aufhellen, während das Cytoplasma in dünnen Strängen optisch leer sei (l. c. S. 418).

Das Cytoplasma Meyers ist die Grundsubstanz von Fauré-Fremiet, so daß die beiden Resultate miteinander übereinstimmen. Somit könnten wir als erwiesen betrachten, daß in normalem Zustande das Protoplasma keine Ultramikronen aufweist. Die dem widersprechenden Angaben von Gaidukov (l. c.) beruhen darauf, daß er seine Untersuchungen mit dem Paraboloidkondensor machte, der keine Ultramikronen wahrzunehmen gestattet. Mit Hilfe dieses Kondensors kann man nur mikroskopisch sichtbare Gebilde wahrnehmen. Auf diesen Umstand wies der Verfasser schon vor längerer Zeit hin [4]). Eine ähnliche Meinung über die Resultate von Gai-

---

[1]) Mayer, A. und Schaeffer, G.: Cpt. rend. des séances de la soc. de biol. Tome 64, p. 681. 1908.
[2]) Aggazzotti, A.: Zeitschr. f. allg. Physiol. Bd. 11, S. 249. 1910.
[3]) Fauré-Fremiet: Archives d'anatomie microscopique. Tome 11, p. 491. 1909—1910.
[4]) Lepeschkin, W. W.: Kolloidzeitschr. 1913.

dukov äußerte A. Meyer: „Dieser Autor beobachtete sehr schlecht, was man schon bei Nachuntersuchung ..... leicht erkennen kann" (l. c. S. 419).

Da das Protoplasma eine kolloide Lösung darstellt, so darf man annehmen, daß sie einen hydrophil-kolloiden Charakter besitzt, weil nur hydrophil-kolloide Lösungen keine Ultramikronen aufweisen (einzige Ausnahme Goldlösungen, vgl. S. 9). Dieser Schluß ist in Übereinstimmung mit der Tatsache, daß das Protoplasma viel Eiweißkörper und Lipoide enthält, von denen die ersteren hydrophile Kolloide sind und die letzteren eine mittlere Stellung zwischen hydrophilen und hydrophoben Kolloiden einnehmen. Der hydrophile Charakter der Protoplasmakolloide äußert sich außerdem im Verhalten des Protoplasmas gegen Elektrolyte.

Das Protoplasma enthält eine Salzmenge, die für die Ausscheidung hydrophober Kolloide vollkommen ausreicht. So enthält z. B. das Protoplasma des Plasmodiums $0,3\%$ wasserlösliche Salze, welche genügen würden, um hydrophobe Plasmakolloide zur Koagulation zu bringen. Sicher enthält aber das Protoplasma der im Seewasser lebenden Pflanzen und Tiere noch mehr Salz (vgl. auch Kapitel 5 dieses Teils).

Daß im Protoplasma eine für die Koagulation der hydrophoben Kolloide ausreichende Salzmenge stets anwesend ist, zeigt die Hitzekoagulation des Protoplasmas. Wir wissen schon aus der Einleitung, daß Eiweißkörper durch Wasser denaturiert werden. Die Denaturation wandelt die hydrophil-kolloidalen Eigenschaften der Eiweißkörper in solche von hydrophob-kolloidalen um, so daß sie schon durch kleine Salzmengen zur Koagulation gebracht werden. Hohe Temperatur beschleunigt die Denaturation außerordentlich stark, so daß dieser Prozeß schließlich momentan stattfindet. Erhitzen wir das Protoplasma, so tritt bei einer gewissen hohen Temperatur eine Koagulation ein, sodaß eine für dieselbe nötige Salzmenge im Protoplasma stets vorhanden sein muß.

Dementsprechend ist ebenfalls sehr wahrscheinlich, daß grob disperse Phasen des Protoplasmas zu denjenigen gehören, welche durch kleine Mengen von Salzen nicht koaguliert werden und also auch einen hydrophilen Charakter besitzen. Solche grob disperse Phasen stellen z. B. suspendierte Bakterien und in Wasser suspendiertes Gelatinepulver dar. Andererseits zeigte Loeb[1]),

---
[1]) Loeb, Jacques: Journ. of general. Physiol. Vol. 5, p. 482. 1923.

daß hydrophobe Suspensionen von Kollodium in Wasser unempfindlich gegen Elektrolyte sind, wenn ihre Teilchen von einer Gelatineschicht bedeckt sind, sodaß auch elektrolyt-empfindliche Phasen des Protoplasmas durch Anlagerung eines hydrophilen Kolloids an ihre Oberfläche hydrophilen Charakter annehmen können.

Wir schließen unsere Übersicht der dispersen Phasen des Protoplasmas mit einer kurzen Betrachtung der Verteilung dieser Phasen auf die Protoplasmamasse.

d) Verteilung der dispersen Phasen auf die Protoplasmamasse.

Bekanntlich wird in pflanzlichen sowie auch in tierischen Zellen eine Protoplasmaströmung beobachtet. Disperse Phasen werden durch diese Strömung mitgerissen und in alle Zellteile mitgeschleppt, so daß mikroskopisch sichtbare disperse Phasen, einige zufällige Anhäufungen ausgenommen, gewöhnlich über die ganze Masse des strömenden Protoplasmas ziemlich gleichmäßig verteilt sind. Fehlt aber die erwähnte Strömung, so kann die Verteilung der mikroskopisch sichtbaren dispersen Phasen auch nicht so regelmäßig sein und lokale Anhäufungen werden möglich.

Außerdem kam schon Pringsheim [1]) zu dem Schlusse, daß in den Pflanzenzellen die äußere Protoplasmalage eine Hautschicht bilde, die im Gegensatz zu der inneren an den Zellsaft grenzenden Körnerschicht des Protoplasmas hyalin, körnchenfrei sei. Dieses Resultat Pringsheims wurde von M. Schultze an Tierzellen bestätigt [2]). Die hyaline körnchenfreie oder körnchenarme Rinden- oder Hautschicht, die von der Grundmasse des Protoplasmas gebildet wird, soll bei den Amöben, den embryonalen Muskelzellen, farblosen Blutkörperchen, Speichelkörperchen, Knorpelzellen und während der embryonalen Entwicklung bei fast allen Zellen beobachtet werden. Dieser Hautschicht wird auch eine größere Dichtigkeit zugeschrieben.

Nach Hofmeister [3]) soll in den Pflanzenzellen die Hautschicht ebenfalls überall ausgebildet sein. Diese Schicht soll sich stets in Ruhe befinden, wenn das innere Protoplasma strömt, wenn auch diese Ruhe „in sehr vielen Fällen nur eine relative" sei.

---

[1]) Pringsheim: Untersuchungen über den Bau und die Bildung der Pflanzenzellen. Berlin 1854.
[2]) Schultze, Max: Das Protoplasma der Rhizopoden. S. 6—9. 1863.
[3]) Hofmeister: Die Lehre von der Pflanzenzelle. S. 17 ff. 1867.

Die Ortsveränderungen in dieser Schicht seien „meist so langsam, daß sie während kurzer Dauer der Beobachtung nicht wahrgenommen werden können." Die ruhende Schicht könne manchmal relativ dick sein, so daß (z. B. bei Charen) ihr auch Chlorophyllkörner eingelagert sein können. Am besten sei die Differenzierung der ruhenden Hautschicht an den Zellen zu beobachten, deren Inhalt unter der Einwirkung von Salz- oder Zuckerlösungen kontrahiert (d. h. plasmolysiert) ist, „auch da, wo diese Schicht äußerst dünn ist, wie z. B. in den Wurzelhaaren von Hydrocharis, in den Blattzellen von Vallisneria" (l. c. S. 53).

Nach Pfeffer[1]) soll die Hautschicht bei Plasmodien aus Körnerplasma durch Auswandern von Körnchen beim Durchschneiden des Plasmodiums unter Wasser oder auch in der Luft entstehen. Auf diese Weise soll, nach Rhumbler, auch die Hautschicht (Ektoplasma) bei Amöben entstehen [2]).

Die Ausbildung einer hyalinen Hautschicht des Protoplasmas (d. h. des Ektoplasmas) ist wahrscheinlich mit irgendwelchen Vorgängen, die sich an der Protoplasmaoberfläche abspielen, verbunden. Es ist sehr möglich, daß die Sauerstoffatmung und die Adsorption eine Verdichtung der kolloidal dispersen Phasen des Protoplasmas an der Oberfläche verursachen, welche alsdann zur Fortdrängung der Körnchen von der Oberfläche führt. Jedenfalls zeigt schon eine ungleiche Mächtigkeit dieser Schicht bei verschiedenen Organismen, daß die Ursache in der chemischen Individualität der Phasen liegt. Wie erwähnt, gibt auch Hofmeister zu, daß bei Hydrocharis und Elodea die Hautschicht sehr dünn sei; es sei auch noch an die früher erwähnte Beobachtung von Cienkowski und Hofmeister erinnert, daß bei Plasmodien von Didymium die Hautschicht „nur noch in der glatten Umgrenzung der Masse zu erkennen" sei. Bei Foraminiferen unterscheiden sich Ektoplasma und Entoplasma sogar überhaupt nicht[3]).

Der Verfasser hat die Beobachtungen von Hofmeister an Hydrocharis und Vallisneria mit den besten Objektiven (z. B. Reichert 18, Apochrom. Zeiß 2 mm, App. 1,3, Ocularen comp. 4, 8 und 12)

---
[1]) Pfeffer, W.: Zur Kenntnis der Plasmahaut und der Vakuolen. Abh. d. math.-phys. Klasse d. kgl. Sächs. Ges. d. Wiss. Bd. 16, S. 193—194. 1890.
[2]) Rhumbler: Arch. f. Entwicklungsmech. d. Organismen. Festschr. Roux. S. 211—212. 1910.
[3]) Rhumbler: Die Foraminiferen der Plankton-Expedition. S. 234. 1909.

und auch mit dem Paraboloidkondensor wiederholt und kam zu dem Schluß, daß von einer hyalinen Hautschicht bei diesen Pflanzen keine Rede sein kann. Die vom Protoplasma mitgerissenen Körnchen gelangen an dessen Oberfläche, ohne ihre Bewegungsgeschwindigkeit zu vermindern. Man muß also vermuten, daß bei diesen Pflanzen einige kolloidal disperse Phasen fehlen, welche die Verdichtung der Oberfläche des Protoplasmas bewirken könnten. Im Gegensatz dazu ist das körnchenfreie Ektoplasma bei Spirogyra so stark ausgebildet, daß es wenigstens doppelt so mächtig ist, als das Körnerplasma (vgl. Abb. 14).

Aber auch in der inneren Protoplasmamasse ist eine ungleiche Verteilung der kolloidal dispersen Phasen, die eine ungleiche Dichte und Lichtbrechung verschiedener Protoplasmateile bewirkt, nicht selten. Es kann vorkommen, daß in verhältnismäßig kleinen Abständen Stellen kleinerer und größerer Dichtigkeit miteinander abwechseln. Wenn zugleich das Protoplasma strömt, so können die Stellen ungleicher Dichtigkeit wechseln. Solches Protoplasma aus Brennhaaren von Urtica urens ist in Abb. 16 u. 17 mikrophotographisch wiedergegeben. Die ungleiche Dichtigkeit dieses Protoplasmas gab wahrscheinlich Crato [1]) Anlaß, zu schließen, daß es eine netzige Struktur hat. Die Bildung von Schlieren im Protoplasma hatte schon Hanstein beschrieben[2]).

e) Disperse Phasen des Zellkerns und der Chromatophoren.

Bei der Betrachtung der dispersen Phasen des Zellkerns können wir unterlassen, auf die Besprechung der Anwendung verschiedener Theorien des Protoplasmabaues auf den Zellkern einzugehen. Alles, was über die Untauglichkeit dieser Theorien bei der Besprechung des Protoplasmabaues gesagt wurde, bezieht sich selbstverständlich auch auf den Zellkern. Feste Gerüste des Zellkerns gibt es nur an fixierten Präparaten, weil ihre Existenz sich nicht mit einer freien Substanzströmung im lebenden Kerninneren und den verschiedenartigen Bewegungen der Körnchen und des Nucleolus vereinigen läßt.

Im lebenden ruhenden Zellkern sieht man nur verschiedenartige körnige und tropfige Einschlüsse, den Nucleolus, Chromatin-

---

[1]) Crato: Beiträge zur Physiologie der Pflanzen, herausgegeben von Cohn. Bd. 7, H. 3. 1896.
[2]) Hanstein: Das Protoplasma als Träger der pflanzlichen und tierischen Lebensverrichtungen. S. 21. Heidelberg 1880.

massen usw. Der Nucleolus lenkte die Aufmerksamkeit schon der ersten Forscher auf sich, die ihn für ein lebendes Gebilde ansahen. Später zeigte sich aber, daß sich Nucleolen meistenteils nicht durch Zweiteilung vermehren und daß sie bei der Mitose verschwinden, um in den Tochterkernen von neuem zu entstehen. Infolgedessen halten die meisten modernen Forscher den Nucleolus für ein lebloses Stoffwechselprodukt, obwohl er manchmal amöboide Bewegungen zeigen kann (vgl. S. 66) und in einigen Fällen sich bei der Kernteilung teilen und in die Tochterkerne übergehen kann.

Jedenfalls muß man betonen, daß die Nucleolussubstanz mit dem Protoplasma nicht mischbar ist und im Protoplasma nur allmählich verdaut wird [1]).

Der Nucleolus ist meistenteils zähflüssig, kann aber auch durch eine feste Schicht von der übrigen Kernsubstanz abgesondert sein oder vollkommen gallertartig erstarren. Die Beobachtung mit dem Paraboloidkondensor ergibt meistenteils, daß der Nucleolus im Dunkelfeld dunkel erscheint, aber bisweilen von einer meßbaren dicken hellen Linie umgrenzt oder gleichmäßig matthell ist (z. B. in den embryonalen Wurzelzellen von Vicia faba), so daß ein wechselnder Aggregatzustand des Nucleolus sehr wahrscheinlich ist. Literaturangaben über die amöboiden Bewegungen und das Zusammenfließen der Nucleolen, wenn sie im Kerne in Mehrzahl vorhanden sind, finden sich in den Handbüchern [2]).

Wir wollen jetzt die Granulationen des Kerns, also seine eigentlichen dispersen Phasen betrachten.

Bei Verwendung des Paraboloidkondensors zeigt sich, daß Granulationen des Kerns im Dunkelfeld nur schwach oder gar nicht aufhellen. Wenn im Protoplasma viele stark aufhellende Körnchen vorhanden sind, sieht der Kern in der Zelle gewöhnlich wie ein schwarzer Fleck aus. Dieses merkwürdige Aussehen des Kerns im Dunkelfeld wurde vom Verfasser in den Zellen der Brennhaare von Urtica urens, der Zwiebelschuppen, der embryonalen Wurzeln von Vicia faba und der Infusorien beobachtet.

---

[1]) Nach Andrews (Jahrb. f. wiss. Botan. Bd. 38, S. 37. 1903) soll die Verdauung des durch die Zentrifugalkraft aus dem Kern herausgeschleuderten Nucleolus im Protoplasma bis 24 Tage verlangen.

[2]) Heidenhain: Plasma und Zelle. 1902. — Meyer: Morphologische und physiologische Analyse der Zelle. 1920—1921. Vgl. auch S. 66.

In den Kernen der Blutkörperchen sieht man nur an der Oberfläche des Kerns winzige helle Körnchen, die sich in Brownscher Molekularbewegung befinden. Das Kerninnere ist aber dunkel, trotzdem es beim gewöhnlichen Mikroskopieren stets heterogen erscheint.

Marinesco (l. c.), der Nervenzellen mit dem Paraboloidkondensor untersuchte, fand, daß, während das Protoplasma mit zahlreichen hellen Körnchen erfüllt ist, der Kern beinahe „optisch leer" ist und auch wie ein schwarzer Fleck aussieht.

Merkwürdig ist, daß auch dann, wenn bei gewöhnlichem Mikroskopieren der Kern mit Granulationen so dicht erfüllt erscheint, daß der Nucleolus nicht sichtbar ist, im Dunkelfeld alles verblaßt und undeutlich wird. Man kann somit vermuten, daß die dispersen Phasen des Zellkernes flüssig sind. Dafür spricht auch das Zusammenfließen der Kerngranula von Paramaecium beim Pressen.

Aber in einigen Fällen kann der Zellkern auch mit festen Körnchen erfüllt sein. So enthalten z. B. die Kerne der Zellen in den älteren Zwiebelschuppen feste, im Dunkelfeld stark aufhellende Körnchen. Auch absterbende Kerne und die Kerne der verhornten Hautzellen vom Frosch enthalten nur feste, im Dunkelfeld aufhellende Körnchen. Nach Meyer erscheinen die Kerne von Tradescantia virginica im Dunkelfeld des Kardioidkondensors ebenfalls milchig trübe und körnig inhomogen (l. c. S. 417).

Was nun die kolloidal-dispersen Phasen des Kerns anbelangt, so ist es noch nicht entschieden, ob dieselben ultramikroskopisch sichtbar sind. Das Kerninnere ist entweder zu dicht mit Mikronen erfüllt, oder diffus trübe; außerdem stört die körnige Trübung des Protoplasmas die Beobachtung. Nur weitere Spezialbeobachtungen könnten eine entscheidende Antwort auf die erwähnte Frage geben. Die Abwesenheit einer Salzkoagulation im Leben und ihr Auftreten erst nach starkem Erhitzen läßt aber vermuten, daß die kolloidal-dispersen Stoffe des Kerns hydrophilen Charakter haben. (Vgl. dazu Abb. 8, welche die Koagulation im Kerne von Spirogyra demonstrieren soll.)

Die Chromatophoren der Pflanzenzellen enthalten öfters grob disperse Phasen, die entweder fest (Stärkekörnchen) oder flüssig sind. Die Tröpfchen, welche in Chloroplasten gefunden werden, sind gewöhnlich durch Chlorophyll grün gefärbt. In den anders gefärbten Chromatophoren können sie auch gelb und orange sein [1]). Bei Tropeolum majus und anderen Pflanzen fand A. Meyer in Chloroplasten, nach einer langen Kohlensäure-Assimilation, zahlreiche Tröpfchen, die zu größeren Tropfen zusammenfließen können und, nach Meyer, ein öliges, als Assimilationssekret bezeichnetes Nebenprodukt darstellen [2]). In Leukoplasten sieht man sehr oft Körnchen, die, nach A. Meyer, „Allinante" sind (l. c. S. 112). Ob in Chromatophoren Ultramikronen als kolloidaldisperse Phasen vorkommen, bleibe dahingestellt, obwohl ein kolloidaler Zustand des Chlorophylls in Chloroplasten sehr möglich ist [3]). Da aber bei starkem Erhitzen in Chloroplasten eine Hitzekoagulation eintritt (vgl. z. B. die Mikrophotographie 20), so läßt sich vermuten, daß im normalen Zustande die kolloidaldispersen Phasen der Chloroplasten einen hydrophilen Charakter haben.

f) **Dispersionsmittel und disperse Phasen der Muskelfibrillen.**

An fixierten Präparaten sieht man bisweilen in Muskelsäulchen verschiedenartige Körnchen (Granula), welche Heidenhain [4]) für Artefakte hält. Was nun das Dispersionsmittel und die kolloidaldispersen Phasen anbelangt, so kann man nur vermuten, daß der gallertartige Bau der Muskelfibrillen, wie derjenige der Gelatinegallerte, von Amikronen gebildet wird (vgl. S. 29). Die amikroskopisch oder vielleicht ultramikroskopisch kleinen Interstitien des Gerüstes sind wahrscheinlich von einer wäßrigen Lösung verschiedener kolloidal und molekular gelöster Stoffe erfüllt [5]).

In quergestreiften Muskeln sind bekanntlich die Fibrillen aus alternierenden Schichten isotroper und anisotroper Substanz gebaut.

---

[1]) Schimper: Botan. Zeitg. S. 155. 1888. — Rothert: Bull. de l'acad. des scienc. de Cracovie. p. 212—213. 1912.

[2]) Meyer, A.: l. c. S. 324.

[3]) Iwanowski, D.: Verh. russ. Naturf. u. Ärzte. Bd. 12. S. 269. 1910. Ber. d. Dtsch. Botan. Ges. Bd. 25, S. 416. 1908 und Bd. 31, 1913. — Willstätter, R. und A. Stoll: Untersuchungen über die Assimilation der Kohlensäure. Berlin 1918. — Stern, K. nimmt dagegen an, daß Chlorophyll in Chloroplasten molekular gelöst ist (Zeitschr. f. Botan. Bd. 13, S. 193. 1921).

[4]) Heidenhain: Plasma und Zelle. S. 625.

[5]) Fischer, H. und P. Jensen kommen zum Schlusse, daß das Wasser der Muskeln in einer „flüssigen" oder „festen" Phase festgehalten wird, welche Overton für „amorphfest" ansieht (Zeitschr. f. allg. Physiol. Bd. 11, S. 23—93. 1910).

Die Anisotropie ist nur scheinbar, d. h. nicht durch Krystallnatur hervorgerufen. Die Doppelbrechung kann in Gallerten durch Deformation verursacht werden und nimmt mit dem Gehalt an kolloidaler Substanz zu [1]). Da aber die isotropen Teile der Muskelfibrillen lockerer als die anisotropen Teile gebaut sind und weniger Wasser als diese enthalten, so ist es begreiflich, daß sie nur viel schwächer doppelbrechend sein können als die anisotropen Teile.

Infolge größeren Wassergehalts sind die isotropen Teile auch schwächer lichtbrechend und dehnbarer als die anisotropen, weil das Elastizitätsmodul einer Gallerte sich mit dem Gehalt der kolloidalen Substanz nahezu proportional dem Quadrate desselben vergrößert. Mit dem größeren Gehalt an kolloidaler Substanz hängt wahrscheinlich auch die größere Quellbarkeit der anisotropen Teile zusammen [2]).

g) Viscosität des Protoplasmas.

Wir haben das Protoplasma als eine hydrophil-kolloidale Lösung definiert, die zugleich eine Emulsion und Suspension darstellt. Demnach konnten wir von vornherein erwarten, daß die Viscosität des Protoplasmas viel größer als diejenige des Wassers sein und je nach dem Gehalt an dispersen Phasen variieren müsse. Die Erwartung ist in der Tat gerechtfertigt.

Im ersten Kapitel haben wir gesehen, daß die ersten Erforscher des Protoplasmas alle dasselbe als eine dickflüssige, „halbflüssige" oder schleimige Flüssigkeit definierten. Nach der Konsistenz der Plasmodien, deren Protoplasma besonders oft untersucht war, nannte man sogar die ganze Gruppe der betreffenden Pilze „Schleimpilze". Berthold untersuchte die Konsistenz des Protoplasmas in der Weise, daß er nach einem Zerreißen der Pollenmutterzellen das Protoplasma derselben auf dem Objektträger mit einer Nadel rührte, und fand, daß diese Konsistenz schleimig war [3]). Noch einfacher prüfte Schultz die Konsistenz des Protoplasmas einer großen Foraminiferenzelle, indem er das Tier zwischen den Fingern preßte und die Substanz desselben als schleimig, klebrig, ähnlich dem Honig, definierte [1]).

---

[1]) Freundlich, H.: Kapillarchemie, S. 485. 1909.
[2]) Freundlich: l. c. S. 479.
[3]) Berthold: l. c. S. 48.
[1]) Schultz, E.: Arch. f. Entwicklungsmech. d. Organismen. Bd. 41, S. 219. 1915.

Erst in letzter Zeit wurden Versuche gemacht, die Viscosität des Protoplasmas zu messen. Man bestimmte die Fallgeschwindigkeit fester Körnchen im Protoplasma und in Wasser und nahm an, daß diese Geschwindigkeit der Viscosität umgekehrt proportional sei. Am besten eignen sich für solche Versuche Stärkekörner, die in den Wurzel- und Stengelzellen im Protoplasma vorkommen. Man könnte sich, als eines Maßes der Viscosität, der Geschwindigkeit der Brownschen Bewegung der Körnchen bedienen. Andererseits läßt die Viscosität nach der Drehungsgeschwindigkeit eines Körpers im Protoplasma, z. B. eines kleinen eisernen Stäbchens bestimmen, das durch einen Elektromagneten mit bestimmter Stromstärke in Bewegung gesetzt wird. Die Fallgeschwindigkeit kann man auch durch die Zentrifugalkraft verstärken[1]).

Die erste Methode verwandte Heilbronn[2]). Ein mikroskopisches Präparat der Koleoptilen des Hafers oder der Bohnenpflanze (Vicia faba) in Wasser wurde vertikal gestellt und alsdann umgedreht. Man beobachtete die Fallgeschwindigkeit der Stärkekörner in der protoplasmatischen Wandschicht. Nach Heilbronn ist diese Geschwindigkeit durchschnittlich ungefähr 0,004 mm in einer Minute, während die Geschwindigkeit der gleichen Stärkekörner in Wasser 23,7 mal so groß ist; im Zellsaft ist sie 1,9 mal so klein als in Wasser.

Derselbe Autor gebrauchte auch die Methode der Bewegung kleiner Eisenstückchen durch Elektromagnete. Kleine eiserne Kügelchen wurden ins Protoplasma von Plasmodien gebracht und die Stromstärke bestimmt, welche nötig war, um die Bewegung der Kügelchen hervorzurufen. Die Stromstärke, welche für den Anfang der Bewegung in Wasser nötig ist, beträgt nach Heilbronn 0,08 Ampère, während diejenige für die Hebung der Kügelchen aus dem Wasser 0,4—0,8 Ampère sei. Die Stromstärke, welche notwendig ist, um die Kügelchen im Plasmodium von Physarum in Bewegung zu versetzen, sei 0,94 bis 0,97 Ampère (oder sogar 1,04—1,10 Ampère in der Querrichtung), während die Hebung der Kügelchen aus dem Plasmodium durch das Ektoplasma einer Stromstärke von 6—11 Ampère bedürfe.

---

[1]) Eine ausführliche Beschreibung der Methoden der Viscositätsbestimmung des lebenden Protoplasmas gibt Fr. Weber in Abderhalden's Handbuch der biol. Arbeitsmethoden. Lief. 121, Abt. XI, T. 2, H. 4. 1924.

[2]) Heilbronn, Alfr.: Jahrb. f. wiss. Botan. Bd. 53, S. 357. 1914.

Bezogen auf Wasser wird also die Viscosität des Protoplasmas des Plasmodiums von Physarum zu 9—11, diejenige für Reticularia zu 16—18,5 usw. berechnet. Die Viscosität des Ektoplasmas soll aber praktisch gleich derjenigen einer Gallerte sein. Eine so große Viscosität können freilich nur hydrophile Lösungen aufweisen.

Aus den Literaturangaben im Kapitel 2 wissen wir, daß die oberflächlich gelagerten Protoplasmaschichten der Plasmodien und Amöben sehr oft zu einer festen Pellicula erstarren, welche offenbar eine merkliche Zugfestigkeit besitzt. Nach Versuchen von Pfeffer können Pseudopodien des Plasmodiums von Chondrioderma einen Zug von 30—60 mg pro Quadratmillimeter während 1—4 Minuten ohne Überschreitung der Elastizitätsgrenze aushalten, während bei einer längeren Einwirkung desselben Gewichts eine bleibende Verlängerung stattfindet (l. c. S. 264).

Nach Jensen[1]) zieht das Foraminifer Orbitolites complanatus mit seinen äußerst zarten Pseudopodien sein verhältnismäßig schweres Kalkgehäuse senkrecht in die Höhe. Der Autor machte keine direkte Messung der Zugfestigkeit dieser Pseudopodien, sondern beschränkte sich auf die Berechnung derselben. Die Last der Schale soll ungefähr 0,01 g und der Durchmesser eines Pseudopodiens 0,002 mm sein. Da an der Hebung der Schale in die Höhe ungefähr 200 Pseudopodien beteiligt seien, so wird die Zugfestigkeit zu 17 g auf 1 qmm berechnet. Bei diesem Foraminifer wird wahrscheinlich eine innere feste Achse gebildet, deren Anwesenheit die hohe Zugfestigkeit der Pseudopodien bedingt. Nur durch ein Zusammenkleben kolloidal-disperser hydrophiler Phasen könnte eine so große Zugfestigkeit erzielt werden.

h) Osmotischer Druck und Lösungskraft des Protoplasmas.

Das Protoplasma enthält bekanntlich viel Wasser (bei Plasmodien z. B. bis 80%) und wasserlösliche Salze, die nur sehr langsam an das umgebende Wasser abgegeben werden. Deshalb sind im Protoplasma osmotische Kräfte wirksam, welche das in demselben enthaltene Wasser festhalten. Sehr oft nimmt man sogar an, daß solche Kräfte für die Zurückhaltung des Wassers im Protoplasma allein verantwortlich sind. Man vernachlässigt aber dabei die Kolloide des Protoplasmas.

---

[1]) Jensen, P.: Pflügers Arch. f. d. ges. Physiol. Bd. 80, S. 216. 1900.

Zwischen den Teilchen der hydrophilen Kolloide und Wasser sind, wie wir wissen, Anziehungskräfte vorhanden, welche die Stabilität dieser Kolloide in wäßrigen Lösungen bedingen und welche den Anziehungskräften zwischen molekularlöslichen Stoffen und Wasser analog sind. Diese Attraktionskräfte kommen in der Aufsaugung von Wasser in das Osmometer, in der selbständigen Auflösung von hydrophilen Kolloiden und molekularlöslichen Stoffen in Wasser und in der Dampfdruckerniedrigung des Wassers durch Krystalloide und hydrophile Kolloide zum Ausdruck. Andererseits sind solche Attraktionskräfte dem osmotischen Drucke des gelösten Stoffes gleich, weil das Wasser erst dann aufhört, in das Osmometer hineinzudringen, wenn der osmotische Druck seine Maximalhöhe erreicht hat [1]. Je verdünnter eine Lösung ist, desto kleiner sind der osmotische Druck und die Attraktionskräfte des gelösten Stoffes für Wasser, weil diese Kräfte desto vollständiger beansprucht sind. In der Einleitung haben wir gesehen, daß analoge Verhältnisse auch bei der Quellung beobachtet werden (vgl. S. 31).

Im Protoplasma wirken ebenfalls nicht nur osmotische Kräfte der molekular gelösten Stoffe, sondern auch Attraktionskräfte zwischen den Kolloidteilchen des Protoplasmas und Wasser, wobei es gleichgültig ist, ob die Kolloide des Protoplasmas in Wasser löslich oder unlöslich sind. Die Hauptsache ist, daß diese Kolloide nicht nach außen diffundieren.

Verliert das Protoplasma einen Teil seines Wassers durch Austrocknen oder infolge der osmotischen Wirkung einer konzentrierten Salzlösung, in welche dasselbe gebracht ist, so werden die osmotischen Kräfte und Attraktionskräfte im Protoplasma gesteigert. Wird aber dasselbe wieder in das ursprüngliche Medium gebracht, so saugt es Wasser auf, bis das frühere Gleichgewicht erreicht ist. Die Abgabe und Aufnahme von Wasser wird von einer entsprechenden Volumveränderung des Protoplasmas begleitet.

---

[1] Der osmotische Druck ist eine Kraft, welche man anwenden muß, um den gelösten Stoff vom Lösungsmittel abzutrennen, oder um die freie Diffusion des gelösten Stoffes durch einen Widerstand zu verhindern. Unabhängig davon, ob eine Lösung durch eine semipermeable Membran vom Lösungsmittel abgesondert ist oder der gelöste Stoff infolge einer anderen Ursache aus einem bestimmten Raum der Lösung nicht herauswandern kann, strebt Wasser in die Lösung hineinzudringen und den mit der Lösung erfüllten Raum zu erweitern, solange solcher Erweiterung ein Widerstand nicht entgegengesetzt wird, der dem osmotischen Drucke gleich ist.

Man bezeichnet öfters die Aufnahme und Abgabe von Wasser durch das Protoplasma als eine Quellung und Entquellung desselben. In der Einleitung haben wir aber gesehen, daß die Quellung eine Aufnahme von Wasser durch Gallerten darstellt. Da das Protoplasma keine Gallerte, sondern eine Flüssigkeit ist, ist es richtiger, nicht von einer Quellung des Protoplasmas, sondern von einer Auflösung von Wasser in demselben oder einfach von einer Wasseraufnahme durch dasselbe zu sprechen. Nur im speziellen Falle, wenn das Protoplasma eine gallertartige Konsistenz besitzt (so z. B. in den trockenen Samen) könnte man von einer Protoplasmaquellung sprechen. Deshalb wollen wir im weiteren auch den Ausdruck („Quellungsdruck") vermeiden, welchen Pfeffer für die Bezeichnung der Attraktionskräfte zwischen Protoplasmakolloiden und Wasser verwandte. Es wäre richtiger, diese Kräfte in der Summe als Lösungskraft zu bezeichnen, weil, nachdem diese Kräfte ihre minimale Größe erreichen, die Auflösung des Wassers im Protoplasma aufhört, unabhängig davon, ob diese in flüssigen oder gallertartigen Teilen des Protoplasmas stattfindet [1]).

Die Körpersäfte mehrzelliger Tiere haben gewöhnlich einen osmotischen Druck, der demjenigen einer $0,6-1^0/_0$igen Kochsalzlösung (je nach der Tierart) gleich ist. Solche Kochsalzlösung wird gewöhnlich „physiologische Lösung" genannt, weil das Protoplasma der Zellen in dieser Lösung keine Wasseraufnahme oder -Abgabe aufweist und deshalb während einer verhältnismäßig langen Zeit lebend bleibt.

Alle Anziehungskräfte des Protoplasmas für Wasser (d. h. der

---

[1]) Wenn im Protoplasma keine gallertartigen dispersen Phasen vorhanden wären, so wäre die Lösungskraft dem osmotischen Druck der Protoplasmakolloide gleich. Ist aber diese Phase vorhanden, so besteht der Lösungsdruck aus dem osmotischen Druck des Kolloide und dem Quellungsdruck der dispersen Phasen. In der Einleitung haben wir erfahren, daß nach Katz der Quellungsdruck dem osmotischen Drucke sehr nahe steht, weil man die Quellung und die Auflösung als gleiche Erscheinungen betrachten kann (vgl. auch Walter, H.: Jahrb. f. wiss. Botan. Bd. 62, S. 209. 1923). Wenn es so ist, so könnte man den Lösungsdruck und überhaupt alle Anziehungskräfte des Protoplasmas gegen Wasser als den osmotischen Druck des Protoplasmas definieren. Man kann jedoch gegen die Versuchsresultate von Katz noch manche Einwände machen, weil sie nach ihm eine allgemeine Gültigkeit besitzen sollen; die Quellung von Kieselsäuregallerte kann aber kaum als eine Auflösung von Wasser betrachtet werden (vgl. Zsigmondy: Kolloidchemie. S. 117. 1922).

osmotische Druck der molekular gelösten Stoffe und die Lösungskraft) befinden sich mit dem osmotischen Druck der physiologischen Kochsalzlösung oder mit demjenigen der Körpersäfte im Gleichgewicht. Bringt man aber ein Tiergewebe in eine Salzlösung, deren osmotischer Druck kleiner ist als derjenige der physiologischen Lösung, also in eine hypotonische Salzlösung, so nimmt das Protoplasma Wasser auf, bis das neue Gleichgewicht erreicht ist. In einer hypertonischen Salzlösung, die konzentrierter als die physiologische Lösung ist, gibt dagegen das Protoplasma der Gewebszellen Wasser ab und schrumpft zusammen. Dieses Verhalten des Protoplasmas ist selbstverständlich nur deshalb möglich, weil Kochsalz nur sehr langsam in dasselbe eindringt.

Eine quantitative Messung des Protoplasmavolums in hypertonischen Salzlösungen verschiedener Konzentration ist an roten Blutkörperchen ausgeführt worden. Es zeigte sich, daß das Protoplasmavolum, wie auch zu erwarten war, nicht umgekehrt proportional der Differenz zwischen dem osmotischen Drucke der Außenlösung und demjenigen der physiologischen (isotonischen) Lösung ist, sondern bei der Vergrößerung dieser Differenz immer schwächer abnimmt.

Die Ursache davon liegt darin, daß das Protoplasma der Blutkörperchen 65% Wasser und 35% Hämoglobin und andere Stoffe enthält. Die Anziehungskräfte des Protoplasmas gegen Wasser bestehen aus dem osmotischen Drucke molekular gelöster Stoffe und der Lösungskraft. Da aber in den Blutkörperchen keine gallertigen grobdispersen Phasen vorhanden sind, ist die Lösungskraft dem osmotischen Drucke der Protoplasmakolloide gleich, so daß man die gesamten Anziehungskräfte des Protoplasmas der Blutkörperchen gegen Wasser als den osmotischen Druck der in denselben enthaltenen Substanzen betrachten kann. Der Druck konzentrierter Lösungen ist aber nicht der Volumkonzentration, sondern der Konzentration proportional, die in Grammol auf 1000 g Wasser berechnet ist [1]).

Somit muß man die Konzentration der physiologischen Salzlösung ungefähr auf das Dreifache vergrößern, um das Körperchen-

---

[1]) Morse und Frazer stellten diese Regel für Zuckerlösungen fest. Die auf diese Weise berechnete Konzentration wird öfters als Raulsche Konzentration bezeichnet (Morse and Frazer: Americ. chem. journ. Vol. 26, p. 80. 1901).

volum um das Doppelte zu vermindern; man muß sie aber auf das 30fache vergrößern, um dieses Volum auf ein Drittel zu vermindern.

Eine genaue Messung der Konzentrationen der Lösungen verschiedener Salze und anderer Stoffe, die einem und demselben Volum der roten Blutkörperchen entsprechen, wurde von Hamburger [1]) gemacht. Derselbe bestimmte die Konzentrationen hypotonischer Lösungen, die eben eine Hämolyse, d. h. einen Austritt von Hämoglobin aus den Blutkörperchen bewirken. Dieser Austritt beginnt, nachdem das Körperchen ein bestimmtes Volum erreicht hat (infolge der Aufsaugung von Wasser), so daß die Konzentrationen hypotonischer Lösungen diesem Volum entsprechen. Die von Hamburger gefundenen Konzentrationen waren isotonische, d. h. die Lösungen hatten denselben osmotischen Druck.

Koltzoff [2]) bestimmte Konzentrationen verschiedener Stoffe, die nötig waren, um eine bestimmte Form der Spermienzellen hervorzurufen, welche infolge von Wasserverlust zustande kam. Die gefundenen Konzentrationen waren ebenfalls ungefähr isotonisch.

Ähnliche Resultate erhielt auch Siebeck [3]), der die Konzentration der Lösungen verschiedener Salze bestimmte, welche der Niere ein und dasselbe Volum erteilten.

Auf botanischer Seite versuchte kürzlich Walter das Protoplasmavolum in Rohrzuckerlösungen verschiedener Konzentrationen an Algenzellen zu bestimmen. Der genannte Autor fand, daß die Beziehung zwischen dem Protoplasmavolum und der Dampfspannung der entwässernden Zuckerlösungen derjenigen zwischen der Quellung und der Dampfspannung identisch ist (vgl. S. 31). Da aber bei ein und derselben relativen Dampfspannung der Quellungsdruck, der Größe nach, dem osmotischen Druck gleich ist [4]), so bestätigen die Resultate Walters die angeführten Angaben der Zoophysiologen.

Alle zitierten Untersuchungen zeigen also übereinstimmend, daß Salze nur durch ihre osmotischen Kräfte auf das Protoplasma wirken, vorausgesetzt, daß sie in dasselbe nur schwer eindringen.

---

[1]) Hamburger: Du Bois-Reymonds Arch. S. 466. 1886; S. 31. 1897; Zeitschr. f. physikal. Chem. 1890.
[2]) Koltzoff, N.: Arch. f. mikroskop. Anat. Bd. 67, S. 439. 1904.
[3]) Siebeck: Pflügers Arch. f. d. ges. Physiol. Bd. 148, S. 443. 1912.
[4]) Walter, H.: Jahrb. f. wiss. Botanik. Bd. 62, S. 209. 1923.

In der speziellen Kolloidchemie des Protoplasmas werden wir noch hören, daß die Permeabilität desselben für osmotisch wirksame Substanzen variiert und manchmal so groß werden kann, daß der durch solche Permeabilitätssteigerung erniedrigte osmotische Druck der das Protoplasma umgebenden Lösung nur eine unbedeutende Wassermenge aus dem Protoplasma zu entnehmen imstande ist [1]). Diese Permeabilitätsvergrößerung kann auch durch mechanische Eingriffe auf das Protoplasma erzielt werden. Es ist daher nicht verwunderlich, daß im Gegensatz zu den Versuchsergebnissen von Enriques[2]), der bei Opalinen eine normale Ab- und Zunahme des Protoplasmavolums in Salzlösungen beobachtet hatte, Spek[3]) nur unbedeutende Volumänderungen desselben Tieres in Salzlösungen konstatieren konnte.

Wenn die Protoplasmapermeabilität für Salze groß genug ist, so kommt nicht nur die osmotische entwässernde Wirkung derselben zum Vorschein, sondern auch ihre Wirkung auf die Anziehungskräfte des Protoplasmas für Wasser, auf die Quellung der Granula, Mikrosomen usw. Aus der Einleitung wissen wir, daß Salze mit verschiedenen Anionen eine ungleiche Wirkung auf die Quellung haben. Dementsprechend darf man erwarten, daß die spezifische Wirkung der Anionen in denjenigen Fällen, wo das Protoplasma für Salze verhältnismäßig gut permeabel ist, auf die Aufsaugung des Wassers durch dasselbe einen Einfluß hat. In der Tat, ruft nach Spek Rhodankalium eine Volumvergrößerung des Protoplasmas der Opalinen hervor, während Kaliumsulfat eine Volumabnahme verursacht. Die Wirkung einzelner Anionen auf die Volumzunahme des Protoplasmas entsprach in den Versuchen von Spek der Wirkung derselben Ionen auf die Gelatinequellung: $CNS > Br > Cl > SO_4$ [4]). Zugleich konstatierte Spek auch eine bedeutende Volumzunahme der Granula, die übrigens der Autor

---

[1]) Der Verfasser drückte die Abhängigkeit der saugenden Kraft einer Lösung von der Permeabilität der Membran in der folgenden Gleichung aus: $P = P_0 (1 - \mu)$, wo P die saugende Kraft der Lösung (partielle osmotische Kraft), P_0 der theoretische osmotische Druck dieser Lösung und μ der Permeabilitätsfaktor, der der Permeabilität proportional ist (Biochem. Zeitschr. Bd. 142, S. 202. 1923 und die da zitierten anderen Arbeiten des Verfassers).

[2]) Enriques, P.: Atti d. Reale Accad. dei Lincei, rendiconto. 5s. f. 11, p. 340, 392. 1902.

[3]) Spek: Arch. f. Protistenkunde. Bd. 46, S. 172. 1923

[4]) Spek: l. c. S. 184.

als eine Dispersionsverminderung der Plasmaemulsion deutete und doch wahrscheinlich durch die Quellung verursacht wurde (l. c. S. 189—192).

Die doppelte Wirkung der Salze auf das Protoplasma, d. h. ihre entwässernde Wirkung bei einer geringen Permeabilität desselben, entsprechend ihrem osmotischen Drucke, und ihre Wirkung auf die Quellung der gallertartigen Protoplasmaeinschlüsse, entsprechend ihren lyotropen Eigenschaften, bei einer größeren Permeabilität des Protoplasmas für diese Salze war offenbar die Ursache der Nichtübereinstimmung der Angaben verschiedener Autoren, die mit ungleichem Material experimentierten.

Bekanntlich befinden sich Muskelfibrillen im lebenden Protoplasma der Muskelfaser, das dieselben allseitig ununterbrochen umgibt (Sarkoplasma). Im normalen Zustand ist die Permeabilität des Muskelplasmas für Salze sehr gering. Dementsprechend fanden schon Nasse[1]) und Loeb[2]), daß die Froschmuskeln in Lösungen verschiedener Natriumsalze gleicher molekularer Konzentration ungefähr gleiche Gewichtsänderungen aufweisen, so daß in diesem Falle die Salze fast ausschließlich durch ihre osmotischen Kräfte auf die Muskeln einwirkten, indem die letzteren eine diesen Kräften entsprechende Wassermenge nach außen abgaben.

Die lebenden Muskeln verhalten sich also in Salzlösungen wie andere lebende Zellen und ebenso, wie sich Gelatinegallerte verhalten würde, wenn sie von lebendigem, nur wenig für Salze permeablem Protoplasma umgeben wäre. Die Salze wirken in diesem Falle ähnlich wie Zucker und andere nicht permeierende organische Stoffe. Wenn aber das Sarkoplasma abgestorben oder geschädigt ist, so müssen die Salze in die Fibrillen eindringen und ihre lyotrope Wirkung auf die Quellung derselben ausüben.

So fand M. Fischer[3]), daß Muskeln in schwachen Säuren und Alkalien sehr stark aufquellen und daß diese Quellung durch Salze mit verschiedenen Anionen ungleich stark herabgesetzt wird. Citrate setzten die Quellung am stärksten herab, eine geringere Wirkung übten Sulfate und Acetate aus, eine noch kleinere Herabsetzung der Quellung riefen Nitrate, Chloride, Bromide und Rhodanide hervor. Säuren und Alkalien sind nun aber sehr giftig und

---

[1]) Nasse: Pflügers Arch. f. d. ges. Physiol. Bd. 2, S. 97. 1869.
[2]) Loeb, J.: Pflügers Arch. f. d. ges. Physiol. Bd. 69, S. 1. 1897.
[3]) Fischer, M.: Oedema. New-York 1910. Deutsch: Das Ödem. Dresden: Steinkopff 1910.

wirkten offenbar schädigend auf das Protoplasma, wobei die Permeabilität desselben für Salze zunahm.

In der Tat zeigte Beutner[1]), daß intakte Muskeln nicht in der Weise quellen, wie es nach Fischer den Anschein hatte, sondern Wasser nur osmotisch aufnehmen, wobei Neutralsalze den Wassergehalt der Muskeln nur entsprechend ihrer osmotischen Kraft herabsetzen, also proportional ihren molaren Konzentrationen. Alkalien und Säuren ändern diese entwässernde Wirkung der Salze nicht und lassen den lyotropen Einfluß derselben nicht zum Vorschein kommen, solange das Sarkoplasma nicht geschädigt ist.

Dieselben Verhältnisse herrschen wahrscheinlich auch im Zellkerne. Solange die Kernsubstanz nicht geschädigt ist, verhält sich der Zellkern bei einer Verstärkung der saugenden Kräfte des Protoplasmas, infolge der Übertragung der Zelle in eine starke Salzlösung, wie das Protoplasma selbst, d. h. er nimmt an Volum ab [2]). Wird aber die Kernsubstanz durch eine zu rasch verlaufende oder zu lange dauernde und zu starke Plasmolyse geschädigt, so beginnt eine verstärkte Aufnahme von Wasser durch die Kernsubstanz und eine Vakuolisation im Kerninneren [3]).

Noch eine Frage, die sich auf die Wasseraufnahme des Protoplasmas bezieht, haben wir zu beantworten. Wie ist es zu erklären, daß das Protoplasma eines hautlosen einzelligen Tieres, welches sich im Süßwasser entwickelt, nicht unbegrenzt an Volumen zunimmt, obwohl es Wasser bis zum Gleichgewicht aufsaugen muß, sondern ein bestimmtes Volumen behält? Welche Kräfte sind im flüssigen Protoplasma vorhanden, die der osmotischen Wasseraufnahme das Gleichgewicht halten?

Diese Kräfte sind offenbar die Oberflächenkräfte. Die Oberflächenspannung ist bestrebt, dem Protoplasma das kleinste Volumen zu erteilen. Es resultiert also ein Oberflächendruck, der sogenannte „Zentraldruck", welcher nach Laplace durch die Formel ausgedrückt wird: $P_c = 2\,a\left(\dfrac{1}{R} + \dfrac{1}{r}\right)$ wo a die Capillaritätskonstante, R den Radius der Protoplasmaoberfläche und r den Radius der mit Wasser gefüllten Vakuolen im Protoplasmainneren bedeuten. Die Größe a konnte bis jetzt nicht genau bestimmt werden,

---

[1]) Beutner, R.: Biochem. Zeitschr. Bd. 48, S. 217. 1913.
[2]) Matruchot, L. et Molliard: Rev. gén. de botan. Tome 14, p. 401. 1902.
[3]) Küster: Zeitschr. f. wiss. Mikroskopie. Bd. 38, S. 351—357. 1921.

läßt sich aber theoretisch zu 3,5 mg/mm berechnen [1]). Aus dieser Gleichung ersieht man, daß der Zentraldruck um so größer wird, je kleiner der Radius der Zelle ist.

Da, wenn Vakuolen im Protoplasma vorhanden sind, die ganze Anziehungskraft desselben für Wasser dem osmotischen Drucke der in ihnen enthaltenen Lösung gleich ist [2]), so darf dieser Druck bei den hautlosen Zellen den Zentraldruck nicht übersteigen. In den Pflanzenzellen und denjenigen Tierzellen, welche eine feste Pellicula besitzen, werden aber diesem Druck durch die Festigkeit und Elastizität der Zellwände Schranken gesetzt.

i) Elektrische Eigenschaften des Protoplasmas.

Durch die Anwesenheit osmotisch wirksamer Stoffe im Protoplasma, und zwar von Elektrolyten, sind nicht nur die osmotischen, sondern auch die elektrischen Kräfte desselben bedingt. Infolge des großen Wassergehalts des Protoplasmas sind diese Elektrolyte wenigstens zum Teil elektrolytisch dissoziiert. Da aber die dispersen Phasen des Protoplasmas vielfach aus Eiweißkörpern bestehen oder Eiweißkörper enthalten, welche im Protoplasma unlösliche oder schwer diffundierende Ionen bilden können, so werden die Bedingungen für die Einstellung des Donnanschen Gleichgewichts geschaffen.

In der Tat enthält das Protoplasma gewöhnlich einen geringen Überschuß von Hydroxylionen. Die Reaktion des Protoplasmas ist etwas alkalisch, was sich direkt an Plasmodien durch Lackmuspapier prüfen läßt [3]). Dafür spricht auch vielleicht die alkalische Reaktion des bei vielen Pflanzen durch epidermale Bildungen ausgeschiedenen Wassers [4]) und die Verfärbung des Zellsaftpigments von Rotviolett in Blauviolett beim Absterben der Zellen [z. B. bei Rotkohl, Rhoeo discolor usw. [5])]. Neuerdings untersuchte Haas die Konzentration der Wasserstoffionen der gefärbten pflanzlichen

---

[1]) Lepeschkin, W.: Ber. d. Dtsch. Botan. Ges. Bd. 26a, S. 203. 1908.

[2]) Weil der osmotische Druck der im Protoplasma gelösten Stoffe und die Lösungskraft sowohl nach außen als nach innen wirken und die Vakuolen zusammenpressen (W. Lepeschkin: l. c.).

[3]) Reinke, J.: Untersuchungen aus dem Botan. Laboratorium Göttingen 1881—1883. — Lepeschkin, W.: Ber. d. Dtsch. Botan. Ges. Bd. 41, S. 180. 1923.

[4]) Lepeschkin, W.: Beihefte zum Botan. Zentralbl. 1906.

[5]) Schwarz, Fr.: Cohns Beitr. zur Biologie der Pflanzen. Bd. 5, S. 1. 1892.

Säfte und fand, daß beim Absterben die Konzentration dieser Ionen im Safte z. B. von $-\text{pH} = 3$ auf $-\text{pH} = 7$ sinkt, so daß beim Absterben eine bedeutende Menge von Hydroxylionen in den Zellsaft wandert [1]). Die alkalische Reaktion äußert sich auch in der Rot-Färbung der Granula (Mikrosomen) des Protoplasmas, wenn dasselbe sich in einem Gemische von Methylenblau und Neutralrot befindet. Nach dem Absterben ändert sich diese Färbung in Blau [2]).

Schaede [3]), der das absterbende aber noch lebende Protoplasma der Pflanzen durch einige Anilinfarben zu färben versuchte, kam ebenfalls zu dem Schluß, daß das Protoplasma alkalisch reagiert, obwohl die von ihm verwendete Methode nicht einwandfrei ist, weil die angewandten Farbstoffe, in Anwesenheit von Eiweißkörpern, nach Ruhland [4]), auch in sauren Lösungen eine der neutralen oder alkalischen Reaktion entsprechende Färbung haben können. Obwohl das Protoplasma in einigen Fällen sicher neutral und sogar sauer reagieren kann wie es eine direkte Prüfung der Plasmodien mit Lackmuspapier und vielleicht die Ausscheidung **neutraler und saurer Lösungen** durch die Zellen (wasserausscheidende Trichome der Pflanzen und Drüsen der Tiere) zeigt, so dürfen wir doch annehmen, daß es meist eine alkalische Reaktion hat (also $-\text{pH} > 7$).

Infolgedessen kann man vermuten, daß in Eiweißkörper enthaltenden dispersen Phasen und vielleicht in der ebenfalls eiweißhaltigen Grundmasse des Protoplasmas nicht diffundierende oder schwer diffundierende Eiweißanionen entstehen (bei saurer Protoplasmareaktion — Eiweißkationen). Daher dürfte sich, nach Donnan, zwischen dem Protoplasma und dem umgebenden elektrolythaltigen Wasser ein elektrisches Potential bilden, so daß das Protoplasma negativ geladen wird [5]).

In der Tat beobachtete Meier [6]) bei der Stromleitung durch die embryonale Erbsenwurzel, daß sich das Protoplasma nach der Anode bewegte.

---

[1]) Haas: Journ. of biol. chem. Vol. 27. p. 225—233. 1916.
[2]) Růžička, Vl.: Zeitschr. f. allg. Physiol. Bd. 4, S. 142. 1904; Arch. f. d. ges. Physiol. Bd. 107, S. 497. — Bauer, Arch. f. Entw.mech. Bd. 101. S. 521.
[3]) Schaede: Jahrb. f. wiss. Botanik. Bd. 62, S. 65. 1923.
[4]) Ruhland: Ber. d. Dtsch. Botan. Ges. Bd. 41, S. 253. 1923.
[5]) Vgl. hierzu: Loeb, Jacques: Proteins and the Theorie of Colloidal Behavior. p. 151—156. New York 1922.
[6]) Meier: Botan. Gaz. Bd. 72, S. 113—137. 1921.

110　Allgemeine Kolloidchemie des Protoplasmas.

Im Gegensatz dazu beobachtete Hardy[1]) bei der Stromleitung durch die Wurzelspitze der Zwiebel, daß das Protoplasma nach der Kathode ging. Wenn die Stromleitung längere Zeit dauerte, so traten Veränderungen im Protoplasma ein und dasselbe wanderte nach der Anode.

Was nun die elektrische Ladung der freien Zellen gegen die umgebende Flüssigkeit anbelangt, so wurde dieselbe fast ausschließlich an behäuteten Zellen beobachtet, z. B. bei Bakterien, Blutkörperchen usw. In diesem Falle wird gewöhnlich eine negative Ladung gefunden[2]). Durch Zusatz von kleinen Quantitäten von Säuren bzw. Laugen läßt sich diese Ladung in einigen Fällen modifizieren, weil wahrscheinlich Säuren und Laugen in die Zelle eindringen und mit Kolloiden des Protoplasmas entsprechende Verbindungen bilden, so daß nicht (nach außen) diffundierende Kationen oder Anionen entstehen.

Die Ladung der freien Zellen, die eine feste Zellhaut oder Pellicula besitzen, kann wahrscheinlich auch durch eine ungleiche Adsorption der Ionen durch dieselben bedingt werden (vgl. S. 15). Durch solche Adsorption könnte man z. B. die von Höber beobachtete Umladung der negativ geladenen Blutkörperchen durch kleine Mengen von Silber-, Kupfersalzen u. a. erklären.

Nach Coulter[3]) wandern die Blutkörperchen bei schwach alkalischer Reaktion nach der Anode, während sie bei schwach saurer Reaktion sich nach der Kathode bewegen, so daß sich dieselben bei $-\mathrm{pH} = 4{,}6$ als isoelektrisch erwiesen. Diese Konzentration ist dem isoelektrischen Punkt der Eiweißkörper sehr nahe, so daß man vermuten darf, daß die Eiweißstoffe der Körperchen bei der Ladung die Hauptrolle spielen.

4. Reversible Zustandsänderungen der Protoplasmakolloide.

a) Vorbemerkungen.

In der Einleitung haben wir drei Formen der Zustandsänderung der Kolloide unterschieden: Gallertbildung, Dispersitätsänderung

---

[1]) Hardy: Journ. of physiol. Vol. 47, p. 108—111. 1914.
[2]) Höber: Pflügers Arch. Bd. 101, S. 607. 1904. Bd. 102, S. 196, 1904, sowie: Physikalische Chemie d. Zelle und d. Gewebe. 1914. S. 300, worin auch die weitere Literatur, ferner K. Stern: Elektrophysiologie der Pflanzen (Bd. 4 dieser Sammlung) S. 25. Berlin: Julius Springer 1924.
[3]) Coulter: Journ. of Gen. Physiol. S. 309. 1921.

und Koagulation. Bei Anwendung auf das Protoplasma würden diese Zustandsänderungen in einer Änderung des Aggregatzustandes, der Viscosität oder in dem Auftreten von Körnchen im Protoplasma zur Erscheinung kommen.

Wie bei leblosen Kolloiden können alle drei Arten der Zustandsänderung reversibel oder irreversibel sein. Reversible Änderungen im kolloidalen System des Protoplasmas nennen wir nicht nur diejenigen, welche durch die Entfernung der Ursache, die sie hervorgerufen hatte, rückgängig gemacht werden können, sondern auch diejenigen, welche durch autonome Kräfte des Protoplasmas (resp. der Zelle im allgemeinen) hervorgerufen und wieder ausgeglichen werden. Irreversible Änderungen sind dagegen diejenigen, welche nach der Entfernung der Ursache, die sie bewirkt hatten, sich nicht ausgleichen bzw. die durch das Protoplasma zwar autonom hervorgerufen, aber nicht rückgängig gemacht werden.

Übrigens kann man keine scharfe Grenze zwischen reversiblen und irreversiblen Zustandsänderungen im Protoplasma ziehen. Die an sich irreversiblen Änderungen können durch die Tätigkeit desselben wieder reversibel werden, so daß unter Umständen ein und derselbe Eingriff bald reversible, bald irreversible Zustandsänderungen im Protoplasma hervorrufen dürfte.

Betrachten wir zunächst reversible Änderungen des Aggregatzustandes des Protoplasmas und anderer flüssiger Arten der lebenden Materie.

b) Reversible Änderungen des Aggregatzustandes.

Im Kapitel 2 wurde schon betont, daß der Aggregatzustand des Protoplasmas veränderlich ist, obwohl die Hauptmasse desselben in tätigem Zustande stets flüssig ist. Wir wissen schon, daß die Oberfläche des Protoplasmas öfters erstarrt und sich wieder verflüssigen kann, ohne daß sichtbare chemische Einwirkungen des Stoffwechsels hervortreten.

Es kann aber auch vorkommen, daß die erstarrte Oberflächenschicht des Protoplasmas ihren Aggregatzustand dauernd behält und sich also eine persistente Pellicula bildet. Erst unter besonderen Bedingungen, die das Vermischen dieser Pellicula mit dem flüssigen Protoplasma erleichtern, kann dieselbe wieder flüssig werden.

Ähnliche abwechselnde Erstarrung und Verflüssigung werden auch an der Achse der Pseudopodien bei Foraminiferen beobachtet. Auch hier bleiben die erstarrten Protoplasmateile, wenn sie sich nicht mehr mit den flüssigen Teilen desselben mischen können, starr und werden von sich einziehenden Pseudopodien verlassen.

Die Mischung der erstarrten Teile des Protoplasmas mit flüssigen Teilen desselben scheint überhaupt eine Vorbedingung der Verflüssigung zu sein.

Pfeffer beobachtete eine schnelle Verflüssigung der erstarrten oberflächlichen Schichten des Plasmodiums auch nur nach ihrem Einsinken in das Protoplasmainnere [1]).

In den Versuchen Rhumblers war die Mischung mit inneren flüssigen Teilen des Protoplasmas für die Verflüssigung der erstarrten Teile ebenfalls notwendig. Rhumbler[2]) schildert die Bildung eines Pseudopodiums bei Amoeba blathae in der folgenden Weise: Das hyaline Protoplasma der Amöbe wölbt sich an einer Stelle der Oberfläche hervor; das körnige Endoplasma strömt dieser Hervorwölbung zu und der Strom desselben, nachdem er in die Hervorwölbung hineingedrungen ist, biegt sich nach allen Seiten um, indem er die der Hervorwölbung angrenzende Amöbenoberfläche bedeckt und ein rundliches Pseudopodium bildet. Die durch das herausgequollene Endoplasma bedeckte feste Ektoplasmaschicht „zerschmilzt" im Endoplasma, während das neugebildete Pseudopodium sich bald mit verdichtetem Ektoplasma bedeckt.

Nach Große-Allermann[3]) soll die äußerste feste Schicht von Amoeba terricola (Pellicula) bei Verletzung in das Protoplasmainnere hineingezogen und auch mit demselben verschmelzen. Am hinteren Ende der Amöbe kommt aber die Pellicula nicht ins Protoplasmainnere zu liegen und wird abgestoßen. Auch nach Doflein[4]) zeigt die Außenschicht der Pseudopodien von Gromia dujardini auffallende Schrumpfung, Furchen, Rillen

---

[1]) Pfeffer, W.: Zur Kenntnis der Plasmahaut und Vakuolen. 1890. S. 231, 256.
[2]) Rhumbler: Zeitschr. f. wiss. Zool. Bd. 83, S. 1. 1905.
[3]) Große-Allermann: Zitiert nach Meyer, A. Morphol. und physiol. Anal. d. Zelle. Bd. II, S. 657. 1920.
[4]) Doflein, Fr.: Untersuchungen über das Protoplasma und die Pseudopodien der Rhizopoden. Jena: Fischer 1916.

und querverlaufende Wülste. Beim Einziehen der Pseudopodien wird diese feste Schicht mit dem inneren Protoplasma gemischt und verschmolzen. Versuche des Verfassers dieses Buches an Foraminiferen (Discorbina und Truncatulina) und Radiolarien (Acanthometra u. a.) zeigten, daß die Verflüssigung der festen Achse der Pseudopodien stets stattfindet, wenn das flüssige äußere Protoplasma durch vergrößerte Oberflächenspannung auf dieselbe gepreßt wird. Süßes Wasser, verdünnter Alkohol, Säuren, Erhitzen bis 50° C usw. bewirken den Zerfall der Pseudopodien zu Tropfen und die Verflüssigung der festen Achse. Es sei auch an die im Kapitel 2 beschriebenen Versuche an Infusorien und Blutkörperchen erinnert, wo die Verflüssigung der festen Pellicula und des Randreifens beim Pressen derselben gegen das flüssige Protoplasma stattfand.

Wir haben also zu schließen, daß die Mischung der erstarrten Protoplasmateile mit dem flüssigen Protoplasma für die Verflüssigung derselben notwendig ist. Andererseits reicht diese Mischung für die Verflüssigung der erstarrten Teile vollkommen aus, so daß wir lebhaft an die Eigenschaften der in der Einleitung beschriebenen Emulsionsgallerten erinnert werden. Die feste Gallerte verflüssigt sich sofort beim Vermischen mit dem Dispersionsmittel, mit einer dünneren Emulsion oder kolloiden Lösung. Das Erhitzen bewirkt ebenfalls eine Verflüssigung der Gallerte.

Es ist also im höchsten Grade wahrscheinlich, daß die Verfestigung des flüssigen Protoplasmas durch eine Anhäufung der kolloidal dispersen Phase an den betreffenden Stellen verursacht wird. Weshalb aber diese Anhäufung in den Pseudopodien von Truncatulina an der Achse, in denjenigen von Gromia aber an der Oberfläche stattfindet, müssen wir leider dahingestellt lassen.

In Übereinstimmung mit diesen Annahmen steht die Tatsache, daß sich die Pellicula der Infusorien beim Verhungern verflüssigt. Disperse kolloide Phasen des Protoplasmas werden offenbar allmählich verbraucht, so daß aus Emulsionsgallerte eine Emulsion oder emulsionkolloide Lösung entsteht (vgl. S. 28).

c) Reversible Viscositätsänderungen.

Einer Anhäufung der kolloidal oder grob dispersen Phasen des Protoplasmas ist offenbar die Viscositätsvergrößerung der ganzen Protoplasmamasse zuzuschreiben und umgekehrt ruft die

Verminderung der Menge dieser Phasen eine Viscositätsverkleinerung hervor. Aber auch Veränderungen der Menge des Dispersionsmittels bei einer unveränderten Menge der dispersen Phasen im Protoplasma können eine Viscositätsänderung desselben hervorrufen. Am leichtesten können solche Viscositätsänderungen durch eine Abnahme oder Zunahme des im Protoplasma enthaltenen Wassers zustande kommen.

Diesen letzteren Fall beobachtete z. B. Klebs [1]) an Flagellaten. Unter der entwässernden Wirkung von Salzen verlor das Protoplasma der Algen Wasser und erstarrte gallertartig. Nach erneuter Wasseraufnahme verflüssigte es sich aber wieder.

Eine Viscositätsverminderung des Protoplasmas durch eine Vergrößerung der Menge des Dispersionsmittels auf Kosten der dispersen Phasen kommt sehr oft beim Wachstum vor. So ist das Protoplasma der embryonalen und jungen Zellen stets zäher, als dasjenige der rasch wachsenden Zellen. Bald findet solche Viscositätsverminderung infolge einer Verminderung des Verhältnisses zwischen der Menge der grob dispersen Phasen und derjenigen des Dispersionsmittels, bald spielen aber im Prozeß nur kolloidal disperse Phasen die Hauptrolle. Als ein Beispiel des ersteren Falles kann z. B. die Viscositätsverminderung in sich entwickelnden Haarzellen der Brennessel dienen.

Das Protoplasma der ausgewachsenen Zellen dieser Haare befindet sich in fortwährender Strömung, während dasjenige der jungen Zellen sehr zäh ist und keine Bewegung aufweist. Wie die Abb. 17 und 18 zeigen, enthält das Protoplasma der jungen Haarzelle so ausgiebige Mengen grob disperser Phasen, daß es fast das Aussehen einer Emulsionsgallerte hat, während das Protoplasma in den ausgewachsenen Zellen nur verhältnismäßig wenig grob disperse Phasen enthält.

Im Kapitel 2b wurde erwähnt, daß die embryonalen Wurzelzellen aus den Erbsensamen auch in wassergesättigtem Zustande ein sehr zähes, fast gallertartiges Protoplasma besitzen. Diese hohe Viscosität rührt von einer Verdichtung der kolloidal dispersen Phasen her. Werden bei dem Wachstum diese Phasen verbraucht, so verflüssigt sich das Protoplasma. Analoge Verhältnisse werden bei Spirogyra beobachtet. Befindet sich die Alge im Wachstumsstillstand, so ist ihr Protoplasma sehr zähe und rundet sich nach

---

[1]) Klebs: Untersuchungen aus dem Botanischen Institut zu Tübingen. 1883. S. 249.

der Plasmolyse nur sehr langsam oder gar nicht ab. In gut wachsenden Zellen derselben Alge ist dagegen ein dünnflüssiges Protoplasma anwesend, welches, wie erwähnt (vgl. S. 78), so dünnflüssig sein kann, daß es sich mit den Chloroplasten mischen und eine Emulsion bilden kann.

Viscositätsänderungen des Protoplasmas können auch durch äußere Einflüsse hervorgerufen werden.

Bekanntlich vergrößert sich die Viscosität von Flüssigkeiten bei der Abkühlung und vermindert sich bei Temperaturerhöhung (vgl. S. 18). Ähnliche Viscositätsänderungen durch die Temperatur werden auch am Protoplasma beobachtet.

So fand z. B. de Vries [1]), daß die Erwärmung eine Abkugelung des plasmolysierten Protoplasmas begünstigt. Ebenso gibt Němec [2]) an, daß in den Keimwurzeln von Vicia faba die Verlagerung der Stärke im Protoplasma durch die Abkühlung stark verlangsamt wird. Neuerdings fand Weber [3]) ebenfalls eine Viscositätszunahme des Protoplasmas bei der Abkühlung nach der Methode der Verlagerung der Stärkekörner (vgl. S. 99).

Plötzliche Temperaturerhöhung scheint aber vorübergehend eine Vergrößerung der Protoplasmazähigkeit hervorzurufen. Wenigstens fand Heilbronn [4]) eine solche mit der gleichen Methode und derjenigen der Bewegung von Eisenkügelchen (vgl. S. 99). Eine Viscositätserhöhung soll auch durch andauernde hohe Temperatur hervorgerufen werden und wird wahrscheinlich durch eine anfängliche Koagulation der Eiweißkörper des Protoplasmas verursacht (vgl. unten: Kapitel 5 dieses Teils).

Eine vorübergehende Viscositätserhöhung des Protoplasmas dürfte auch durch Verletzungen der Pflanze hervorgerufen werden, während nach Weber [5]) die Erschütterung der Pflanze eine Abnahme der Viscosität verursachen soll. Derselbe glaubt auch eine Abnahme der Viscosität nach der Änderung der Schwerkraftrichtung infolge einer Umkehrung der Zellen gefunden zu haben. Diese Angabe wurde jedoch von Zollikofer [6]) nicht bestätigt.

---

[1]) De Vries: Jahrb. f. wiss. Botanik. Bd. 16, S. 527. 1885.
[2]) Němec, B.: Jahrb. f. wiss. Botanik. Bd. 36. 1901. S. 129.
[3]) Weber, Fr.: Ber. d. Dtsch. Botan. Ges. Bd. 34. 1916; Bd. 41, S. 198. 1923.
[4]) Heilbronn, A.: Jahrb. f. wiss. Botanik. Bd. 54, S. 337—390. 1914; Bd. 61, S. 319—320. 1922.
[5]) Weber, Fr. und Gisela: Jahrb. f. wiss. Botanik. Bd. 57, S. 187. 1916.
[6]) Zollikofer, Cl.: Beiträge zur allgemeinen Botanik. Bd. 4, S. 449 bis 450. 1918.

Eine reversible Viscositätserhöhung des Protoplasmas beobachtete Bayliss [1]) unter der Einwirkung des elektrischen Stromes, indem die Brownsche Bewegung in Pseudopodien von Amöben bei der Stromdurchleitung aufhörte, um nach der Erholung wieder zu beginnen. Eine Zunahme der Viscosität bei der Stromleitung durch die Zellen beobachtete auch Weber [2]).

Kohlendioxyd soll, nach Jacobs [3]), die Viscosität des Protoplasmas von Paramäcium bei kurzer Einwirkungsdauer erniedrigen, bei längerer Einwirkungsdauer dagegen erhöhen. Dieser Schluß wurde auf die Verlagerungsgeschwindigkeit der Farbstoffkörnchen, mit denen das Tier vorher gefüttert worden war, gegründet. Die Wirkung der Kohlensäure wird vom Autor einer erhöhten Acidität des Protoplasmas zugeschrieben.

Die Behandlung der Zellen mit einer $0,1-0,5\%$igen Lösung von Äther in Wasser ruft, nach Heilbronn, eine reversible Verminderung, $0,5-1\%$iger Äther eine Vergrößerung der Viscosität hervor. Mit Chloroform wurde keine reversible Viscositätsänderung erzielt (l. c.). Weber [4]) fand ebenfalls eine solche, die sich mit 10%igem Äther in die irreversible verwandelte. Bei Plasmodien fand Heilbronn (1922, S. 322) eine vorübergehende Steigerung der Viscosität durch die Einwirkung von Äther. Direkte Sonnenstrahlen setzten zunächst die Viscosität herab, um später eine Steigerung derselben hervorzurufen.

Merkwürdige Viscositätsänderungen des Protoplasmas finden, nach Szücs [5]), unter der Einwirkung von Aluminiumsalzen statt. In kleinen Konzentrationen sollen Aluminiumionen eine reversible Viscositätserhöhung bewirken, während größere Konzentrationen keinen Einfluß auf die Viscosität haben. Die durch kleinere Konzentrationen hervorgerufene Viscositätserhöhung soll durch größere Konzentrationen wieder aufgehoben werden. Merkwürdig ist auch die Wirkung der Nichtelektrolyte (Zucker, Glycerin, Harnstoff usw.), die die Fähigkeit besitzen sollen, die Wirkung der Aluminiumione aufzuheben.

---

[1]) Bayliss: Proc. of the roy. soc. of London, Ser. B. Vol. 91, p. 196. 1920.
[2]) Weber, Fr. und E. Bersa: Ber. d. Dtsch. Botan. Ges. Bd. 40, S. 254 bis 257. 1922.
[3]) Jacobs, M. H.: Americ. journ. of physiol. Vol. 59, p. 451. 1922.
[4]) Weber, Fr.: Ber. d. Dtsch. Botan. Ges. Bd. 40, S. 212. 1922.
[5]) Szücs: Jahrb. f. wiss. Botanik. Bd. 52, S. 269. 1913.

Einige der zitierten Autoren nehmen an, daß die reversible Viscositätserhöhung des Protoplasmas in ihren Versuchen so stark werde, daß in diesen Fällen von einer Erstarrung (d. h. einer gallertartigen Erstarrung) desselben gesprochen werden könne. Man muß aber bemerken, daß eine gallertartige Erstarrung durch ihre Versuche nicht bewiesen wurde. Die Brownsche Bewegung der Körnchen hört z. B. auch in Glycerin auf. Andererseits zeigten Zentrifugenversuche mit Pflanzenzellen, daß das Hyaloplasma, obwohl flüssig, beim Zentrifugieren an der Zellwand kleben bleibt, so daß schon eine etwas größere Viscosität genügt, um der Zentrifugalkraft zu widerstehen. Wenn aber in den Versuchen von Szücs die Plasmolyse der Zellen nach der Einwirkung von Aluminiumsalzen unmöglich wurde, so könnte dies auch auf einer Vergrößerung der Permeabilität des Protoplasmas beruhen, wie es schon früher Fluri [1]) konstatiert hatte. Man muß auch beachten, daß das Zentrifugieren das Protoplasma mechanisch schädigen und deshalb eine Viscositätsvergrößerung verursachen kann. Die Unmöglichkeit der Plasmolyse könnte auch dadurch zustande kommen, daß, obwohl die Spirogyrazellen vor der Plasmolyse noch lebend waren, sie doch durch die Deformation, die die Plasmolyse verursacht, geschädigt wurden. Spirogyra ist ja besonders empfindlich gegen mechanische Einwirkungen, und die Plasmolyse dieser Alge, wenn sich diese in sauren Lösungen befindet, führt fast immer zum Tode der Zellen[2]). Aluminiumsalzlösungen reagieren aber bekanntlich sauer und sind auch in kleineren Konzentrationen giftig [3]).

Merkwürdige Viscositätsänderungen des Protoplasmas sollen sich nach der Befruchtung der Eier abspielen. Nach Seifriz[4]) und Chambers [5]), die unabhängig voneinander Mikrodissektionsversuche an Seeigeleiern unternahmen, soll sich bei der Zellteilung um die ganzen Zentrosomen herum ein Hof festen, dichten Protoplasmas ausbilden, welches die Strahlen der Astrosphäre als dünne

---

[1]) Fluri: Flora. Bd. 99, S. 81. 1908.
[2]) Lepeschkin, W.: Ber. d. Dtsch. Botan. Ges. Bd. 28, S. 384—388. 1910.
[3]) Die Giftigkeit der Aluminiumsalze, wenn sie allein, ohne kompensierende Wirkung anderer Salze einwirken, geht z. B. aus Versuchen von A. Koehler (Zeitschr. f. allg. Physiol. Bd. 16, S. 357. 1917 und Bd. 18, S. 163. 1919) hervor.
[4]) Seifriz: Botan. Gaz. Vol. 70, p. 364. 1920.
[5]) Chambers: Journ. of General. Physiol. Vol. 2, p. 49. 1919.

Flüssigkeitskanäle durchziehen. Das zentrale Protoplasma soll dagegen flüssig bleiben. Eine Viscositätsvergrößerung bei der Furchung der Eier beobachtete auch Heilbrunn[1]). Nach Ödquist[2]) ist die Viscosität des Protoplasmas des Froscheies ziemlich groß, ändere sich aber nach der Befruchtung rhythmisch. Zunächst werde das Protoplasma dünnflüssig, später aber wieder viscös usw.

Ob bei jeder Zellteilung sich analoge Viscositätsänderungen im Protoplasma abspielen, müssen wir dahingestellt sein lassen. Daß aber bei der Karyokinese lokale Viscositätsvergrößerungen im Protoplasma vorkommen, zeigen Versuche von Němec[3]), dem zufolge die Chromosomen gemeinsam mit den Spindelfäden beim Zentrifugieren an die Zellenwand geschleudert werden, ohne Änderung der gegenseitigen Anordnung und der Form der Spindel.

Die Viscositätssteigerung des Protoplasmas nach einer längeren Einwirkung von Äther, Kohlensäure, Chloroform, Aluminiumsalzen, starken Sonnenlichts wird wahrscheinlich durch koagulierende Wirkung dieser Agenzien verursacht. Auch die Viscositätserhöhung nach der Befruchtung erklärt Heilbrunn durch eine Koagulation. In der Tat wird gewöhnlich die Koagulation und überhaupt eine Dispersitätsverminderung von einer Viscositätsvergrößerung begleitet (vgl. S. 20). Einer schwachen Koagulation muß man auch die Zunahme der Viscosität des Protoplasmas nach mechanischen Verletzungen und bei der Stromdurchleitung, die entweder mechanisch durch die Kataphorese oder chemisch durch die Entstehung von Säuren und Alkalien an den elektrischen Polen wirken kann.

Was nun die Viscositätsabnahme bei kurzer bzw. geringer Einwirkung der Sonnenstrahlen, geringer mechanischer Kräfte (Erschütterung) und Ätherkonzentrationen anbelangt, so würde, wenn sie sich durch zukünftige Versuche bestätigt, hier vielleicht eine Änderung des Dispersionsmittels des Protoplasmas ins Auge zu fassen sein.

Wenden wir uns jetzt denjenigen reversiblen Zustandsänderungen im Protoplasma zu, welche vom Auftreten mikroskopisch sichtbarer Phasen (Niederschläge) begleitet werden, d. h. der reversiblen Koagulation zu.

---

[1]) Heilbrunn: Journ. of exp. zool. Vol. 34, p. 417—447. 1921.
[2]) Ödquist: Arch. f. Entwick.-Mech. Bd. 51, S. 610. 1922.
[3]) Němec, Bull. internat. de l'acad. d. sciences de Boheme. p. 1. 1915.

d) Reversible Koagulation.

Bekanntlich kommt es oft vor, daß im vollkommen homogenen Protoplasma ohne merkliche Änderungen der äußeren Lebensbedingungen Tröpfchen oder Körnchen erscheinen. Diese Erscheinung beobachtete z. B. Bütschli an Rhizopoden. Auch ist bekanntlich das Protoplasma junger Hefezellen und junger Scheitelzellen von wachsenden Hyphen von Schimmelpilzen homogen, wird aber allmählich vakuolisiert und körnig. Die Granulazellen der Drüsen und Epithelien haben bei ihrer Entstehung nur wenig oder keine Granula, die erst allmählich erscheinen [1]).

Auch fehlen z. B. Fetttröpfchen in den Zellen der fettbildenden Organe bei neugeborenen Säugern. Erst nach der Milchannahme erscheinen sie dort und vereinigen sich allmählich zu größeren Tropfen (nach 30—40 Stunden) [2]). Öltröpfchen in den Pflanzenzellen entstehen ebenfalls aus dem Protoplasma [3]).

Alle diese Vorgänge wurden von Berthold als Entmischungsvorgänge betrachtet. Der Autor verglich dieselben mit der Ausscheidung von Ölen und Harzen aus ihren alkoholischen Lösungen beim Vermischen der letzteren mit Wasser. Die Löslichkeit der Stoffe im Protoplasma wird, nach Berthold, vermindert und die Ausscheidung in Tropfenform beginnt. Vom Standpunkt der Kolloidchemie aus sind solche Vorgänge Koagulationen, die als Folge einer Dispersitätsverminderung bei dispersen Phasen des Protoplasmas auftreten. Es ist aber nicht notwendig, daß diese Phasen im Protoplasma seit der Entstehung der Zelle vorhanden wären, sie können auch kurz vor der Ausscheidung und Koagulation gebildet worden sein.

Die Koagulation ist nur ein spezieller Fall der Entmischungserscheinung. Unter einer Koagulation versteht man eine weitgehende Veränderung der Dispersität kolloidal oder grob disperser Phasen, während unter einem Entmischungsvorgang auch die Ausscheidung eines molekular gelösten Körpers verstanden werden kann. In beiden Fällen können aber Niederschläge in Form von Körnchen oder Tröpfchen erscheinen. Die Ausscheidung der Tröpfchen von ätherischem Öl oder Fett im Protoplasma muß aber zur irreversiblen Koagulation gerechnet werden und wird

---

[1]) Heidenhain: Plasma und Zelle. Bd. 1, S. 354.
[2]) Heidenhain: l. c. S. 426.
[3]) Berthold: Studien zur Protoplasmamechanik. 1886. S. 65.

später betrachtet. Die eigentlichen reversiblen Koagulationen sind nur wenig studiert und können selbstverständlich irreversible werden, wenn sie zu weit gehen.

Zu den wenig studierten reversiblen Koagulationen gehört z. B. die Ausscheidung der Granula in Drüsenzellen unter der Einwirkung der Nervenreizung. Die Ausscheidung von Granula im Protoplasma der Drüsen des Augenlides des Frosches unter der Einwirkung einer elektrischen Reizung vermochte Velisch direkt zu verfolgen [1]).

In letzter Zeit beschrieb Giersberg Koagulationen im Protoplasma von Amöben unter der Einwirkung verschiedener Salze. So bewirkten z. B. Kochsalz und Salpeter eine feine Fällung im Protoplasma, oder das Auftreten von Granula. Lithiumchlorid rief eine feine Trübung und eine Zunahme der Viscosität des Protoplasmas hervor [2]). Diese Fällungen waren nicht schädlich für die Amöbe, die ihre Bewegungen vielmehr weiter fortsetzte.

Reversible Ausfällungen unter der Einwirkung von Salzen im Protoplasma, die sich in irreversible verwandeln können, beobachtete auch Spek [3]).

Da Protoplasmakolloide im allgemeinen einen hydrophilen Charakter besitzen, werden sie nicht durch Spuren von Salzen zur Koagulation gebracht. Doch zeigen die oben zitierten Versuche von Giersberg, daß bisweilen eine verhältnismäßig kleine Salzmenge genügt, um eine Koagulation im Protoplasma hervorzurufen. Nur weitere Versuche können entscheiden, ob das Protoplasma der Amöbe (und wie es scheint, auch einiger anderer Süßwasser-Protozoen) in bezug auf seine Empfindlichkeit gegen Salze wirklich eine Ausnahme bildet, oder ob die Protoplasmakolloide allgemein eine mittlere Stellung zwischen hydrophoben und hydrophilen Kolloiden einnehmen.

Zum Schlusse soll hier noch die Ansicht erwähnt werden, nach welcher die komplizierten, bei der Mitose im Protoplasma sich abspielenden Vorgänge als ein Ausdruck der Entmischungsprozesse aufgefaßt werden können. So betrachtet z. B. Ostwald [4]) die Bildung der Astrosphären als einen Gerinnungsprozeß der Nuclein-

---

[1]) Velisch: Zitiert nach Růžička. Struktur und Plasma. 1908.
[2]) Giersberg, H.: Arch. f. Entwicklungsmech. d. Organismen. Bd. 42, S. 208. 1922.
[3]) Spek, J.: Arch. f. Protistenkunde. Bd. 46, S. 181. 1923.
[4]) Ostwald, Wo.: Biochem. Zeitschr. Bd. 6, S. 409. 1902.

substanzen usw. Nach Della Valle[1]) sollen die Chromosomen ebenfalls ein Produkt der Entmischungserscheinung sein. Die bestimmte, bei verschiedenen Organismen ungleiche Zahl der Chromosomen soll einer verschiedenen chemischen Zusammensetzung der Kernsubstanz zuzuschreiben sein, weil bei Entmischungserscheinungen die Tröpfchen in verschiedener Größe je nach der chemischen Beschaffenheit der Flüssigkeiten entstehen.

Die zitierte Ansicht ist sehr interessant und man darf hoffen, daß weitere Untersuchungen der Karyokinese an lebenden Zellen und unter der Anwendung kolloid-chemischer Methoden für die Erklärung dieser komplizierten Erscheinung eine große Bedeutung erlangen werden.

5. Irreversible Zustandsänderungen der Protoplasmakolloide.

a) Vorbemerkungen.

Irreversible Zustandsänderungen der Protoplasmakolloide können sich in irreversiblen Änderungen des Aggregatzustandes, der Viscosität des Protoplasmas und in einer irreversiblen Koagulation äußern. Es ist aber klar, daß das tätige flüssige Protoplasma nur unter dauerndem Verlust seiner Fähigkeiten und beim Absterben seinen Aggregatzustand irreversibel ändern kann. Wenn also während des Lebens solche Änderungen autonom vorkommen, so werden auf Kosten der lebenden Protoplasmateile leblose Organe geschaffen, die offenbar irgendeinen Nutzen für das Zellenleben zu bringen bestimmt sind.

Irreversible Viscositätsänderungen des Protoplasmas, die stets zu einer vollständigen irreversiblen, gallertartigen Erstarrung oder Koagulation desselben führen, können ebenfalls als Absterbeprozesse betrachtet werden. Nur einige Koagulationsarten, die zur Bildung harmloser Sekrete führen, werden noch kein Absterben bewirken.

b) Membranbildung bei Pflanzen und nach der Befruchtung der Eier.

Die irreversible Änderung des Aggregatzustandes, d. h. die Verwandlung des flüssigen Protoplasmas in feste tote Körper

---

[1]) Della Valle, P.: Arch. zool. ital. Vol. 6, p. 37—321. 1912. Ausführliches Referat: J. Spek: Arch. f. Entwicklungsmech. d. Organismen. Bd. 46, S. 537. 1920.

findet vor allem bei der Bildung verschiedener resistenter und persistenter Membranen statt. So sind bekanntlich die Pflanzenzellen allerseits von einer festen Membran bekleidet, die entweder aus Cellulose oder aus einer Substanz, die den Albuminoiden sehr nahe steht, besteht (viele Bakterien).

Bei der Entstehung der Membran in den Pflanzenzellen nach der stattgefundenen Kernteilung bildet sich zuerst die sogenannte primäre Zellplatte, die, nach Strasburger [1]), von protoplasmatischen Körnchen (oder Tröpfchen) zusammengesetzt wird und die sich später in die primäre Zellwand verwandelt, welche hauptsächlich aus Pektinstoffen besteht.

Bei der Sporenbildung kann aber bekanntlich die Zellwand an der ganzen Protoplasmaoberfläche entstehen. Ein sehr günstiges Objekt für direkte Beobachtung der Zellwandbildung stellen Schwärmsporen von Oedogonium dar. Die aus der Mutterzelle herausgeschlüpfte hautlose Schwärmspore schwimmt während einiger Minuten im umgebenden Wasser, setzt und klebt sich dann an einem im Wasser befindlichen Gegenstand fest und umgibt sich mit einer Zellwand. Das Sporenvolum ändert sich dabei gar nicht, so daß die oberflächlichen Protoplasmaschichten sich direkt in die feste dauerhafte Zellwand verwandeln. Diese Verwandlung findet so rasch statt, daß man nicht chemische Bildung der Membransubstanz, sondern eine Ausscheidung derselben als Folge von Entmischung vermuten darf.

Die Verwandlung des Protoplasmas in eine körnige Substanz und später in Cellulose wird bisweilen auch in Protoplasmasträngen von Pflanzenzellen beobachtet [2]). Die Entstehung der Körnchen kann in diesem Falle als eine irreversible Koagulation der Protoplasmakolloide aufgefaßt werden.

Der bekannteste Fall von Membranbildung im Tierreich wird nach der Befruchtung der Eier beobachtet. Ähnlich wie bei der Zoospore von Ödogonium entsteht die Membran aus den äußeren Protoplasmaschichten, indem als Baumaterial dienende Stoffe infolge Entmischung aus dem Protoplasma ausgeschieden werden.

Untersuchungen über die Parthenogenese der Eier veranlaßten Loeb [3]) zu schließen, daß alle cytolytisch wirkenden Mittel die

---

[1]) Strasburger: Jahrb. f. wiss. Botanik. 1898. S. 513.
[2]) Tischler: Ber. d. Kön. Ökonom. Ges. Bd. 2, S. 283. 1898—1899.
[3]) Loeb, J.: Die chemische Entwicklungserregung der tierischen Eier. Berlin 1909. S. 217.

Befruchtung ersetzen, insofern sie Membranbildung hervorrufen können. Da aber, wie wir in den Kapiteln 2 und 3 des zweiten Teils erfahren, die Cytolyse stets von einer irreversiblen Koagulation oder irreversiblen Dispersitätsverminderung und Gallertbildung begleitet wird, so kann man mit M. Fischer und Wo. Ostwald[1]) sagen, daß alle Agenzien, welche eine Gerinnung hervorrufen, die Befruchtung ersetzen und die Membranbildung veranlassen können. In Übereinstimmung mit dieser Ansicht steht auch die Tatsache, daß Eier durch eine mechanische Verletzung (z. B. durch einen Nadelstich) zur Membranbildung und Furchung veranlaßt werden [2]), weil mechanische Eingriffe eine Koagulation im Protoplasma hervorrufen können.

Im Kapitel 4 wurde erwähnt, daß nach der Befruchtung eine Viscositätszunahme des Protoplasmas beobachtet wird, so daß eine Dispersitätsverminderung und schließlich eine Koagulation der Plasmakolloide, die sich an der Protoplasmaoberfläche in Form einer Membran ansammeln, nach der Befruchtung sehr wahrscheinlich ist. Es ist auch begreiflich, daß dieselben Agenzien, welche bei einer längeren Einwirkungsdauer das Absterben, also eine vollständige Koagulation der Protoplasmakolloide bewirken, bei kurzer Einwirkung nur die Koagulation in den oberflächlich gelagerten Schichten des Protoplasmas verursachen.

c) Bildung der Bindegewebefasern, Chondriosomen und Tröpfchen.

In letzter Zeit wurde die Ansicht ausgesprochen, daß die feste Zwischensubstanz des Bindegewebes auch durch eine irreversible Koagulation der Protoplasmakolloide entstehe. Nach Nageotte[3]) wären Bindegewebsfasern nicht als Produkt irgendeiner direkten Umformung peripherischer Protoplasmateile der lebenden Zelle, sondern als Produkt einer interzellulären Koagulation des Fibrins aufzufassen.

Als eine irreversible Zustandsänderung der Protoplasmakolloide wäre möglicherweise auch die Bildung von Chondriosomen im

---

[1]) Fischer, M. und Wo. Ostwald: Pflügers Arch. f. d. ges. Physiol. Bd. 106, S. 229. 1905.

[2]) Bataillon, E.: Cpt. rend. de l'acad. de sciences de Paris. Tome 150. 1910; Tome 152. 1911. — Vaß, H.: Biol. Zentralbl. Bd. 41, S. 359. 1921.

[3]) Nageotte, J.: L'organisation de la matière dans les rapports avec la vie. Paris 1922.

Protoplasma aufzufassen. Nach Untersuchungen von Scherrer [1]) fehlen sie in der Scheitelzelle von Anthoceros und entstehen erst da, wo die Grenzen der Scheitelzellsegmente sich zu verwischen beginnen. Die Sporenmutterzellen dieses Mooses seien ebenfalls frei von Chondriosomen, die sich erst später bilden. Infolgedessen betrachtet A. Meyer [2]) sie als „Allinante" (d. h. als Eiweißkörper) und nimmt an, daß sie als Reservestoffe funktionieren können. Nach Hidegard [3]) sollen die Mitochondrien der Drüsenzellen als erste erkennbare Struktur im Protoplasma erscheinen, die bei der Hungerkultur verschwinden, bei der Ernährung wieder von neuem entstehen. Der Autor betrachtet die Mitochondrien als Baumaterial für das Drüsensekret. Es ist wahrscheinlich, daß bei der öfters in der Literatur angegebenen Verwandlung der Chondriosomen zu Chromatophoren bei Pflanzen und zu Muskel- und Nervenfibrillen bei Tieren die Chondriosomen nur als Bildungsmaterial von Bedeutung sind. Jedenfalls sollen, nach Noack [4]), Chromatophoren und Chondriosomen in den Zellen von Elodea gleichzeitig anwesend sein. Auch Guilliermond, der zum ersten Male Chondriosomen als Bildungsorgane der Chromatophoren angesehen hatte, kam vor kurzem zu dem Schlusse, daß nur ein Teil der Chondriokonten sich in Chloroplasten verwandelt [5]).

Wie früher erwähnt, können wir die Bildung der Fetttröpfchen in den Zellen als eine irreversible Koagulation auffassen. In der Tat ist das Fett (und auch ätherische Öle der Pflanzen) im Augenblick seiner Entstehung so fein mit dem Protoplasma gemischt, daß einzelne Tröpfchen nicht sichtbar sind. In trockenen Samen kann dieser hochdisperse Zustand des Fettes unbestimmt lange Zeit unverändert bleiben. Saugen aber die Samen Wasser auf, so beginnt sofort zunächst eine Koagulation und dann das Zusammenfließen der Tröpfchen zu größeren Tropfen, weil Ölemulsionen sich wie hydrophobe Kolloide verhalten (vgl. S. 49). Auch bei Tieren sollen, nach Heidenhain [6]), bei allmählicher Anhäufung des Fettes in den Zellen zunächst winzige Fetttröpfchen im Proto-

---

[1]) Scherrer: Ber. d. Dtsch. Botan. Ges. Bd. 31, S. 496. 1913; Flora Bd. 107, S. 10. 1914.
[2]) Meyer, A.: Morphologische und physiologische Analyse der Zelle. 1920. S. 120.
[3]) Hidegard, L.: Arch. f. Zellforsch. Bd. 16, S. 70—78. 1921.
[4]) Noack, K.: Zeitschr. f. Botanik. Bd. 13, S. 1. 1921.
[5]) Guilliermond, A.: Arch. de biol. Tome 31, p. 1—82. 1921.
[6]) Heidenhain: Plasma und Zelle. S. 424—425.

plasma entstehen, die sich bald miteinander verbinden und zusammenfließen, so daß schließlich nur wenige große Fetttropfen sichtbar sind.

Tropfenförmige Ausscheidungen kommen, wie wir wissen, auch in Pflanzenchromatophoren vor. Neuerdings zeigte A. Meyer[1]), daß die Tröpfchen in Chloroplasten ein Assimilationssekret darstellen, das z. B. bei Tropaeolum nach starker CO_2-Assimilation entsteht und im weiteren unverändert bleibt. Die Entstehung der Tröpfchen wäre also als eine irreversible Entmischungserscheinung oder Koagulation aufzufassen.

d) Hitzekoagulation und mechanische Koagulation, Lichtkoagulation.

Unter dem Einfluß von verschiedenen schädlich wirkenden Agentien können im Protoplasma irreversible Zustandsänderungen eintreten, welche eine Zerstörung des kolloiden Systems des Protoplasmas und schließlich das Absterben der Zelle verursachen können. Alle Agentien, die bei gelinderer Einwirkung reversible Viscositätsänderungen oder Koagulation hervorrufen, führen bei einer stärkeren zum Tode, weil nicht nur irreversible, sondern auch eine starke reversible Koagulation eine schädliche Wirkung auf das Protoplasma ausüben kann, indem sie dasselbe mechanisch beeinträchtigt.

Auf der anderen Seite braucht eine irreversible Koagulation der Protoplasmakolloide, wenn sie gelind ist, noch kein Absterben zu verursachen, weil lebende Zellen unter Umständen die zur Koagulation gebrachten Substanzen im Stoffwechsel wieder zu lösen vermögen und abgestorbene oder geschädigte Teile wieder herstellen. Am leichtesten kann man in diesem Sinne die Hitzekoagulation regulieren, indem man sie nur bis zu einem bestimmten Grade fortschreiten läßt.

Die Versuche des Verfassers[2]) an Spirogyra zeigten, daß bei einer bestimmten hohen Temperatur, z. B. bei 43° C, die Koagulation so langsam stattfindet, daß man vier Stadien derselben unterscheiden kann. Das erste Stadium besteht nur in einer

---

[1]) Meyer, A.: Morphologische und physiologische Analyse der Zelle. 1920. S. 313 u. ff.

[2]) Lepeschkin, W.: The constancy of the Living substance. Studies from the Laboratory of Plant Physiology of Charles University. Prague 1923. p. 5—44.

unsichtbaren Dispersitätsänderung, welche sich durch eine Zunahme der Permeabilität des Protoplasmas für Wasser und gelöste Stoffe bemerken läßt. Das zweite Stadium ist durch eine sichtbare Koagulation in den oberflächlichen Protoplasmaschichten gekennzeichnet, wobei eine Unmenge von Körnchen in denselben entsteht, die vorher gefehlt haben und das Protoplasma an den koagulierten Stellen nicht mehr das Bestreben hat, sich durch eine regelmäßige, kugelige Oberfläche zu begrenzen. Das dritte Stadium besteht in einer vollständigen Koagulation der Chloroplasten, das vierte in einer vollständigen Koagulation des Protoplasmas. Diese zwei Stadien können auch zusammenfallen.

Wenn man nach dem Auftreten des zweiten Stadiums der Hitzekoagulation des Protoplasmas das Erhitzen unterbricht und die Alge unter guten Bedingungen bei Zimmertemperatur weiter kultiviert, so verschwindet die durch hohe Temperatur verursachte Granulation allmählich und die oberflächlichen Protoplasmaschichten werden wieder hergestellt, so daß die Alge keinen Schaden davonträgt. Erhitzt man aber dieselbe bis zum Erscheinen des dritten Stadiums, so hilft die Abkühlung nicht mehr und die Zellen sterben auch bei Zimmertemperatur in einigen Stunden ab, so daß die rekonstruktive Tätigkeit der Zellen nicht mehr ausreicht, die beigebrachten Schäden zu beseitigen.

Eine vollständige irreversible Koagulation des Protoplasmas, der Chromatophoren (Pflanzen) und des Zellkerns ist stets mit Erstarren und Absterben verbunden. Umgekehrt rufen alle tötenden Agentien gewöhnlich Koagulation und gallertartiges Erstarren der lebenden Materie hervor. Die entstehenden Gallerten sind wenig elastisch und brüchig und bestehen entweder ausschließlich aus Mikronen (z. B. Abb. 15), oder, wenn die Abtötung sehr rasch stattfindet (Osmiumsäure, Flemmingsches Gemisch), aus Ultramikronen und Mikronen. In diesem letzteren Falle vergrößert sich die Viscosität so schnell, daß die Ultramikronen keine Zeit haben, sich zu Mikronen zu vereinigen.

Eine allmähliche Koagulation des Protoplasmas kann auch durch mechanische Eingriffe hervorgerufen werden. Die „mechanische" Koagulation des Protoplasmas und anderer flüssiger Arten der lebenden Materie wurde zum ersten Male vom Verfasser [1]) an Pflanzenzellen beschrieben und später auch an Tierzellen vielfach

---

[1]) Lepeschkin, W.: Ber. d. Dtsch. Botan. Ges. Bd. 28, S. 93, 97, 384—388. 1910.

hervorgerufen. Verschiedene Protoplasmaarten erwiesen sich als ungleich resistent gegen mechanische Eingriffe; es gibt aber kein Protoplasma, das bei einer genügend starken mechanischen Einwirkung nicht abstürbe. Dem Absterben geht gewöhnlich eine sichtbare Koagulation, d. h. das Auftreten von Körnchen in der Grundmasse des Protoplasmas voraus. Viel seltener erstarrt die ganze Masse des Protoplasmas, der Chromatophoren und des Zellkernes zu einer nur ultramikroskopisch heterogenen Gallerte.

Die Protoplasmateile, welche resistenter gegen hohe Temperatur sind, sind auch resistenter gegen mechanische Eingriffe. So sind z. B. die oberflächlichen Schichten des Protoplasmas von Spirogyra viel empfindlicher gegen mechanische Einwirkungen, als die inneren Protoplasmateile. Sie weisen am ehesten eine Koagulation auf und werden permeabel für gelöste Stoffe. Das die Chloroplasten umgebende Protoplasma saugt Wasser auf und jene ändern ihre Form und kugeln sich infolge einer Vergrößerung der Oberflächenspannung [1]) ab; sie erstarren aber bald und zeigen sich koaguliert. Am langsamsten koagulieren und erstarren die inneren Partien des Protoplasmas (vgl. Abb. 12).

Bringt man eine Pflanzenzelle in eine konzentrierte Salz- oder Zuckerlösung, so tritt bekanntlich Plasmolyse ein, die infolge einer Deformation des Protoplasmas auf dieses schädlich wirkt. Manche Pflanzenzellen (z. B. von einigen Spirogyra-Arten) ertragen eine schnelle Plasmolyse überhaupt nicht, indem sie sofort oder nach einiger Zeit Koagulation aufweisen, wobei zuerst wieder die oberflächlichen Protoplasmaschichten erstarren. Die Zellen, die eine schnelle Plasmolyse ertragen, halten oft die nachherige Übertragung in reines Wasser (Deplasmolyse) nicht aus, wohl weil dabei das Protoplasma zurückschnellt und noch stärker deformiert wird, als bei der Plasmolyse. Mehrmalige aufeinanderfolgende Plasmolyse und Deplasmolyse kann keine Zelle aushalten. Je schneller das Protoplasma deformiert wird, desto leichter tritt die mechanische Koagulation ein.

Aber auch dann, wenn die Plasmolyse oder irgendeine andere mechanische Einwirkung (z. B. Pressen, Biegen) keine sichtbare Koagulation und Erstarrung des Protoplasmas hervorruft, werden die Protoplasmastoffe dadurch für mechanische Koagulation und

---

[1]) Das Protoplasma hat eine größere Oberflächenspannung, weil die Oberflächenkonstante von Wasser doppelt so groß ist als diejenige vom Protoplasma (vgl. S. 108).

andere schädliche Eingriffe empfindlicher, so daß nach einer solchen mechanischen Behandlung der Zelle alle Agentien viel rascher und stärker wirken. Die größere Empfindlichkeit der Protoplasmakolloide macht sich nicht selten noch nach Verlauf von einigen Tagen bemerkbar. Diese Induktion zur Koagulation, welche durch eine mechanische Behandlung der Zellen verursacht wird, kann sich bei Pflanzen von Zelle zu Zelle verbreiten, so daß das Durchschneiden einer Zelle eines pflanzlichen Gewebes auch das Absterben der Nachbarzellen hervorrufen kann.

Dementsprechend ist es vollkommen begreiflich, daß in den Versuchen von Küster [1]) die oberflächlichen Schichten des plasmolysierten Protoplasmas nach drei Tagen erstarrten, so daß das Zusammenfließen der plasmolysierten Protoplasmastücke nicht mehr möglich war, obwohl es vorher stets stattfand. Im normalen Zustande ist die Oberfläche des Protoplasmas in pflanzlichen Zellen stets flüssig und Zucker (als plasmolysierender Stoff) allein kann keine Koagulation hervorrufen. Unter anomalen Bedingungen (verminderte Sauerstoffatmung, Bakterien usw.) erstarrt aber die Oberflächenschicht, die durch die mechanische Wirkung der Plasmolyse empfindlicher gemacht wurde. Küster erklärte diese Erstarrung durch die Bildung einer Haptogenmembran (vgl. S. 19), die infolge Adsorption der Protoplasmakolloide stattfinden sollte. Allein, wenn es so wäre, würde es vollkommen unbegreiflich sein, weshalb solche Membran sich nicht schon vorher, in intakten Zellen, gebildet hätte.

Auch die Bildung eines festen Häutchens an der Oberfläche der aus Vaucheria-Zellen ausgetretenen Protoplasmaballen, die Prowazek [2]) beobachtet hatte, muß einer mechanischen Koagulation des Protoplasmas zugeschrieben werden und nicht der Bildung einer Haptogenmembran, weil bei einer gelinderen Behandlung der Zellen solche Erscheinung nicht beobachtet wird, wie es nach Küster (l. c. S. 691) der Fall ist.

Im Kapitel 2 wurden Versuche beschrieben, wo Infusorien einer mechanischen Einwirkung (z. B. Pressen, Anschneiden usw.) unterworfen waren und das flüssige Protoplasma schließlich ins umgebende Wasser heraustrat. Solche mechanische Behandlung der Zellen führt schließlich immer zu einer Koagulation und Er-

---

[1]) Küster: Zeitschr. f. Botanik. Bd. 2, S. 694. 1910.
[2]) Prowazek: Zur Regeneration der Algen. Biol. Zentralbl. Bd. 27, S. 737. 1907.

starrung des Protoplasmas. Am Protoplasma der Foraminiferen, das aus der zerbrochenen Schale herausfließt, läßt sich außerdem zeigen, daß die peripherischen Protoplasmaschichten auch bei Tieren empfindlicher gegen mechanische Einwirkung sind, als innere Protoplasmateile.

Das Aufsaugen von Wasser durch das Protoplasma sowohl bei marinen Protozoen und Pflanzen, als auch bei höheren Tieren nach dem Übertragen der Zellen in reines Wasser führt schließlich ebenfalls stets zu einer mechanischen Koagulation und Erstarrung des Protoplasmas.

Von anderen physikalischen Agentien wirken ultraviolette Strahlen sehr stark erstarrend und koagulierend auf das Protoplasma. Die schädliche Wirkung des direkten Sonnenlichts auf Bakterien ist lange bekannt. Nach Hertel[1]) tötet aber auch das Magnesiumlicht Bakterien und Protozoen in 15—65 Sekunden ab. Untersuchungen von Henri[2]) zeigten, daß das Protoplasma ultraviolette Strahlen sehr stark absorbiert, so daß eine 3,8 μ dicke Schicht genügt, um die Strahlen der Wellenlänge 214,4 $\mu\mu$ auf ein Neuntel der ursprünglichen Stärke zu reduzieren. Die Strahlen mit einer Wellenlänge von 231,3 $\mu\mu$ werden durch eine 18 $\mu\mu$ dicke Protoplasmaschicht auf ein Neuntel reduziert. Denjenigen, welche sich mit dem Photographieren des lebenden Protoplasmas mittels ultravioletter Strahlen beschäftigen, ist gut bekannt, wie schädlich diese Strahlen auf das Protoplasma wirken. Nach einigen Minuten tritt gewöhnlich Koagulation und Erstarrung zuerst des Zellkerns und dann des Protoplasmas ein. Worin die Primärwirkung des Lichtes besteht, bleibt freilich unbekannt.

Wenden wir uns jetzt zur irreversiblen Koagulation des Protoplasmas, hervorgerufen durch chemische Agentien.

e) Chemische Koagulation.

Im vorigen Kapitel wurde betont, daß reversible Koagulationen unter dem Einfluß von Salzen irreversibel werden können. Eine koagulierende und tötende Wirkung von Alkalisalzen ist von mehreren Autoren beschrieben worden und wird im speziellen Teil (Kap. 2) eingehend behandelt. In diesem Kapitel soll nur eine

---

[1]) Hertel, E.: Zeitschr. f. allg. Physiol. Bd. 5, S. 1—43, 95—122. 1905.
[2]) Henri, V.: Cpt. rend. des séances de la soc. de biol. Tome 72, p. 1075 bis 1078.

Übersicht der chemischen Agentien, die eine irreversible Koagulation der flüssigen Arten der lebenden Materie hervorrufen, gegeben werden. Alle diese Arten werden durch dieselben Agentien zur Erstarrung und Koagulation gebracht, wobei der Zellkern gewöhnlich empfindlicher als das Cytoplasma ist. Auch die inneren Protoplasmateile erstarren bei langsamer Einwirkung der koagulierenden Agentien oft etwas später, als die oberflächlich gelagerten, was auch begreiflich ist.

Von den Salzen wirken diejenigen der Schwermetalle stark koagulierend auch in sehr kleinen Konzentrationen, aber wie bei neutralen Salzen kann ihre Wirkung bei verschiedenen Organismen ungleich stark sein. Außer diesen Salzen wirken Säuren ebenfalls in sehr kleinen Konzentrationen koagulierend und auch ungleich stark auf verschiedene Zellen und Organismen. Alkalien verursachen zuerst eine Erstarrung und sogar eine Koagulation (z. B. bei Spirogyra), bei weiterer Wirkung lösen sie aber gewöhnlich den größten Teil des Protoplasmas und der pflanzlichen Chromatophoren auf.

Wasserstoff- und Hydroxylionen bewegen sich schneller bei der Elektrolyse als andere Ionen (vgl. S. 16), so daß sie eine große Rolle bei der Beständigkeit hydrophober Kolloide spielen (vgl. S. 24). Es ist also zu erwarten, daß diese Ionen auch die Wirkung anderer Ionen und schädlicher Agentien beeinflussen. In der Tat zeigten die Versuche des Verfassers, daß kleine Konzentrationen von Hydroxylionen die mechanische Koagulation hindern, während Wasserstoffionen sie begünstigen[1]). In Übereinstimmung damit fanden Jodlbauer und Haffner[2]), daß das Resistenzmaximum der roten Blutkörperchen gegen Hypotonie bei — pH = 9,5 (d. h. auf alkalischer Seite) liegt.

Koagulierend und erstarrend wirken auf das Protoplasma nicht nur Kationen der Schwermetallsalze und Wasserstoffionen der Säuren, sondern auch einige Anionen derselben, so z. B. wirken alle Salze der Chromsäure koagulierend auf das Protoplasma und ist die bekannte außerordentlich starke Wirkung der Osmiumsäure nicht nur den Wasserstoffionen derselben, sondern auch ihren Anionen zuzuschreiben.

---

[1]) Lepeschkin, W.: Ber. d. Dtsch. Botan. Ges. Bd. 28, S. 97, 384. 1910.

[2]) Jodlbauer, H. und F. Haffner: Pflügers Arch. f. d. ges. Physiol. Bd. 179, S. 121—144—148. 1920.

Von den anorganischen Körpern wirken freie Halogene, von denen Jod ein allgemeines Fixierungsmittel darstellt, sehr stark koagulierend und erstarrend auf die lebende Materie. Von den organischen Körpern üben dieselbe Wirkung verschiedene Aldehyde (Formaldehyd ist eines der bekanntesten Fixierungsmittel), Ester und Äther, Kohlenwasserstoffe und Halogenderivate derselben (z. B. Chloroform), Nitroderivate der aromatischen Kohlenwasserstoffe (Pikrinsäure) und einige wenig lösliche Alkohole aus, während z. B. gut wasserlösliche Alkohole nur in größeren Konzentrationen erstarrend und koagulierend wirken.

Weiter müssen zu den stark koagulierenden Mitteln auch einige Glykoside (z. B. Saponin), Alkaloide und Toxine gerechnet werden. Doch spielt bei der Einwirkung der zwei letzteren Gruppen die Individualität der Organismen eine große Rolle. Wenn die aufgezählten Agentien keine chemische Wirkung aufeinander ausüben, addiert sich ihre Wirkung in Gemischen. Der Mechanismus ihrer Wirkung soll erst im speziellen Teil betrachtet werden, nachdem wir die chemische Zusammensetzung der Protoplasmaphasen kennen gelernt haben.

Alle aufgezählten Agentien üben dieselbe Wirkung auf die drei flüssigen Arten der lebenden Materie aus. Aber nur einige von ihnen rufen Koagulation in Muskelfibrillen hervor. Es ist bekannt, daß genuine Eiweißkörper, die vor dem Erstarren zu einer Gelatinelösung zugesetzt waren, auch nach dem gallertigen Erstarren derselben zur Koagulation gebracht werden. Diese Erscheinung ist wohl begreiflich, weil Gelatinegallerte in diesem Falle mit einem durch eine Eiweißlösung gesättigten Schwamm verglichen werden kann. Dementsprechend kann auch die Flüssigkeit, welche die amikroskopischen Interstitien der gallertartigen Muskelfibrillen erfüllt, zur Koagulation gebracht werden. So rufen starkes Erhitzen oder Alkohol eine Trübung, d. h. eine Koagulation in Muskeln hervor. Aber auch die Eigenschaften der das Gerüst der Gallerte bildenden Amikronen können durch dieselben Agentien modifiziert werden. Die nach der Einwirkung von Alkohol oder hoher Temperaturen eintretende Verminderung des Muskelvolums zeigt, daß ein Teil des in den Muskelfibrillen enthaltenen Wassers ausgeschieden wird, so daß die Amikronen des Gerüstes entweder dichter aneinander lagern, oder entwässert werden.

Erklärungen zu Abb. 1—22.

Abb. 1. Normale Blutkörperchen vom Frosch. Apochr. Zeiß 2 mm, Ap. 1,3, Komp.-Okul. 8.

Abb. 2. Blutkörperchen vom Frosch in 3% Kochsalz. Falten der Pellicula gut sichtbar. Apochr. Zeiß 2 mm.

Abb. 3. Blutkörperchen nach Verweilen in 3% Kochsalz. Verflüssigung der Pellicula. Das Protoplasma sammelt sich an den Randreifens. Links eine vollkommene Verflüssigung der Pellicula und des Randreifens. Das Protoplasma bildet drei kugelige Tropfen. Keine Hämolyse. Objekt. 7, Leitz.

Abb. 4. Die Verflüssigung der Pellicula ist vollendet. Der Randreifen ist entzweigebrochen. Das Protoplasma wird wie ein Flüssigkeitstropfen zwischen zwei festen Stücken des Randreifens festgehalten. Am unteren Ende des linken Stückes sind einige Protoplasmatropfen sichtbar. Keine Hämolyse. Apochr. Zeiß 2 mm.

Abb. 5. Ein Stadium der Verflüssigung der Pellicula und des Randreifens der Blutkörperchen vom Frosch in 3% Kochsalz. Die Pellicula ist vollkommen verflüssigt. Plasmatropfen haften am Randreifen. Keine Hämolyse. Apochr. Zeiß 2 mm.

Abb. 6. Eine vollkommene Verflüssigung der Pellicula und des Randreifens des Blutkörperchens vom Frosch. In zwei Körperchen links sieht man noch Kerne. In den anderen Körperchen ist der Kern mit dem Protoplasma zusammengeflossen. Keine Hämolyse. Apochr. Zeiß 2 mm.

Abb. 7. „Viereckiger" Zellkern von Spirogyra. Im Kerninneren schwimmen Tröpfchen, die aus dem Nucleolus herausgekommen sind und mit demselben von neuem zusammenfließen können. Der Nucleolus ist flüssig und kugelförmig. Die Form des Kernes wird durch die gespannten Protoplasmastränge bestimmt, die an vier Ecken des Kerns denselben umfließen und in die Protoplasmahülle (weiß in der Photographie) übergehen. Zeiß, Apochr. 2 mm, Komp.-Okul. 12.

Abb. 8. Derselbe Zellkern von Spirogyra (vgl. 7), aber der Einwirkung von Sublimat unterworfen. Vollkommene Koagulation des Kerninneren.

Abb. 9. Protoplasmastrang aus einer jungen Haarzelle von Urtica urens. Noch keine Protoplasmaströmung. Die Oberfläche des Stranges ist von einer dünnen Schicht von gallertartiger Konsistenz bedeckt. Oben rechts im Strange sieht man eine Vakuole (dunkel auf der Photographie), die gegen die feste Schicht deutlich abgeplattet ist. Noch höher sieht man eine kugelige Vakuole (dunkel), so daß das Protoplasma flüssig und nur die Schicht des Stranges, welche mit dem Zellsaft in Berührung steht, gallertartig ist. Apochr. Zeiß 2 mm, Komp.-Okul. 12.

Abb. 10. Plasmolysierte lange Spirogyra-Zelle. Der Chloroplast ist in einen langen Faden ausgezogen, der mit Protoplsama bedeckt ist. Beweis der flüssigen Eigenschaften des Chloroplasten. In der Mitte des Fadens sieht man einige Pyrenoide von gallertartiger Konsistenz. Objekt. 7 Leitz, ohne Okular.

Abb. 11. Derselbe Chloroplastenfaden. In der Mitte ein gallertartiges Pyrenoid. Objekt. 7, Leitz, ohne Okular.

Abb. 12. Zwei mit Zucker plasmolysierte Spirogyra-Zellen. Die obere Zelle ist vollkommen intakt. Die untere ist im Absterben infolge einer mechanischen Einwirkung. Die oberflächliche Schicht des Protoplasmas ist stellenweise fest (an den festen Stellen sieht man eine unregelmäßige Oberfläche). Das innere Protoplasma ist noch flüssig. Infolge einer erhöhten Permeabilität des Protoplasmas für Wasser ist die Oberflächenspannung an der Grenze der bandförmigen Chloroplasten mit dem Protoplasma verändert. Dieselben vermindern ihre Oberfläche und rücken infolgedessen nach links.

Abb. 13. Unter einer sehr zarten mechanischen Einwirkung (Pressen und Freilassen) sind die Chloroplasten einer lebenden Spirogyra-Zelle mit dem Protoplasma derselben durcheinander gemischt. Beweis der flüssigen Eigenschaften der Chloroplasten. Apochr. Zeiß 2 mm, Ap. 1,3, Komp.-Okul. 12.

Abb. 14. Ein plasmolysierter Protoplast von Spirogyra. Man sieht zwei Schichten des Protoplasmas. Die äußere (helle) ist das Hyaloplasma. Der innere ist das Körnerplasma, das durch keine Vakuolenhaut vom Zellsaft abgegrenzt ist. Apochr. Zeiß 2 mm (1,3 Ap.).

Abb. 15. Dasselbe Protoplasma, aber durch Hitze zur Koagulation gebracht. Das Protoplasma ist gallertartig-körnig.

Abb. 16. Das lebende, sich langsam bewegende Protoplasma der jungen Haarzellen von Urtica urens. Man sieht Protoplasmastrahlen mit einer großen Anzahl von gallertartigen Körnchen und Tröpfchen. Die verschiedene Dichtigkeit des Protoplasmas gab früheren Forschern Anlaß, eine fibrilläre Struktur des Protoplasmas von Urtica anzunehmen,. Apochr. 2 mm, Zeiß-Ap. 1,3, Okul.-Komp. 12.

Abb. 17. Das strömende Protoplasma der älteren Haarzellen von Urtica urens, durch Einwirkung von Chloralhydrat zum Stillstand gebracht. Das Aussehen des Protoplasmas blieb vollkommen unverändert. Man sieht Protoplasmastrahlen, die durch eine ungleiche Dichtigkeit der Substanz bedingt ist. Die Ordnung der Verteilung der Strahlen im Protoplasma ändert sich bei der Strömung fortwährend, so daß in ihm keine persistierende Struktur zu sehen ist. Körnchen und Tröpfchen sind nicht so zahlreich wie in jungen Haaren. Apochr. Zeiß 2 mm, Ap. 1,3, Komp.-Okul. 12.

Abb. 18. Das unbewegliche dichte Protoplasma der jungen Haarzellen von Urtica urens. Man sieht eine Unmasse von Körnchen und Tröpfchen, die sehr dicht gelagert sind. Gegen den Zellsaft grenzt sich das Protoplasma durch kugelige Oberfläche (in der Mitte) ab, während der Protoplasmastrang, der den Zellsaft durchzieht (oben, von links nach rechts), von einer gallertartigen Schicht bedeckt ist und sich daher nicht abrundet. Apochr. Zeiß 2 mm, Ap. 1,3, Komp.-Okul. 12.

Abb. 19. Chloroplast und das Protoplasma von Spirogyra im lebenden Zustande. Fast vollkommen homogenes Aussehen. Pyrenoide sind gallertartig und haben eine unregelmäßige Gestalt (keine kugelige Oberfläche).

Abb. 20. Chloroplast und das Protoplasma von Spirogyra, abgetötet durch hohe Temperatur. Dichtkörnigkeit. In den Pyrenoiden ein zentrales Körnchen, umgeben von wäßriger Flüssigkeit. Der Chloroplast hat auch sehr stark an Volum abgenommen. Apochr. Zeiß 2 mm, Ap. 1,3, Okul. 12.

Abb. 21. Der Chloroplast von Spirogyra, fixiert durch Jod-Jodkalium. Das Chloroplastenvolum hat nur etwas abgenommen. Zahlreiche, aber voluminöse Körnchen.

Abb. 22. Derselbe Chloroplast von Spirogyra, aber nach dem Kochen in Wasser. Der Chloroplast hat an Volum stark abgenommen. Die Körnchen sind stark lichtbrechend und geschrumpft. Apochr. Zeiß 2 mm, Ap. 1,3.

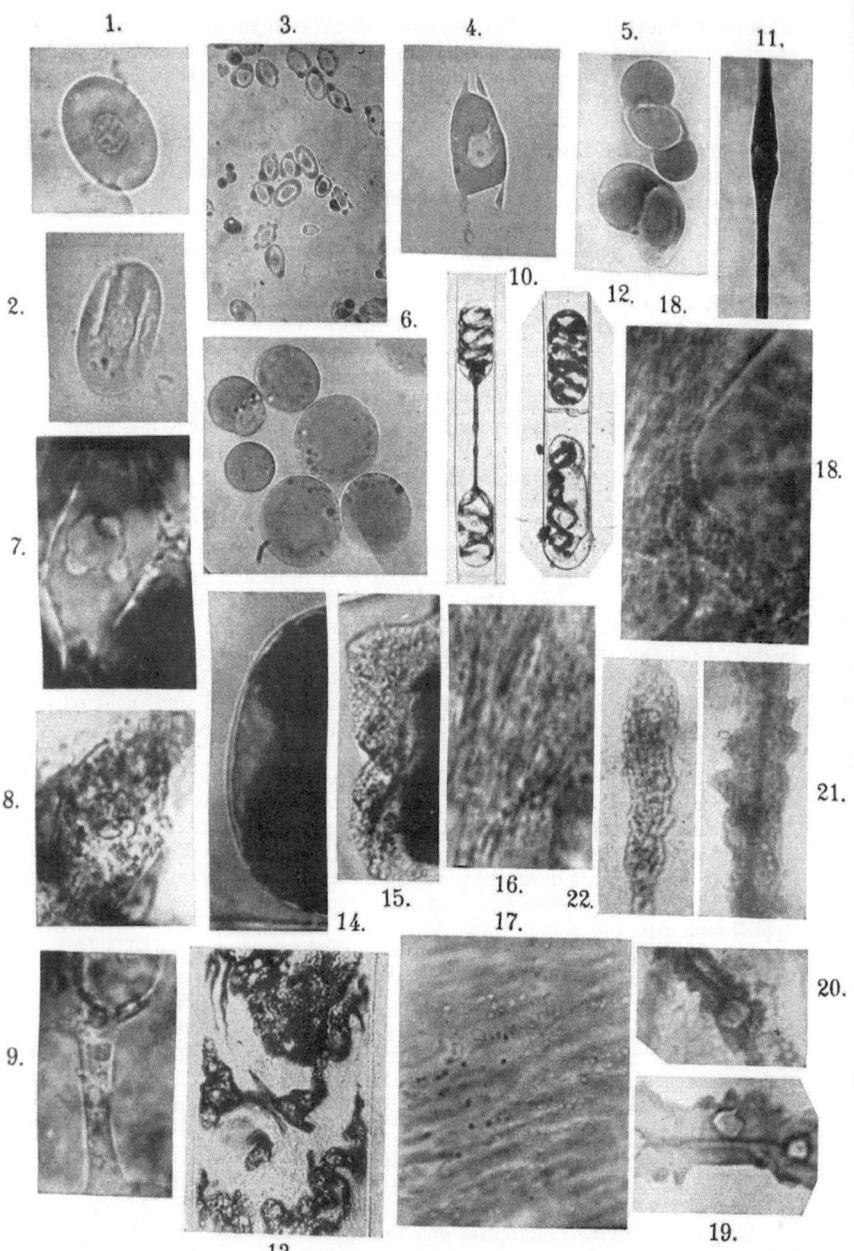

b. 1—22. **Mikrophotographien** einiger Arten der lebenden Materie in normalem Zustand und nach verschiedenen Eingriffen. (Erklärungen nebenstehend.)

Zweiter Teil.
Spezielle Kolloidchemie des Protoplasmas.
1. Chemische Zusammensetzung des Dispersionsmittels und der dispersen Phasen der lebenden Materie.

Im ersten Teil haben wir die allgemeinen kolloid-chemischen Eigenschaften des Protoplasmas kennen gelernt. Diese Eigenschaften erinnerten uns an diejenigen der hydrophil-kolloiden Lösungen, die zugleich Emulsionen und Suspensionen darstellen. Alle Zustandänderungen der Protoplasmakolloide waren denjenigen, welche an hydrophilen Kolloiden beobachtet werden, sehr ähnlich. Da aber jedes kolloide System stets Eigentümlichkeiten besitzt, welche mit den chemischen Eigenschaften der es zusammensetzenden Phasen zusammenhängen, müssen wir auch die chemische Zusammensetzung der das Protoplasma bildenden Phasen betrachten, um unser Bild seines kolloiden Systems zu vervollständigen. Wenden wir uns zuerst zur chemischen Zusammensetzung des Dispersionsmittels des Protoplasmas.

a) Chemische Zusammensetzung des Dispersionsmittels des Protoplasmas.

Historisches.

Die ersten Erforscher des Protoplasmas beschrieben dasselbe als eine schleimige Flüssigkeit und verglichen seine Eigenschaften mit Eiweiß- und Leimlösungen. Auch war der große Wassergehalt des Protoplasmas bekannt, aber erst in den siebziger Jahren des vorigen Jahrhunderts fing man an, das Protoplasma und seine lebenden Einschlüsse chemisch zu untersuchen. Die ersten chemischen Analysen von Eiterzellen, Blutkörperchen, Spermatozoen und Hefezellen wurden von Hoppe-Seyler (1871) und Miescher (1871) gemacht, welche zeigten, daß lebende Zellen viel „Albuminstoffe", also Eiweißkörper, enthalten. Gleichzeitig wurden die flüssigen Eigenschaften des Protoplasmas festgestellt, so daß Sachs [1]) dasselbe als eine wäßrige Lösung bezeichnete. Strasburger [2]), der eine Netzstruktur des Protoplasmas annahm, nahm an, daß die Hohlräume des kammerig verteilten Protoplasmas von einer mehr oder weniger konzentrierten Eiweißlösung erfüllt seien. Auch nach Schmitz sollten die Maschenräume von einer wäßrigen Lösung erfüllt sein und beim Zusammenfluß Vakuolen und den Zellsaft bilden.

Reinke [3]) versuchte sogar die das Protoplasmanetz durchtränkende wäßrige Lösung, das sogenannte „Enchylem", des Plasmodiums durch Abpressen von der Gerüstsubstanz abzutrennen. Dem Autor gelang es, $66^0/_0$ des im Plasmodium enthaltenen Wassers auf diese Weise herauszupressen, wobei die erhaltene wäßrige Lösung viel Eiweißkörper, Kohlenhydrate, Aminosäuren usw. enthielt, während der größte Teil des zurückgebliebenen Gerüstes aus einer den Eiweißkörpern nahestehenden Substanz „Plastin" bestand. Dieser Körper wurde als die eigentliche chemische Grundlage des lebenden Protoplasmas angesehen und später von Zacharias [4]) in vielen Pflanzenzellen und von Schmidt [5]) bei Tieren nachgewiesen.

Pfeffer [6]), der bekanntlich Niederschlagsmembranen zur Messung des osmotischen Druckes verwandte, stellte fest, daß sich in den Pflanzenzellen, die viel Saft enthalten, ein sehr hoher osmotischer Druck entwickeln kann, welcher direkt mittels eines besonders konstruierten Hebelapparates an den Gelenken beweglicher Blätter und an beweglichen Staubfäden zu mehreren Atmosphären gemessen werden konnte. Um diesen hohen osmotischen Druck in Pflanzenzellen zu erklären, nahm Pfeffer an, daß sich an der Oberfläche des Protoplasmas, bei der Berührung desselben mit Wasser, eine Niederschlagsmembran bilde, welche ähnlich wie künstliche Niederschlagsmembranen für Wasser permeabel und für in demselben gelöste Stoffe impermeabel sei. Die Entstehung von Niederschlagsmembranen bei der Berührung mit Wasser ist

---

[1]) Sachs: Experimentalphysiologie. S. 444 ff.
[2]) Strasburger: Pflanzenzelle.
[3]) Reinke: Untersuchungen aus dem botanischen Laboratorium Göttingen. 1881—1883. Einleitung in die theoretische Biologie. Berlin 1911.
[4]) Zacharias: Botan. Zeit. S. 389. 1884.
[5]) Schmidt, A.: Zur Blutlehre. Leipzig. 1892. S. 152.
[6]) Pfeffer, W.: Osmotische Untersuchungen 1877. Physiologische Untersuchungen 1873.

nach Pfeffer vollkommen möglich, weil schon Traube gezeigt hatte, daß eine konzentrierte Tanninlösung, welche Leim aufgelöst enthält, mit Wasser in Berührung gebracht, eine Niederschlagsmembran bildet [1]). Eine solche Membran bilde sich, nach Pfeffer, auch an der Grenze des Protoplasmas mit der wäßrigen Lösung, welche die Vakuolen erfüllt (l. c. S. 78. 1897). Die zwischen zwei Niederschlagsmembranen befindliche Substanz soll sich aber, in bezug auf die osmotischen Verhältnisse, wie eine Gelatinegallerte verhalten.

Die eben angeführte Ansicht Pfeffers wurde von den meisten Naturforschern mit Beifall angenommen, um so mehr, als sie gestattete, das Protoplasma als eine wäßrige Lösung verschiedener Substanzen zu betrachten. Es schien also sehr wahrscheinlich zu sein, daß die Plasmahaut und die Vakuolenhaut diese wäßrige Lösung vor dem Zusammenfließen mit dem umgebenden und inneren Wasser schützt und zugleich über das Durchlassen gelöster Substanzen ins Protoplasmainnere entscheidet. Es ist demnach sehr wichtig, die Gründe, welche die Ansicht Pfeffers stützen, kennen zu lernen.

Die sich an der Protoplasmaoberfläche bildende hypothetische Niederschlagsmembran, die sogenannte Plasmahaut, läßt sich nach Pfeffer in der Weise isolieren, daß man das Protoplasma durch eine längere Plasmolyse oder, schneller, durch den Einfluß verdünnter Säuren zum Absterben bringt. Die auf diese Weise koagulierte äußere Protoplasmaschicht sei gerade die gesuchte Niederschlagsmembran (l. c. S. 239 ff. 1890). Nach Einwirkung von Salzsäure hört nach Pfeffer die Protoplasmaströmung auf, und es erscheint eine Trübung im Protoplasma, wie es für totes Protoplasma bekannt ist; Anilinblau, Cochenille, Hämatoxylin sollen aber in das Protoplasma nicht eindringen. Sobald aber ein „nicht diosmierender Farbstoff" durch ein „Rißchen" in der Plasmahaut Eintritt finde, verbreite er sich sogleich in dem umschlossenen abgestorbenen Innenplasma [2]). Übrigens sollen solche Experimente nur vereinzelt ein günstiges Resultat ergeben. Jedenfalls habe aber die Schicht, welche das getötete Protoplasma umkleide, die „Kohäsion eines festen Körpers", sei also eine wirkliche

---

[1]) Pfeffer, W.: Zur Kenntnis der Plasmahaut und Vakuolen. Abh. d. kgl. sächs. Ges. d. Wiss., phys.-mathem. Kl. Bd. 16, S. 245, Anm. 1890. Pflanzenphysiologie. 2. Aufl., Bd. 1, S. 91. 1897.

[2]) Pfeffer, W.: Osmotische Untersuchungen. 1877. S. 136 ff.

Membran. Infolgedessen kommt Pfeffer zu dem Schluß, daß es „im höchsten Grade wahrscheinlich" sei, „daß auch schon der lebende Protoplasmakörper allseitig gegen die Zellhaut und den Zellsaft hin von einer wirklichen, im nicht wachstumsfähigen Zustand widerstandsfähigen Membran umgeben ist" (l. c. S. 139).

Inzwischen veröffentlichte de Vries seine Versuche über die Wirkung einer lange dauernden Plasmolyse, von Säuren usw. auf das Protoplasma der Pflanzenzellen. Nach diesem Autor soll unter solchen Bedingungen das äußere Protoplasma absterben, die Vakuolenhäute („Tonoplasten") aber lebendig bleiben und erst bei einer stärkeren Einwirkung giftiger Stoffe, beim Erwärmen usw. erstarren[1]). Nach de Vries kann die hypothetische Plasmamembran Pfeffers mit der von ihm isolierten Protoplasmaschicht nicht identisch sein, weil jene eine tote Niederschlagsmembran, diese aber ein lebendiges, aus Protoplasma aufgebautes Organ sei (l. c. S. 498). An die besonderen osmotischen Eigenschaften der Vakuolenhäute glaubte de Vries nicht, sondern schrieb diese Eigenschaften dem molekularen Bau der lebenden Substanz im allgemeinen zu (l. c. S. 499, Anm.).

Andererseits bewies Pfeffer später, daß die Vakuolenhäute von de Vries keine selbständigen Organe des Protoplasmas darstellen, indem er zeigte, daß Asparaginkryställchen, ins Protoplasma des Plasmodiums eingeführt, sich mit einer Vakuole umgeben, welche mit einer doch aus dem Cytoplasma gebildeten Vakuolenhaut ausgestattet ist. Derselbe Autor zeigte auch, daß beim Durchschneiden der Pflanzenzellen heraustretende Protoplasmamassen sich in Wasser vakuolisieren und durch die entstehenden Vakuolen in dem Maße aufgeblasen werden, daß die Plasmahaut in kurzer Zeit um mehr als das 40fache in die Fläche wächst, ohne daß der hyaline Saum anscheinend an Dicke abnimmt. Schließlich führt nach Pfeffer diese Vergrößerung der Oberfläche zu einer fast völligen Umwandlung des Cytoplasmas in die Plasmahaut und zu einer Vereinigung der Hautschicht mit der Vakuolenhaut[2]).

Da nach Pfeffer Asparaginkryställchen im Plasmodium nicht immer Vakuolen bilden und da in diesem Falle keine sichtbare Vakuolenhaut entstehe, so beweise dies, daß nur eine Vakuolen-

---

[1]) De Vries: Jahrb. f. wiss. Botan. Bd. 16, S. 465 ff. 1885.
[2]) Pfeffer, W.: Zur Kenntnis der Plasmahaut und Vakuolen. 1890. S. 229.

haut Asparagin vor dem Eindringen ins Protoplasma abhalten könne (l. c. S. 238).

Die Tatsache, daß bei der Plasmolyse der Pflanzenzellen sich die Protoplasmaoberfläche ohne Falten vermindert, beweist nach Pfeffer [1]) noch nicht, daß die Protoplasmaoberfläche von keiner festen Plasmahaut umgeben sei, weil bei der Verminderung der Oberfläche die Plasmahaut ins Protoplasmainnere einbezogen und die sie zusammensetzenden Baumaterialien im Cytoplasma verteilt würden. Übrigens könne die Plasmahaut nur „auf eine Molekularschicht" reduziert sein (l. c. S. 235. 1890) und sich der direkten Wahrnehmbarkeit vollständig entziehen (l. c. S. 238). Auch sei ein absolut zwingender Beweis noch nicht erbracht, daß nicht die ganze Masse des Protoplasmas, sondern nur die Plasmahaut gelöste Stoffe bei ihrer Diffusion zurückhält (l. c. S. 92. 1897).

Strasburger [2]), welcher das Protoplasma ausschließlich vom Standpunkt der Morphologie aus betrachtete, verneinte die Anwesenheit einer Niederschlagsmembran an der Oberfläche eines normalen Protoplasten. Bei den meisten Rhizopoden und den protoplasmatischen Fäden in Haarzellen fehle sogar eine Hautschicht, indem einzelne Körnchen des Protoplasmas nach außen hervorragen könnten; es sei hier nur ein „Oberflächenhäutchen" im physikalischen Sinne vorhanden.

Bütschli [3]), der die bekannte Theorie der Schaumstruktur des Protoplasmas entwickelte, war dagegen mit der Annahme der Plasmahäute an den Protoplasmaoberflächen einverstanden, indem er zugab, daß „der pelliculaartige Grenzsaum" des Protoplasmas um die Vakuole unter dem Einfluß des Vakuoleninhalts „möglicherweise" gewisse Veränderungen erleide, wie sie auch der äußere Grenzsaum des Protoplasmas unter dem Einfluß des umgebenden Mediums erfahre. Doch zweifelte Bütschli daran, daß die Plasmahaut Pfeffers die Trägerin der osmotischen Eigenschaften des Protoplasmas darstellen könne; die Annahme, daß die ganze Protoplasmamasse dieselben osmotischen Eigenschaften besitze, schien diesem Autor wahrscheinlicher zu sein (l. c. S. 105, Anm.). Anderer-

---

[1]) Pfeffer, W.: Osmotische Untersuchungen. S. 143. Zur Kenntnis der Plasmahaut usw. S. 231.
[2]) Strasburger, E.: Studien über Protoplasma. 1876.
[3]) Bütschli, O.: Untersuchungen über mikroskopische Schäume usw. 1892. S. 150.

seits zeigten die Beobachtungen Bütschlis an niederen Tieren, daß Vakuolen zusammenfließen können, so daß die Vakuolenhaut nur flüssig sein konnte. Die Plasmahaut und die Hautschicht der Plasmodien sei ebenfalls flüssig und folge, wenn auch langsam, den Gesetzen der Flüssigkeiten (l. c. S. 145, Anm., 146). Die Theorie der Schaumstruktur des Protoplasmas erkläre zur Genüge das Auftreten der Vakuolen und die Abgrenzung des Protoplasmas durch den pelliculaartigen Saum, denn die wäßrige Lösung (Enchylem) befinde sich nur in den Waben (l. c. S. 150, Anm.).

Um die Abgrenzung des Protoplasmas in Wasser und die Bewegung desselben zu erklären, nahm Quincke an, daß das Protoplasma allerseits mit einer Ölschicht bedeckt sei[1]). Diese Hypothese entspricht aber nach Pfeffer schon deshalb nicht der Wahrheit, weil durch etwas Quecksilberchlorid und Jod die Plasmahaut viel permeabler werde, so daß die osmotische Regulation nicht durch Öl bestimmt sein kann (l. c. S. 247. 1890).

Die Wabentheorie Bütschlis ist zur Zeit verlassen (vgl. S. 87), zugleich nimmt man gewöhnlich an, daß das Protoplasma eine wäßrige Lösung darstellt [2]). Um die Abgrenzung des Protoplasmas in Wasser erklären zu können, greift man daher zur Hypothese Pfeffers, obwohl, wie erwähnt, die Existenz einer festen, besondere osmotische Eigenschaften besitzenden Plasmahaut nach Pfeffer selbst nur an toten Zellen bewiesen werden kann. Was nun die Plasmahaut am lebenden Protoplasma anbelangt, so folgt aus den besprochenen Literaturangaben, daß ihre Existenz nur hypothetisch ist. Diese Haut soll zu jeder Zeit aus einem beliebigen Protoplasmateil bei Berührung mit Wasser entstehen, so daß zur Bildung dieser Haut die ganze Cytoplasmamasse verwendet werden kann. Somit soll die Plasmahaut aus denselben Stoffen gebaut sein, wie das übrige Protoplasma, aber andere osmotischen Eigenschaften besitzen als dasselbe. Diese Haut könne nur „auf eine Molekularschicht" reduziert und zugleich für molekulargelöste Stoffe impermeabel sein.

Versuchen wir zunächst die Frage zu beantworten, ob eine feste Haut um das Protoplasma jeder Art in Wirklichkeit existiert.

---

[1]) Quincke: Ann. d. Chemie u. Physik., N. F. Bd. 35, S. 630, 636 ff. 1888.

[2]) Vgl. z. B. Meyer, A.: Morphologische und physiologische Analyse der Zelle. 1920.

Die Möglichkeit der Existenz der Plasmamembran.

In den Kapiteln 2 und 4 des ersten Teiles wurde auseinandergesetzt, daß sich eine feste Haut (Pellicula) um das Protoplasma bilden kann. Aber in denselben Kapiteln wurde betont, daß sich die festen Häute des Protoplasmas verflüssigen können und daß das Protoplasma der Pseudopodien bei den Foraminiferen, aus der Gruppe Perforata, gerade an der Oberfläche flüssig ist. Auch besitzt das Protoplasma der behäuteten Pflanzenzellen eine flüssige Oberfläche, weil das plasmolysierte Protoplasma, wenn es nicht geschädigt ist, gewöhnlich eine vollkommen kugelige Oberfläche annimmt. Wenn auf der Protoplasmaoberfläche eine noch so dünne feste Schicht vorhanden wäre, so würde die Form des Protoplasmas nicht mehr durch die Oberflächenspannung, sondern durch die Kräfte der festen Substanz (also Elastizität, Molekularkräfte usw.) bestimmt werden. Wenn eine ganz dünne Schicht an der Protoplasmaoberfläche durch mechanische Einwirkung oder hohe Temperatur zur Erstarrung gebracht wird, so wird die Oberfläche da, wo diese Erstarrung stattgefunden hat, sofort unregelmäßig (Abb. 12). Außerdem fließen die plasmolysierten kugeligen Protoplasmastücke ebenso leicht wie Flüssigkeitstropfen zusammen; sie konnten dagegen in den Versuchen von Küster nicht zusammenfließen, wenn an ihrer Oberfläche eine unmeßbar dünne feste Haut entstanden war.

Daß das Protoplasma der intakten Pflanzenzellen von einer festen Haut nicht umkleidet ist, zeigten außerdem die Untersuchungen von Bower [1]), die später von Gardiner [2]) und Hecht [3]) bestätigt wurden. Nach diesen Autoren bleibt der kugelförmige plasmolysierte Protoplasmakörper mit der Zellhaut durch zahlreiche zarte Fäden verbunden. Nach dem zuletzt genannten Autor soll das an der Zellwand adhärierende Protoplasma nur ein Netzwerk bilden, das durch Fäden mit dem plasmolysierten Protoplasma verbunden bleibt. Es ist klar, daß eine so weitgehende Deformation (d. h. das Fadenziehen) die feste Schicht an der Protoplasmaoberfläche, wenn eine solche vorhanden wäre,

---

[1]) Bower: Quart. journ. of microscop. science. Vol. 23, N. S., p.151—168.
[2]) Gardiner: Proc. of the Cambridge philos. soc. Vol. 5, p. 183. 1883 bis 1886.
[3]) Hecht, K.: Beiträge zur Biologie der Pflanzen (herausgeg. von Cohn). Bd. 9, S. 137—192. 1912.

zerbrechen müßte und die Beobachter wohl ihre Reste hätten sehen müssen, was in Wirklichkeit nicht der Fall war. Untersuchungen des Verfassers an den Epidermiszellen von Tradescantia zebrina zeigten, daß die protoplasmatischen Fäden, die durch die Plasmolyse von der peripherischen Protoplasmaschicht ausgezogen werden, entweder sofort nach dem Ausziehen zerreißen und in das Protoplasma eingezogen werden, oder infolge der mechanischen Koagulation erstarren, so daß ein leichtes Pressen auf das Deckgläschen sie abbricht. Somit ist die Oberflächenschicht des lebenden Protoplasmas der Pflanzenzellen klebrig und zähe, aber flüssig.

Die Vakuolen sind ebenfalls gewöhnlich nicht von einer festen Haut umkleidet. Außer den oben zitierten Beobachtungen Bütschlis beim Zusammenfließen der Vakuolen der Tierzellen seien hierfür noch analoge Beobachtungen von Went [1]) an Pflanzenzellen erwähnt.

Andererseits wies schon Berthold [2]) darauf hin, daß die Anwesenheit einer festen Vakuolenhaut mit der Tatsache unvereinbar sei, daß der Rotationsstrom des Protoplasmas den Zellsaft mit in Bewegung versetzt und daß feste Körnchen aus dem ersteren in den letzteren wandern können.

Wir kommen also zu dem Schluß, daß in vielen Fällen sowohl die äußere als auch die innere Protoplasmaoberfläche von einer Niederschlagsmembran nicht bekleidet sein kann. Man könnte sich aber vielleicht vorstellen, daß in diesen Fällen die Protoplasmaoberfläche von einer dünnen Schicht einer mit Wasser nicht mischbarer Flüssigkeit bedeckt ist. Daß dies nicht der Fall ist, zeigt der folgende Versuch des Verfassers:

Der Hauptzweig der Riesenzelle von Bryopsis plumosa wurde in Seewasser durchschnitten. Das herausgetretene Protoplasma wurde durch mehrmaliges vorsichtiges Pressen und Freilassen des Deckgläschens zu winzigen Tröpfchen (Durchmesser 5—15 $\mu\mu$) zerteilt, so daß die Oberfläche des Protoplasmas wenigstens auf das 1000fache vergrößert wurde. Die erhaltenen Tröpfchen waren vollkommen kugelig und ebenso scharf begrenzt wie große Protoplasmatropfen. Wenn also das Protoplasma von einer unsichtbaren Flüssigkeitsschicht bedeckt wäre, so würde die Dicke dieser Schicht an der Oberfläche der erhaltenen Tröpfchen kaum größer

---

[1]) Went: Jahrb. f. wiss. Botan. Bd. 19, S. 319. 1888.
[2]) Berthold: Studien zur Protoplasmamechanik. 1886. S. 153.

sein können als dem Durchmesser eines Wasserstoffmoleküls entspricht. Somit sehen wir uns veranlaßt, zu schließen, daß das Protoplasma nur von einer Flüssigkeit bedeckt sein kann, die mit dem Protoplasma selbst identisch ist.

Das Dispersionsmittel des Protoplasmas als eine Lösung von Wasser in einer organischen Flüssigkeit.

Die oben angeführten Versuche zeigen, daß nicht nur die Oberflächenschicht des Protoplasmas, sondern auch das Protoplasmainnere mit Wasser nicht mischbar ist. Mit anderen Worten, das Dispersionsmittel des Protoplasmas ist nicht Wasser, sondern eine andere mit Wasser nicht mischbare Flüssigkeit. Da aber das Protoplasma viel Wasser enthält, kann man annehmen, daß Wasser im flüssigen Dispersionsmittel des Protoplasmas nur begrenzt löslich ist.

In der Tat, werden Seeprotozoen (Foraminiferen und Radiolarien) in verdünntes Seewasser gebracht, so nimmt zunächst ihr Protoplasma an Volum zu, indem es Wasser aufnimmt. Ist aber Wasser bis zur Sättigung im Protoplasma gelöst, so erscheinen in demselben Vakuolen, die noch eine Zeitlang wachsen, bis der osmotische Druck ihres Inhalts demjenigen der umgebenden Lösung gleich wird. Analog verhält sich auch das aus der Bryopsiszelle ausgetretene Protoplasma und das Protoplasma der Zellen höherer Tiere, wenn dieselben in eine hypotonische Salzlösung gebracht werden.

Das Auftreten von Vakuolen nach der Sättigung mit Wasser kann auch in organischen Flüssigkeiten beobachtet werden. Bringt man z. B. einen Tropfen Cedernöl in Wasser, so beobachtet man nach einigen Stunden das Auftreten sehr zahlreicher Wassertröpfchen in demselben, die weiter wachsen und den Öltropfen ganz trübe und weiß machen.

Wasser löst sich im Protoplasma offenbar molekular, denn wäre es nur kolloidal löslich, so könnte man keine Plasmolyse der Pflanzenzellen beobachten. Diese Erscheinung ist bekanntlich mit einem Wasseraustritt aus dem Zellsaft durch das Protoplasma hindurch verbunden, wobei die in demselben molekular gelösten Substanzen zurückgehalten werden. Die Wassertröpfchen, mögen sie auch ultramikroskopisch klein sein, würden die in ihnen molekular gelösten Stoffe beim Eindringen ins Protoplasma nicht verlieren. Würde sich also Wasser im Protoplasma kolloidal lösen, so würden die in ihm gelösten Salze, Zucker usw. mit nach außen treten.

Schon seit vielen Jahren glaubt man an die Existenz einer Niederschlagsmembran an der Protoplasmaoberfläche, obwohl man doch wußte, daß diese Existenz rein hypothetisch ist; man hatte aber keinen Grund, die Hypothese Pfeffers zu verlassen, weil sie manche Erscheinungen erklären konnte. Nachdem aber die Existenz einer festen Niederschlagsmembran an der Protoplasmagrenze mit wäßrigen Lösungen sich nicht bestätigt hat und das Vorhandensein einer besonderen durch ihre chemische Zusammensetzung von der übrigen Protoplasmamasse verschiedenen flüssigen Oberflächenschicht als unwahrscheinlich erkannt werden muß, hat man alle Erscheinungen durch die Annahme einer einheitlichen kolloidalen Struktur des Protoplasmas zu erklären.

Daß an der Protoplasmaoberfläche disperse Phasen angehäuft werden können, ist in vielen Fällen bewiesen (vgl. S. 93). Somit können sich die oberflächlichen Protoplasmaschichten etwas anders verhalten, als die innere Protoplasmamasse, vielleicht auch etwas andere osmotische Eigenschaften besitzen, besonders da, wo diese Schichten zu einer Pellicula ausgebildet sind. Jedoch stellen diese nur einen Teil eines einheitlichen, kolloidalen Systems dar, so daß sie nur die Eigenschaften entweder des Dispersionsmittels oder der kolloidal dispersen Phasen des Protoplasmas im allgemeinen besitzen können. Man muß auch daran erinnern, daß die Pellicula nur ein spezielles Organ des Protoplasmas ist und nur bei einigen Tiergruppen vorkommt, so daß im allgemeinen die Protoplasmaoberfläche flüssig ist und die dispersen Phasen an derselben vielleicht dicht, aber jedenfalls nicht ohne Interstitien gelagert sind. Infolgedessen wird das Dispersionsmittel des Protoplasmas, das sich mit Wasser nicht mischt, eine große Bedeutung für die osmotischen Eigenschaften desselben haben müssen.

Im Kapitel 3 des ersten Teiles haben wir den osmotischen Druck des Protoplasmas ohne Rücksicht auf die Hypothese Pfeffers über die Existenz einer Plasmamembran erklären können. Dieser Druck ist eine Summe der Anziehungskräfte der festen Protoplasmasubstanzen gegen Wasser, unabhängig davon, ob diese Substanzen in Wasser oder Wasser in den Substanzen gelöst ist. Denn der osmotische Druck des Gemisches von Alkohol und Wasser, welches mehr Alkohol als Wasser enthält, ist dem osmotischen Drucke von Alkohol gleich, wenn das Osmometer in Wasser taucht, obwohl man in diesem Falle eher von einer Lösung des Wassers in Alkohol sprechen muß. Andererseits entwickelt sich der osmotische Druck unabhängig von der Anwesenheit einer Membran, die den gelösten Stoff zurückhält, wenn dieser Stoff aus irgend einer Ursache nicht ins Wasser hinaus diffundieren kann. So entsteht z. B. ein osmotischer Druck in der Gelatinegallerte, die in eine Salzsäurelösung getaucht ist, weil nach dem Donnanschen Gleichgewicht Salzsäure sich in der Gallerte sammelt (vgl. S. 31 u. 37).

Aber auch die Entstehung eines elektrischen Potentials zwischen dem Protoplasma und Wasser wäre ohne eine Membranhypothese begreiflich, weil dieses Potential sich zwischen einer Gallerte und Wasser bilden kann, wie neuerdings von Loeb bewiesen ist (vgl. S. 109). Die Membranhypothese ist also vollkommen nutzlos und muß verlassen werden.

Versuchen wir jetzt die chemische Natur der organischen Flüssigkeit, die das Dispersionsmittel des Protoplasmas gemeinsam mit Wasser bildet, zu bestimmen.

Organische Bestandteile des Dispersionsmittels des Protoplasmas.

Eine chemische Analyse des Protoplasmas kann selbstverständlich die chemische Zusammensetzung nur des gesamten Systems desselben, d. h. sowohl des Dispersionsmittels, als auch der in ihm suspendierten Phasen gemeinsam feststellen. Solche Analysen wurden an Leukocyten von Lilienfeld[1]), an Plasmodien von Reinke[2]) und dem Verfasser[3]) gemacht. Die Hauptmasse der trockenen Substanz des Protoplasmas besteht nach den Angaben von Lilienfeld aus Nucleoproteiden (Nucleinen + Histon), 68%, und Lipoiden, 16%, nach den Angaben des Verfassers aus Nucleoproteiden, Lipoproteiden, 37%, und Lipoiden, 11%. Wenn man aber nur wasserunlösliche Plasmodiumteile berücksichtigt, so muß man deren Proteidgehalt zu 62% und den Lipoidgehalt zu 19% schätzen[4]).

[1]) Lilienfeld: Zeitschr. f. physiol. Chem. Bd. 18, S. 473. 1894.
[2]) Reinke: l. c. S. 136.
[3]) Lepeschkin, W.: Ber. d. Dtsch. Botan. Ges. Bd. 41, S. 179. 1923.
[4]) Den angegebenen Mengen von Nucleoproteiden ist allerdings eine kleine Menge der Nucleoproteide aus dem Kern beigemengt (etwa 10% der gesamten Menge).

Die mikrochemischen Arbeiten zeigten ebenfalls, daß das Protoplasma Eiweißkörper und Lipoide enthält. Der Nachweis der ersteren gelingt aber nicht immer mit den üblichen Eiweißreaktionen[1]), weil die Nucleoproteide, die die Hauptmasse des Protoplasmas bilden, in dieser Beziehung nur wenig untersucht sind und weil Eiweißkörper öfters Verbindungen mit Lipoiden bilden, zu denen das sogenannte „Plastin" Reinkes gehört (das Plastin stellt ein Gemisch von Nucleoproteiden und Lipoproteiden dar). Eine Zusammenstellung der mikrochemischen Angaben betreffend Eiweißkörper finden wir bei Zacharias[2]). Über den mikrochemischen Nachweis von Lipoiden im Protoplasma berichtete neuerdings Czapek[3]).

Eiweißkörper und Lipoide sind also die Hauptbestandteile des Protoplasmas, seines Dispersionsmittels und seiner dispersen Phasen. Um aber die chemische Zusammensetzung des Dispersionsmittels allein festzustellen, müssen wir zu physikalischchemischen Methoden greifen.

Vor allem fällt auf, daß auch das dünnflüssige Protoplasma, welches nur verhältnismäßig wenige disperse Phasen enthält, eine selektive Permeabilität besitzt, d. h. für Wasser gut, für gelöste Stoffe aber nur wenig permeabel ist. Diese Fähigkeit des lebenden Protoplasmas ist in viel höherem Maße als die analoge Fähigkeit der Niederschlagsmembranen ausgeprägt. Die Niederschlagsmembranen aus Ferrocyankupfer, Berlinerblau usw. sind wenig permeabel für Zuckerarten, aber ziemlich gut permeabel für Salze, so daß es unmöglich ist, den osmotischen Druck der Salzlösungen direkt im Pfefferschen Osmometer zu bestimmen. Das lebende Protoplasma ist aber bekanntlich für Salze so wenig permeabel, daß de Vries an Pflanzenzellen isotonische Koeffizienten bestimmen konnte, die sich nur wenig von den aus der elektrischen Dissoziation und der Dampfdruckerniedrigung berechneten unterschieden.

Wenn man aber bedenkt, daß eine einige Mikronen dicke Protoplasmaschicht der Pflanzenzellen ausreicht, um Salze in dem erwähnten Maße an der Diffusion zu hindern, während die Niederschlagsmembranen (z. B. aus Ferrocyankupfer) auch bei einer

---

[1]) So z. B. Sachs (Flora 1862), der bei seinen mikrochemischen Untersuchungen keine freien Eiweiße in Parenchymzellen der Pflanzen nachzuweisen vermochte.
[2]) Zacharias: Progressus rei botanicae. Vol. 3, p. 67. 1910.
[3]) Czapek: Ber. d. Dtsch. Botan. Ges. Bd. 37, S. 212. 1920.

Dicke von einigen Zehntel Millimetern dies nicht tun, so darf man schließen, daß die osmotischen Eigenschaften des Protoplasmas zweifellos ganz eigentümliche sind.

Bekanntlich wiesen zuerst Meyer [1]) und Overton [2]) darauf hin, daß anästhesierende Stoffe (Äther, Chloroform, Alkohol u. a.), die gut in Lipoiden löslich sind und dieselben gut lösen, in Protoplasma schnell eindringen. Nach Overton sollen auch basische Farbstoffe, die lipoidlöslich sind, durch lebende Zellen leicht aufgenommen werden, während saure, in Lipoiden unlösliche Farbstoffe ins Protoplasma nicht eindringen können. Infolgedessen kam Overton zu dem Schluß, daß das Protoplasma von einer aus Lipoiden bestehenden Membran allseitig umkleidet ist und daß gerade diese Membran über das Eindringen oder Nichteindringen eines Stoffes ins Protoplasma entscheidet. Es ist aber seit Pfeffer [3]) bekannt, daß schwache Säuren, Schwermetallsalze und andere Stoffe, die keinen Einfluß auf Lipoide ausüben, die osmotischen Eigenschaften des Protoplasmas modifizieren. Andererseits dringen ins Protoplasma, wenn auch sehr langsam, solche Stoffe ein, die in Lipoiden unlöslich sind, so z. B. Salze und in geringerem Grade sogar Zucker. Daher sollte nach Pfeffer die „Plasmamembran" aus Eiweißkörpern bestehen und nur infolge einer besonderen Dichtigkeit in Lagerung ihrer Bausteine (Micellen) die Diffusion gelöster Stoffe zurückhalten [4]), während die Imbition derselben mit Wasser ihre geringe Permeabilität für Salze usw. bedingen sollte.

Die außerordentlich große Permeabilität des Protoplasmas für anästhesierende Stoffe konnte aber durch die Annahme einer eiweißartigen Zusammensetzung der „Plasmamembran" nicht erklärt werden. Deshalb gelangte Nathansohn zu der Vorstellung, daß die „Plasmamembran" einen Mosaikbau besitze und aus Eiweißkörpern, die mit Lipoiden alternieren, bestehe. Anästhesierende Stoffe sollen nach Nathansohn durch die toten Lipoidteile der Membran bis zum Gleichgewicht in die Zelle eindringen, während Salze und andere lipoidunlösliche Stoffe nur durch die

---

[1]) Meyer, H. H.: Arch. f. exper. Pathol. Bd. 42, S. 109. 1899. Sitzungsber. d. Ges. d. Naturwiss. Marburg. Bd. 18. 1899.
[2]) Overton, E.: Studien über die Narkose 1901. Jahrb. f. wiss. Botan. Bd. 34, S. 669; Vierteljahrsschr. d. naturforsch. Ges. in Zürich. 1899.
[3]) Pfeffer, W.: Osmotische Untersuchungen. 1877. S. 134—145.
[4]) Pfeffer, W.: Pflanzenphysiologie. Bd. 1, S. 78 u. 87. 1897.

lebenden eiweißhaltigen Teile derselben aufgenommen werden, wobei diese Teile eine regulatorische Tätigkeit entwickeln und durch sie diffundierende Stoffe nicht nach den Gesetzen der Osmose, sondern je nach dem physiologischen Zustande der Zelle, durchlassen oder zurückhalten.

Ruhland[1]) zeigte aber, daß die Versuche Nathansohns, welche die regulatorische Tätigkeit lebender Teile der „Plasmamembran" beweisen sollten, nicht exakt waren, so daß Nathansohn nur durch eine ungenaue Methodik zu seinen Schlüssen gebracht war. Durch genaue Versuche zeigte Ruhland, daß Salze nach den Gesetzen der Osmose in die lebende Zelle eindringen. Andererseits zeigte der genannte Autor, daß Anilinfarbstoffe nicht, wie Overton annahm, nach ihrer Lipoidlöslichkeit durch lebende Zellen aufgenommen werden, daß vielmehr in Lipoiden wenig oder gar nicht lösliche Farbstoffe in die Zelle eindringen können, während manche lipoidlösliche Farbstoffe nicht aufgenommen werden können[2]).

Die Schlüsse Ruhlands wurden auch von Höber[3]) bestätigt, indem der letztere zeigte, daß es in Lipoiden schwer- oder unlösliche Farbstoffe gebe, welche Zellen leicht intravital färben und umgekehrt, obwohl basische Farbstoffe meistenteils Vitalfarben, Säurefarbstoffe, nicht Vitalfarben seien. Bezüglich der Aufnahmefähigkeit der Nierenepithelzellen erwies sich die Kolloidität der Farbstoffe als maßgebend. Wenn ein Farbstoff wenig bzw. nicht kolloid oder hydrophil kolloid ist, so werde er leicht aufgenommen. Werde aber ein Farbstoff nicht aufgenommen, so sei er hydrophobkolloid.

Etwas später kam Ruhland[4]) zu dem Schlusse, daß Farbstoffe und andere Kolloide nur insofern in die lebende Zelle eindringen, als sie die Fähigkeit besitzen, in Gallerten zu diffundieren. Solche Kolloide, wie einige Anilinfarben, Inulin, Glykogen, Dextrin, die langsam in Gallerten diffundieren, dringen nicht oder schwer ein, während andere Farben, Saponin, Alkaloide usw., die gut diffundieren, auch leicht durch die lebende Zelle aufgenommen werden. Die Krystalloide permeieren durch das Protoplasma, weil ihre Teilchengröße eine sehr geringe sei. Bei den Kolloiden hänge

---

[1]) Ruhland: Zeitschr. f. Botan. S. 747. 1909.
[2]) Ruhland: Jahrb. f. wiss. Botan. Bd. 46, S. 9. 1908.
[3]) Höber: Biochem. Zeitschr. Bd. 20, S. 56—99. 1909.
[4]) Ruhland: Jahrb. f. wiss. Botan. Bd. 54, S. 389. 1914.

es aber von dem Grad ihrer Dispersität ab, ob ihre Teilchen das Protoplasma durchwandern können, so daß die Plasmahaut als ein Ultrafilter angesehen wurde.

Im Gegensatz zu den Versuchsresultaten Ruhlands kam neulich Collander [1]) zu dem Schluß, daß gut diffundierende saure Farbstoffe durch lebende Zellen nicht aufgenommen werden können, so daß nach dem Autor die Teilchengröße bei der Aufnahme von Anilinfarben keine Rolle spielen soll. Am besten erkläre sich die Aufnehmbarkeit der Farbstoffe durch Adsorption, indem basische, stark adsorbierbare Farben leicht aufgenommen werden, während saure, nicht adsorbierbare Farben nicht eindringen. Dasselbe Verhalten der Farben wird aber auch durch ihre Löslichkeit in Lipoiden erklärt. Jedenfalls werden die Versuchsresultate Ruhlands nicht durch die Bemerkung Collanders, daß Ruhland durch abnorme und im Absterben begriffene Zellen irregeführt war, hinfällig gemacht.

Der Verfasser [2]) zeigte, daß anästhesierende Stoffe (Chloroform, Äther) eine Verminderung der Permeabilität des Protoplasmas für gelöste Substanzen, die in diesen Stoffen unlöslich sind, hervorrufen. Später wurde die Verminderung der Permeabilität unter dem Einflusse derselben Stoffe auch von anderen Autoren bestätigt. Neuerdings kam Segel [3]) zu dem Schluß, daß Narkotica (anästhesierende Stoffe) die Permeabilität des Protoplasmas für diejenigen Farbstoffe, welche in diesen Narkotica unlöslich sind, vermindern, während sie die Permeabilität der Farbstoffe, die in Narkotica besser als in Wasser löslich sind, im Gegenteil vergrößern.

Diese Resultate beweisen einerseits, daß der Weg der Osmose der gelösten Stoffe ins Protoplasma, unabhängig davon, ob sie lipoidlöslich oder -unlöslich sind, derselbe ist, so daß die Annahme Nathansohns von dem mosaikartigen Bau der oberflächlichen Protoplasmaschichten unrichtig sein muß. Andererseits zeigen diese Resultate, daß lipoidlösliche Substanzen im Protoplasma angehäuft werden und dadurch die Osmose von in ihnen unlöslichen Stoffen vermindern. Die Anhäufung der Nar-

---

[1]) Collander, R.: Jahrb. f. wiss. Botan. Bd. 60, S. 354. 1921.
[2]) Lepeschkin, W.: Ber. d. Dtsch. Botan. Ges. Bd. 29, S. 249. 1911.
[3]) Segel, zit. nach W. Lepeschkin: Biochem. Zeitschr. Bd. 142, S. 305. 1923.

kotica im Protoplasma (der Blutkörperchen) wurde auch von Arrhenius und Bubanovic [1]) bewiesen. Aus den zitierten Angaben der Literatur ist also zu ersehen, daß einerseits das Protoplasma lipoidlösliche Substanzen löst, anhäuft und leicht durch sich hindurchgehen läßt, andererseits aber, daß auch wasserlösliche Substanzen, wenn sie molekular oder hochdispers kolloidal gelöst sind, durch das Protoplasma merklich hindurchgehen.

Die Möglichkeit der Osmose wasserlöslicher Substanzen durch das Protoplasma ist begreiflich, weil dasselbe viel Wasser enthält. Auch läßt es sich gut verstehen, daß wasserlösliche Kolloide je nach ihrer Dispersität und Diffusionsfähigkeit das Protoplasma passieren, weil dasselbe ein kolloidal disperses System darstellt, dessen kolloide Teilchen ziemlich dicht gelagert sind (eine große Viscosität hat), so daß die Diffusion nur in den Interstitien stattfinden kann [2]).

Die Fähigkeit des Protoplasmas, lipoidlösliche Stoffe zu lösen, anzuhäufen und durch sich leicht hindurchzulassen, kann am leichtesten durch die Anwesenheit von Lipoiden in seinem Dispersionsmittel erklärt werden. Diese Erklärung bestätigt sich durch die Tatsache, daß Saponin, das mit Cholesterin und Lecithin chemische Verbindungen bildet, eine Vergrößerung der Permeabilität des Protoplasmas für loipoidunlösliche Substanzen (Salze) hervorruft [3]). In größeren Konzentrationen bewirkt aber Saponin eine Zerstörung und Absterben des ganzen Systems des Protoplasmas.

Außer Lipoiden muß das Dispersionsmittel des Protoplasmas auch Eiweißkörper enthalten, weil alle Stoffe, die mit denselben

---

[1]) Arrhenius, Sv. und F. Bubanovic: Meddelanden fr. k. Vetensk.-Akad. Nobelinstitut. Bd. 2, Nr. 32, S. 18. 1913.

[2]) Früher wurde öfter betont, daß das Protoplasma ziemlich viel wasserlösliche Salze enthält (so z. B. Plasmodien bis 0,3% frischen Gewichts, Blutkörperchen bis 0,5%); da aber gleichzeitig die Permeabilität desselben für Salze nur gering ist, so daß die Löslichkeit der Salze im Dispersionsmittel des Protoplasmas nur unbedeutend sein kann, so kann man den verhältnismäßig hohen Salzgehalt des Protoplasmas nur durch eine festere Bindung der Salze an die Protoplasmakolloide erklären, d. h. durch die Bildung von Adsorptionsverbindungen oder überhaupt solcher Verbindungen, die durch Wasser nicht leicht zerlegt werden. Nur in diesem Sinne kann man die in letzter Zeit oft ausgesprochene Hypothese verstehen, der zufolge die Salze mit Hilfe der Adsorption durch das Protoplasma permeieren.

[3]) Boas, Fr.: Ber. d. Dtsch. Botan. Ges. Bd. 38, S. 350. 1920; Bd. 40, S. 32 u. 249. 1922.

chemisch reagieren, die osmotischen Eigenschaften des Protoplasmas ändern. Zunächst wird eine Vergrößerung der Permeabilität desselben für gelöste Körper und bei stärkerer Einwirkung eine vollständige Zerstörung des ganzen kolloiden Systems bewirkt. Es ist also höchst wahrscheinlich, daß das Dispersionsmittel des Protoplasmas Wasser, Lipoide und Eiweißkörper gemeinsam enthält. Diese Substanzen müssen miteinander so innig gemischt sein, daß einzelne Teilchen durch keine direkte Beobachtung festgestellt werden können. In der Tat zeigt, wie im Kapitel 3 des ersten Teils auseinandergesetzt wurde, das Ultramikroskop keine Ultramikronen in der Grundsubstanz des Protoplasmas, obwohl kolloidale Lipoidteilchen unter dem Ultramikroskop sichtbar sind.

Daß Lipoide mit Eiweißkörpern im Protoplasma innig gemischt oder vielleicht chemisch verbunden sind, wird durch die Beobachtung der Einwirkung von anästhesierenden Stoffen in größerer Konzentrationen auf lebende Zellen und durch die sogenannte Vitalfärbung derselben bewiesen.

Aus der Einleitung wissen wir, daß anästhesierende Stoffe (Narkotica) Eiweißlösungen allmählich denaturieren (vgl. S. 46). Eine ähnliche Wirkung üben die Narkotica auch auf die Eiweißkörper des Protoplasmas aus. Vergleichen wir aber die Konzentrationen eines Narkoticums, welche einerseits die Koagulation einer Albuminlösung (oder des Hühnereiweißes), anderseits die Koagulation und das Absterben des Protoplasmas bewirken, so finden wir, daß die letztere Konzentration kleiner als die erstere ist, wobei ein Zusammenhang mit der Lipoidlöslichkeit des verwandten Narkoticums zum Vorschein kommt. Je größer diese Löslichkeit des Narkoticums ist, desto kleiner ist seine Konzentration, die bereits eine Koagulation der Protoplasmaeiweißkörper bewirkt. So fand z. B. der Verfasser[1]), daß die Konzentrationen von Äther, Chloroform, Benzol und Thymol, welche eine vollständige Koagulation des Hühnereiweißes während zehn Minuten hervorrufen, der Reihe nach (in Volumprozenten) gleich: $11,9\%$, $5,1\%$, 2% und $1,3\%$ sind, während die Konzentrationen, welche die Koagulation der Eiweißkörper des Hefeprotoplasmas bewirken folgerecht: $4,5\%$, $0,7\%$, $0,22\%$ und $0,06\%$ sind. Die Verteilungskoeffizienten derselben Narkotica zwischen Wasser und Olivenöl

---

[1]) Lepeschkin, W.: Ber. d. Dtsch. Botan. Ges. Bd. 29, S. 259. 1911.

sind nach Overton: 1 : 15; 1 : 138; 1 : 1000 und 1 : 1200. Somit kann man annehmen, daß die Eiweißkörper der Zelle sich nicht in Wasser, sondern in einem aus Lipoiden bestehenden Mittel befinden. Narkotica häufen sich in diesem Mittel an und bewirken die Denaturation der Eiweißkörper.

Wenden wir uns nun zur Vitalfärbung.

Pfeffer[1]), der zum ersten Male die Vitalfärbung der Pflanzenzellen beschrieb, betonte, daß die Grundmasse des Protoplasmas bei dieser Färbung gewöhnlich ungefärbt bleibt, während Farbstoffe in Vakuolen oder Körnchen gespeichert werden. Nach Heidenhain kann sich die Vitalfärbung nur auf tote, im Protoplasma befindliche Körper, Drüsengranula und Nervenfasern erstrecken. Die lebenden Gewebe verweigern dagegen die Aufnahme der Farben[2]). Besonders resistent gegen die Vitalfärbung erweisen sich diejenigen Teile des Tieres, welche viel Lipoide enthalten, so z. B. das Nervenmark (l. c. 442). Auch Kerne lassen sich nie lebend färben (l. c. S. 443).

Ehrlich[3]), der die Vitalfärbung an Tierzellen zum ersten Male anwandte, schrieb: ,,Schon in den allerersten Zeiten der Histologie galt das Axiom, daß die lebenden Zellen überhaupt nicht färbbar wären. Die spätere Zeit hat nun ... eine Reihe wichtiger Vitalfärbungen ... kennen gelehrt, aber eine genauere Analyse dieser Erscheinungen zeigt doch ...., daß das, was sich bei der Verwendung der verschiedenen Farbstoffe in der Zelle färberisch darstellen läßt, nicht das funktionierende Protoplasma, sondern seine unbelebte (paraplastische) Umgebung und die in derselben befindlichen Abscheidungen .... sind."

Die späteren Untersuchungen von Růžička[4]), der zur Vitalfärbung ein Gemisch von Methylenblau und Neutralrot als bestes Färbemittel empfahl, zeigten, daß in Tierzellen sich hauptsächlich Granula (Mikrosomen) färben und nur gelegentlich Kerne.

Der Verfasser prüfte die Angaben von Růžička an Pflanzenzellen, Foraminiferen und Radiolarien und fand, daß die Grundmasse des Protoplasmas, solange sie lebend ist, auch dann farblos

---

[1]) Pfeffer, W.: Untersuchungen aus dem Botan. Institut Tübingen (1886—1888). Bd. 11, S. 325.

[2]) Heidenhain: Plasma und Zelle. Bd. 1, S. 443.

[3]) Ehrlich: Zitiert nach Heidenhain. Bd. 1, S. 449.

[4]) Růžička, V.: Zeitschr. f. allg. Physiol. Bd. 4, S. 142. 1904; Arch. f. d. ges. Physiol. Bd. 107, S. 497. Da ist auch die frühere Literatur zitiert.

bleibt, wenn die umgebende Lösung unter dem Mikroskop stark gefärbt erscheint (0,05% Methylenblau und 0,05% Neutralrot). Da sich zugleich alle Granula und Mikrosomen intensiv färben, so zeigten die Versuche, daß die Abwesenheit der Färbung nicht dadurch verursacht war, daß das Protoplasma für die verwandten Farbstoffe impermeabel war, sondern dadurch, daß in der Grundmasse des Protoplasmas freie Eiweißkörper fehlten. Zugleich zeigten die Versuche, daß die Farbstoffe viel weniger in der Grundmasse des Protoplasmas löslich sind als in Wasser. Daß aber in derselben Eiweißkörper anwesend waren, zeigte eine sofortige Färbung der Grundmasse nach der Abtötung des Protoplasmas.

Růžička gibt an, daß in einzelnen Fällen eine schwache Färbung des Cytoplasmas bei Infusorien u. a. beobachtet werden kann. In letzter Zeit wurde auch von botanischer Seite darauf hingewiesen, daß sich manchmal auch die Grundmasse des Protoplasmas färben läßt. So beobachtete z. B. Ruhland[1]) die Vitalfärbung des Protoplasmas der Zwiebelzellen durch einige Anilinfarben. Seine Beobachtungen wurden von Schaede[2]) bestätigt, der seinerseits einige neue Objekte und Farbstoffe, die eine Vitalfärbung der Grundmasse des Protoplasmas hervorrufen, aufzählt. Die auf diese Weise beobachtete Färbung muß offenbar nur in diesen Objekten vorkommenden dispersen Eiweißphasen zugeschrieben werden. Eiweiß vermag bekanntlich auch in wäßrigen Lösungen einige Farbstoffe festzuhalten (adsorbieren oder chemisch binden), wie die Versuche von Bechhold[3]) zeigten, der eine durch Methylenblau gefärbte Eiweißlösung durch Gelatinefilter filtrierte und im Filtrat kein Methylenblau fand, obwohl es durch das Filter durchdrang, wenn es allein war (vgl. S. 10).

Die Vitalfärbung zeigt auf das deutlichste, daß die Hypothese Pfeffers, der zufolge nur die äußerste Protoplasmaschicht gelöste Stoffe zurückhält, während im Protoplasmainneren Stoffe sich, wie in einer Gelatinegallerte, verbreiten, unrichtig ist. Hätte nur die äußerste Protoplasmaschicht Farbstoffe zurückgehalten, so würde sich das Protoplasmainnere ebenso intensiv färben, wie die

---

[1]) Ruhland, W.: Jahrb. f. wiss. Botan. Bd. 51, S. 376. 1912.
[2]) Schaede, R.: Jahrb. f. wiss. Botan. Bd. 62, S. 65. 1923; Ber. d. Dtsch. Botan. Ges. Bd. 41, S. 345. 1923.
[3]) Bechhold: Zeitschr. f. physik. Chem. Bd. 60, S. 257—318. 1907; Bd. 64, S. 328—342. 1908.

äußere Lösung, weil bei der Vitalfärbung die äußere Protoplasmaschicht Farbstoffe durchläßt [1]).

Was nun die geringe Permeabilität der toten Oberflächenschicht des Protoplasmas anbelangt, welche Pfeffer beobachtet hatte (vgl. S. 137), so zeigten die Versuche des Verfassers, daß hier nur ein Mißverständnis vorliegt. Es kann wohl vorkommen, daß das Protoplasma unter der Einwirkung von Säuren oder einer Plasmolyse nach dem Absterben zu einer so dichten Gallerte erstarrt, daß kolloide Farbstoffe, deren Teilchen groß genug sind, d. h. die Farbstoffe, welche Pfeffer in seinen Versuchen verwandte, oder im Zellsaft der Pflanzenzellen befindliches Anthocyan in das Protoplasma nicht eindringen. Neuerdings beobachtete z. B. diese Erscheinung Brenner [2]), dem zufolge das in den konzentrierten Lösungen von Erdalkalisalzen abgestorbene Protoplasma die Diffusion des Anthocyans tagelang hemmt. Wenn man solche tote Protoplasmagallerte mechanisch verletzt, so tritt Anthocyan heraus, ohne das Protoplasma sichtbar zu färben.

Es kann aber auch vorkommen, daß nur die Oberflächenschicht des Protoplasmas abstirbt und das innere Protoplasma lebend bleibt. Der abgestorbene Teil färbt sich, obwohl seine Färbung infolge seiner Dünnheit nur schwierig zu bemerken ist, das lebende innere Protoplasma färbt sich aber gar nicht. Versucht man aber die abgestorbene Oberflächenschicht irgendwie mechanisch zu verletzen, so stirbt auch das innere Protoplasma und färbt sich sogleich, so daß die Erscheinung in der Weise gedeutet werden kann, als ob der Farbstoff sich nur infolge Undurchlässigkeit der oberflächlichen Schicht vorher nicht verbreitet hat. Solange das Protoplasma flüssig ist, färbt es sich nie durch Farbstoffe, färbt sich aber sofort nach dem Erstarren. Das Aufhören der Bewegung und die Erscheinung von Trübung, welche Pfeffer angibt, beweist

---

[1]) Ehrlich erklärt die Nichtfärbbarkeit des lebenden Protoplasmas dadurch, daß die Farbstoffe darin zu Leukokörpern reduziert, an bestimmten Orten aber wieder reoxydiert werden. Diese Erklärung ist nicht zutreffend, weil sie vollkommen unbegreiflich läßt, weshalb tote Körper, die ins Protoplasma gelangen, sich gut färben. So zeigten die Versuche an Leukocyten, daß tote Bakterien, die ins Protoplasma aufgenommen werden, Farbstoffe speichern. Lebende Bakterien aber, die sicher über ein Reduktionsvermögen verfügen, sich zunächst färben, um sich alsdann teilweise zu entfärben (Heidenhain: Plasma und Zelle. Bd. 1, S. 462—463).

[2]) Brenner, W.: Berichte d. Deutsch. Botan. Gesellsch. Bd. 38, S. 283. 1920.

noch nicht, daß das Protoplasma in seinen Versuchen tot und fest war, weil am Anfang des Absterbens die Protoplasmabewegung aufhört und Körnchen auftreten können.

Wir kommen also zu dem Schluß, daß die im Dispersionsmittel des Protoplasmas enthaltenen Eiweißkörper nicht frei sind und daß sich Lipoide mit denselben in innigem Zusammenhang befinden. Es liegt also der Gedanke nahe, daß Eiweißkörper und Lipoide im Dispersionsmittel des Protoplasmas miteinander chemisch verbunden sind. Diese Verbindung ist aber sehr unbeständig und kann schon durch eine mechanische Einwirkung auf das Protoplasma zerstört werden. Anders kann man die im Kapitel 5 des ersten Teils beschriebene mechanische Koagulation des Protoplasmas nicht deuten.

In der Tat wurde die von Ramsden[1]) beschriebene mechanische Koagulation der Eiweißkörper durch die Adsorption an der Oberfläche der Luftblasen, mit denen die Eiweißlösung geschüttelt war, und durch die Bildung von Oberflächenhäutchen denaturierten Eiweißes verursacht. Auch der als mechanische Koagulation beschriebene teilweise Verlust der Wasserlöslichkeit durch trockenes verriebenes Eiweiß ist eigentlich eine Denaturation durch Hitze[2]). Es ist bis jetzt noch keine Denaturation und Koagulation von Eiweißkörpern durch eine leichte mechanische Behandlung beschrieben. Ebensowenig ist solche Koagulation für andere Kolloide bekannt. Andererseits werden die eigentlichen Eiweißkörper bei der mechanischen Koagulation des Protoplamas nicht denaturiert. So fand z. B. Reinke (l. c.) im Preßsaft des Protoplasmas, das offenbar durch solche mechanische Behandlung zum Absterben gebracht war, bedeutende Menge von Eiweißkörpern (11%), die erst beim Erhitzen denaturiert werden konnten. Auch tritt bei der groben mechanischen Behandlung der roten Blutkörperchen Hämoglobin in nicht denaturierter Form heraus.

Es liegt nichts Unwahrscheinliches in der Annahme, daß Eiweißkörper mit Lipoiden im Protoplasma chemisch verbunden sind, weil ähnliche, aber viel beständigere Verbindungen von Eiweißkörpern mit Phosphatiden überall verbreitet sind. Anders kann man die Tatsache nicht erklären, daß Äther nur einen Teil der Lipoide aus protoplasmahaltigen Tier- oder Pflanzenobjekten

---

[1]) Ramsden: Arch. f. d. ges. Physiol. 1894. S. 517; Zeitschr. f. physiol. Chem. Bd. 47, S. 336. 1909.

[2]) Herzfeld und Klinger: Biochem. Zeitschr. Bd. 78, S. 349. 1917.

extrahieren kann. Erst nach der Behandlung mit Alkohol und sogar nach einer Hydrolyse mit Säuren läßt sich die ganze Lipoidmenge mit Äther extrahieren[1]). Neuerdings ist es dem Verfasser gelungen, aus dem Plasmodium von Fuligo varians eine sehr beständige Verbindung von Eiweiß mit Phytosterin zu isolieren (Plasmatin)[2]). Es ist freilich noch nicht festgestellt, mit welchen Lipoiden Eiweißkörper (Nucleoproteide) diejenigen lockeren Verbindungen bilden, welche das Dispersionsmittel des Protoplasmas gemeinsam mit Wasser zusammensetzen. Es läßt sich aber vermuten, daß diese Verbindungen bei verschiedenen Tierarten ungleich sind. Jedenfalls besitzt das Dispersionsmittel des Protoplasmas bei verschiedenen Tierarten ungleiche physikalische Eigenschaften. Die Versuche des Verfassers, die erst jetzt publiziert werden, zeigten, daß Pseudopodien von Foraminiferen, welche flüssiges Protoplasma an der Oberfläche haben, nur dann zusammenfließen, wenn sie einer und derselben Art gehören. Berühren und umfließen sich die Pseudopodien zweier Arten, so fließen sie nie zusammen. Daß Plasmodien nur derselben Art verschmelzen können, wurde schon von Čelakovsky festgestellt[3]).

b) Das Dispersionsmittel des Zellkerns und der Pflanzenchromatophoren.

Das Dispersionsmittel der anderen flüssigen Arten der lebenden Materie ist sicher nicht Wasser. Würden der Zellkern und die pflanzlichen Chromatophoren wäßrige Lösungen darstellen, so würden sie sich genau so verhalten, wie Vakuolen, was nicht beobachtet wird. Schon die Abwesenheit einer Färbung des Zellkerns und der Chromatophoren in den meisten Fällen der Vitalfärbung bei gleichzeitiger Färbung der Körner in denselben weist darauf hin, daß das Dispersionsmittel dieser Arten der lebenden Materie demjenigen des Protoplasmas ähnlich ist. Obwohl Růžička und andere Autoren[4]) eine Färbung des Zellkerns in einigen

---

[1]) Kossel: Ber. d. Dtsch. Chem. Ges. Bd. 34, S. 3240. 1901. — Hiestand, O.: Entwicklung uns. Kenntnisse über die Phosphatide. Zürich 1906. — Bang: Chemie der Lipoide. 1910.
[2]) Lepeschkin, W.: Ber. d. Dtsch. Botan. Ges. Bd. 41, S. 179. 1923.
[3]) Čelakovsky: Flora. Ergbd. 212. 1892.
[4]) Růžička: l. c. — Schaede: Ber. d. Dtsch. Botan. Ges. Bd. 41, S. 436. 1923. — Przesmicki: Biol. Zentralbl. Bd. 17. 1897. — Prowazek: Zeitschr. f. wiss. Zool. Bd. 63. 1898.

Fällen bei der Vitalfärbung angeben, sind meistenteils die Kerne bei der Vitalfärbung ungefärbt. Nach Plato sollen sich die eigenen Kerne der Phagocyten nicht färben, während die Kerne der in ihrem Zellplasma inkorporierten Zelleichen gefärbt werden. Wohl färben sich aber die Kerne, wenn die Zellen zwar noch nicht absterben, aber doch geschädigt sind [1]). Nach Fischel sollen sich die Kerne überhaupt nur im geschädigten Zustande bei der Vitalfärbung färben [2]). Infolgedessen müssen wir die Kernfärbung im noch lebenden Zustande entweder den dispersen Eiweißphasen des Kerns oder den durch eine teilweise Zersetzung des Dispersionsmittels entstandenen Eiweißkörpern zuschreiben.

Auch das Verhalten des Zellkerns und der Chromatophoren gegenüber Wasser beweist, daß das Dispersionsmittel derselben keine wäßrige Lösung ist. So werden die Zellkerne und die meisten Chromatophoren, in Wasser gebracht, vakuolisiert [3]), so daß Wasser in der Substanz derselben nur begrenzt löslich sein kann. Andererseits wurde im Kapitel 2 des ersten Teils Versuche beschrieben, wo Kerne mit dem Protoplasma zusammenflossen, so daß man eine Ähnlichkeit in den Eigenschaften der Dispersionsmittel beider Arten der lebenden Materie vermuten darf, obwohl in anderen Versuchen (Zwiebelzellen) die Kernsubstanz sich mit dem Protoplasma mischte, aber ihre Individualität beibehielt und mit demselben nicht zusammenfloß. Wäre in diesem letzteren Falle die Kernsubstanz eine wäßrige Lösung, so würde sie im Protoplasma nur eine Vakuole bilden können. Auch können sich Chloroplasten mit dem Protoplasma mischen, verlieren aber dabei ihre Individualität nicht (vgl. S. 78 und Abb. 13), so daß das Dispersionsmittel des Zellkerns und der Chromatophoren nicht Wasser sein kann. Speziell für Chloroplasten wird dies durch die Beobachtung des Verfassers über Stärkequellung in den Chloroplasten von Spirogyra bewiesen. In toten Zellen dieser Alge quillt Stärke, die in Chloroplasten enthalten ist, bei 47^0 C in 2 bis 3 Minuten vollkommen, während in lebenden Zellen die Stärke erst nach der Koagulation und dem Absterben der Chloroplasten aufquellen kann. Da bei 47^0 C dieselben erst nach 5—8 Minuten absterben, so tritt die vollkommene Quellung der Stärke,

---

[1]) Heidenhain: Plasma und Zelle. Bd. 1, S. 454.
[2]) Fischel, Alfr.: Anat. Hefte. Bd. 11. 1899; Bd. 16. 1901; Artikel in der „Encyklopädie der mikroskopischen Technik". Bd. 1. 1903.
[3]) Pfeffer, W.: Osmotische Untersuchungen. 1877. S. 147.

wenn die Alge nicht vorher abgetötet war, erst in 8—12 Minuten ein.

Die chemische Analyse ist nur imstande, die chemische Zusammensetzung des ganzen kolloiden Systems festzustellen. Eine solche Analyse zeigt, daß sowohl im Zellkern als auch in den Chromatophoren Eiweißkörper und Lipoide anwesend sind. Die erste chemische Analyse der Zellkerne wurde bekanntlich von Miescher gemacht, der Lachsspermien in Köpfe (Kerne) und Schwänze (Protoplasma) zerlegte. In den Köpfen wurden zu 95% der trockenen Substanz Nucleoproteide und 1,2% Lipoide gefunden. Weitere Literatur betreffend die chemische Zusammensetzung des Kerns ist bei Zacharias[1]) und Meyer[2]) nachzusehen.

Was nun die chemische Zusammensetzung der Chromatophoren anbelangt, so gab schon Sachs an, daß nach Extraktion der Chloroplasten mit Alkohol das zurückbleibende Gerüst sich mit Kupfervitriol und Kalilauge violett färbt, d. h. aus Eiweißstoffen besteht. Nach Molisch können Eiweißkörper in Chloroplasten mit den üblichen Reagentien entdeckt werden [3]). Dasselbe geben auch Lakon[4]) und Gertz an[5]). A. Meyer bestätigte die Angaben von Molisch, so daß der Eiweißgehalt der Chloroplasten sichergestellt ist. Andererseits lassen sich in denselben auch Lipoide nachweisen. So konnte z. B. Biedermann[6]) diese Stoffe in Chromatophoren durch Schwärzung mit Osmiumsäure und auf anderem Wege nachweisen. Der Verfasser konnte eine gute Färbung auch mit Sudan erzielen (bei Spirogyra). Gesättigte Ätherlösung ruft bei Spirogyra das Austreten der Lipoidsubstanz aus den Chloroplasten in Form von Tropfen hervor, welche durch Chlorophyll grün gefärbt sind und eine Lösung von Äther in Lipoidsubstanzen darstellen. Nach Czapek werden Lipoide in Chloroplasten am besten durch Sudan III, gemischt mit Amylenhydrat und Pyridin, nachgewiesen [7]).

[1]) Zacharias, E.: Progressus rei botanicae. Vol. 3, p. 69 ff. 1909.
[2]) Meyer, A.: Morphologische und physiologische Analyse der Zelle. 1920. S. 510 ff.
[3]) Molisch: Mikrochemie der Pflanzen. S. 340. Jena 1913; Zeitschr. f. Botan. Bd. 8, S. 131. 1916.
[4]) Lakon: Biochem. Zeitschr. Bd. 78, S. 145. 1916.
[5]) Gertz: Botanisk Notiser. Lund 1917.
[6]) Biedermann, W.: Flora. Stahls Festschr. 11/12.Bd. 1918; N. F. Bd. 13, Heft 1—2. 1919.
[7]) Czapek, F.: Ber. d. Dtsch. Botan. Ges. Bd. 37, S. 212. 1920. Weitere Literatur ist bei Zacharias und Meyer nachzusehen.

Wenn wir uns an das Verhalten des Zellkerns und der Chromatophoren bei der Vitalfärbung erinnern, so kommen wir zu dem Schluß, daß die Eiweißkörper dieser Gebilde nicht frei sind. Werden aber der Zellkern oder die Chromatophoren abgetötet (chemisch oder mechanisch), so werden ihre Eiweißkörper in Freiheit gesetzt und speichern den Farbstoff begierig; zugleich werden aber die früheren Eigenschaften des Zellkerns und der Chromatophoren verändert, weil sie nicht mehr flüssig sind und sich in Wasser nicht vakuolisieren. Es ist also im höchsten Grade wahrscheinlich, daß Eiweißkörper auch bei diesen Arten der lebenden Materie mit Lipoiden verbunden sind und daß die hypothetische Verbindung sehr unbeständig ist, indem sie schon durch eine mechanische Wirkung zersetzt wird.

Wenden wir uns jetzt zur Betrachtung der dispersen Phasen der flüssigen Arten der lebenden Materie.

c) Disperse Phasen des Protoplasmas und Zellkerns.

Im Kapitel 3 des ersten Teils wurde auseinandergesetzt, daß das Protoplasma als eine kolloide Lösung, die zugleich eine Suspension und Emulsion darstellt, angesehen werden muß. Betrachten wir zuerst das chemische Verhalten der grob dispersen Phasen des Protoplasmas und beginnen wir unsere Betrachtung mit den sogenannten Mikrosomen, welche ihren Namen von Hanstein[1]) erhalten hatten.

Gewöhnlich sind die Mikrosomen kleine kugelige Körnchen, die sich bei Rhizopoden vital gut färben. Andererseits kommen auch, wie im Kapitel 3 des ersten Teils erwähnt, nicht selten kugelige und langgestreckte Mikrosomen vor, die sich anders verhalten. Diese Mikrosomen lassen sich vital nicht färben (in Pflanzenzellen).

Außerdem zeigten die Beobachtungen des Verfassers an Foraminiferen und Radiolarien, daß bei der Verwendung eines Gemisches von Methylenblau und Neutralrot zur Vitalfärbung sich die meisten Mikrosomen rosa färben, während manchmal auch blaugefärbte Mikrosomen vorkommen, die in demselben Pseudopodium gemeinsam mit den rosa gefärbten ihre merkwürdigen Bewegungen ausführen. Man kann also vermuten, daß die

---

[1]) Hanstein: Das Protoplasma als Träger der pflanzlichen und tierischen Lebensvorrichtungen. Heidelberg 1880.

chemische Zusammensetzung der Mikrosomen verschiedenartig ist. Die sich färbenden Mikrosomen sind wahrscheinlich entweder Eiweißkörper oder Zersetzungsprodukte derselben (z. B. Nucleinsäuren), während nicht färbbare Mikrosomen entweder keine Eiweißkörper oder nur gebundenes Eiweiß enthalten.

A. Meyer betrachtet die Mikrosomen bald als „Allinante", d. h. als Nähr- oder Abbaustoffe, bald als „Volutinante", d. h. als wasserlösliche Eiweißstoffe.

Nach den Untersuchungen des Verfassers können rosa gefärbte Mikrosomen von Foraminiferen nach Zerfall der Pseudopodien zu Tropfen (unter mechanischer Einwirkung) infolge allmählichen Absterbens der Protoplasmatropfen an deren Oberfläche und ins Seewasser gelangen, wobei sie sich nicht lösen und ihre Farbe sofort in blau ändern (die alkalische Reaktion wird neutral).

Es ist also wahrscheinlich, daß die Mikrosomen bald aus denaturierten, bald aus nicht denaturierten, wasserlöslichen Eiweißkörpern bestehen. Aber sie können auch Öltröpfchen darstellen. So berichtet A. Meyer [1]), daß es ihm im Cytoplasma der jungen Blätter von Tradescantia discolor gelungen sei, zahlreiche, etwa 0,5 μ große, bedeutend stärker als das Cytoplasma lichtbrechende kugelförmige Einschlüsse zu beobachten, welche zusammenfließen und sich mit Sudan färben lassen.

Granula, d. h. größere kugelige Einschlüsse des Protoplasmas, die bekanntlich bei weitem nicht in allen Zellen vorkommen, färben sich in lebenden Zellen meistenteils mit basischen Farbstoffen [2]). In einigen Fällen, z. B. bei Schwämmen, lassen sie sich aber gut mit sauren Farben färben, so z. B. mit Kongorot, Tropäolin III usw. Nach Fixation färben sich alle Arten von Granula mit Farbstoffen beider Art, so daß der amphotere Charakter der die Granula bildenden Substanz und der Eiweißgehalt derselben sehr wahrscheinlich ist.

Man nimmt gewöhnlich an, daß die Granula feste Gebilde darstellen, die sich aber verflüssigen und im Protoplasma aufgelöst werden können. Die flüssige Konsistenz der Schleimgranula ist sichergestellt. Da die festen Granula in Wasser aufquellen

---

[1]) Meyer, A.: l. c. Bd. 1, S. 12. 1920.
[2]) Heidenhain: Plasma und Zelle. S. 437 ff. Vgl. auch S. 147 dieses Buches. Die Vitalfärbung der Granula mit basischen Farbstoffen wurde von Fischel, Overton, Höber und Michaelis beobachtet.

und in konzentrierten Salzlösungen schrumpfen, so ist offenbar ihre Substanz gallertartig. Andererseits sind auch wasserlösliche Granula bekannt (z. B. seröse Granula). Nach Heidenhain ist es auffallend, daß selbst die besten Eiweißfäller die Granula innerhalb der Drüsensubstanz nicht ausreichend konservieren können. Nur die äußerste Rindenschicht der Objekte sei in dieser Beziehung brauchbar (l. c. S. 399). Hellere Granula sollen dabei platzen und verschwinden, und nur später werden in den freigebliebenen Waben gerinnselartige Reste der Granula beobachtet. Ein solches Verhalten der Granula läßt vermuten, daß sie nur aus einer konzentrierten wäßrigen Lösung bestehen, die sich mit dem lebenden Protoplasma nicht mischt. Nach dem Absterben desselben aber, wenn die Menge des fällenden Mittels nicht ausreicht, fließen die Granula mit dem Zerfallsprodukte des mit Wasser durchtränkten Protoplasmas zusammen.

In letzter Zeit wurden vielfach protoplasmatische Gebilde studiert, die unter verschiedenen Namen, je nach der Größe und Form, als Mitochondrien, Chondriosomen, Chondriokonten usw. beschrieben werden. Alle solche Gebilde unterscheiden sich von den meisten Mikrosomen und Granulis vor allem dadurch, daß sie bei der Vitalfärbung ungefärbt bleiben[1]). Nur nach Fixation (also nach dem Zelltode) lassen sie sich durch Kernfarbstoffe färben. In frischem Zustande lösen sie sich in Alkalien und werden durch Pepsin und Trypsin bei kurzer Einwirkungsdauer nicht gelöst. Ammoniakalische Silberlösung bei passender Behandlung wird durch Mitochondrien gleich stark reduziert, wie durch Chloroplasten[2]). Beim Erwärmen bis auf 48—50° C werden Mitochondrien im Protoplasma aufgelöst und verschwinden vollkommen aus der Zelle[3]).

Das angeführte Verhalten der Chondriosomen und Mitochondrien zeigt, daß man diese Gebilde nicht einfach für Eiweißkörper („Allin") halten kann, wie es A. Meyer tut (l. c. S. 114). Nach Regaud, Meves, Policard, Fauré-Fremiet[4]) u. a. bestehen

---

[1]) Guilliermond: Cpt. rend. de l'acad. des sciences. Paris. Tome 170, p. 1332. 1920.

[2]) Alvarado, S.: Ber. d. Dtsch. Botan. Ges. Bd. 41, S. 89. 1923.

[3]) Mangenot, P. et A. Policard: Cpt. rend. hebdom. des séances de l'acad. des sciences. Tome 174, p. 645. 1922.

[4]) Fauré-Fremiet: Arch. de l'anat. microscop. Tome 11, p. 529 ff. 1909—1910. — Löwschin: Ber. d. Dtsch. Botan. Ges. Bd. 31, S. 203. 1913.

die Chondriosomen aus zwei Substanzen: einer albuminoiden und einer lipoiden Substanz, so daß ihre Zusammensetzung derjenigen des Protoplasmas, Zellkerns und der Chromatophoren ähnlich ist.

Außer den erwähnten protoplasmatischen Gebilden kommen bisweilen im Protoplasma auch größere Körper vor, deren chemische Konstitution nicht bekannt ist und die A. Meyer als „Volutinante" bezeichnet. Da diese Körper nur bei niederen Pflanzen auftreten, haben sie keine allgemeine Bedeutung für die Kolloidchemie des Protoplasmas.

Versuchen wir jetzt, die chemische Zusammensetzung der kolloidal-dispersen Phasen des Protoplasmas anzudeuten.

Da die Grundmasse des Protoplasmas bei der Vitalfärbung gewöhnlich nicht gefärbt wird und da die Färbbarkeit durch Erstarrung des lebenden Protoplasmas (z. B. an der Achse der Pseudopodien der Foraminiferen) nicht erreicht wird, so kann man vermuten, daß die kolloidal-dispersen Phasen des Protoplasmas keine freien Eiweißkörper darstellen. Man kann auch kaum annehmen, daß diese Phasen aus freien Lipoiden bestehen, weil Lecithinpartikel Farbstoffe adsorbieren können, und weil kolloide Lipoidlösungen Ultramikronen aufweisen, welche in der Grundmasse des Protoplasmas fehlen. Auch ist die Viscosität des Protoplasmas zu groß, um die Annahme zu gestatten, daß Lipoide allein im Protoplasma gelöst seien. Es ist also sehr wahrscheinlich, daß auch die dispersen Phasen des Protoplasmas Verbindungen der Eiweißkörper mit Lipoiden, aber wohl von einer anderen Zusammensetzung als diejenigen des Protoplasmas darstellen.

Infolge von Adsorption können selbstverständlich disperse Phasen sich an der Protoplasmaoberfläche verdichten (vgl. S. 93), wodurch bei einer ungleichen chemischen Zusammensetzung des Dispersionsmittels und der dispersen Phasen eine Änderung der osmotischen Eigenschaften des Protoplasmas zu erwarten ist. Leider liegen noch keine Untersuchungen vor, die eine Abhängigkeit der Permeabilität des Protoplasmas von der Verdichtung der dispersen Phasen in demselben bestimmt hätten, so daß zur Zeit unbekannt ist, ob das Dispersionsmittel oder die dispersen Phasen des Protoplasmas für gelöste Stoffe permeabler sind. Daher kann man nicht voraussagen, ob eine Verdichtung dieser Phasen an der Protoplasmaoberfläche eine Vergrößerung oder eine Verminderung der Permeabilität herbeiführen würde.

Wären die chemische Zusammensetzung und die physikalischen Eigenschaften des Dispersionsmittels und der dispersen Phasen des Protoplasmas einander ähnlich, so könnten sie sich gegenseitig vertreten, ohne daß die Eigenschaften des ganzen Systems dabei stark geändert würden. In diesem Falle könnte man die Verflüssigung der festen Pellicula beim Pressen als eine Verwandlung des kolloiden Systems in das umgekehrte System betrachten, in welchem das, was Dispersionsmittel war, nunmehr dispers ist, die dispersen Phasen dagegen zum Dispersionsmittel zusammengeflossen sind.

Was nun die dispersen Phasen des Zellkerns anbelangt, so sind von denselben nur grob disperse Phasen und fast ausschließlich an toten Objekten untersucht. Bekanntlich bestehen die Chromatinkörper des ruhenden und die Chromosomen des sich teilenden Zellkerns aus Nucleoproteiden und Nucleinsäuren. Die mikrochemischen Reaktionen, die diese Zusammensetzung beweisen, bestehen in folgendem: Die genannten Gebilde lösen sich nicht in Wasser, dagegen wirken konzentrierte Salzlösungen quellend und lösend auf den chromatischen Inhalt des Zellkerns. Aus einem Gemisch saurer und basischer Farbstoffe wird basischer Farbstoff gespeichert. In starken Säuren ist das Chromatin löslich. Pepsin-Salzsäure löst es (auch Chromosomen) bei kurzer Wirkungsdauer nicht. Die Anwesenheit von Phosphor ist festgestellt. A. Fischer, der die Färbungsmethode zur Bestimmung der chemischen Zusammensetzung der Kernbestandteile kritisierte, kam jedoch zu dem Schluß, daß die Kerne und Chromosomen bei indifferenter Fixierung zweifellos nur deshalb „basophil" sind, weil sie schwach acidophobes Nuclein enthalten[1]).

Eine andere chemische Zusammensetzung besitzt bekanntlich der Nucleolus, der aus dem Farbgemisch sauren Farbstoff speichert und somit acidophil ist. Die mikrochemischen Reaktionen dieses Körpers sprechen für seine Eiweißnatur. Vor allem zeigt er die bekannte Färbung mit Salpetersäure und mit der Millonschen Lösung, und wird durch Trypsin leicht, durch Pepsin-Salzsäure langsam gelöst. Er löst sich ebenfalls in Laugen.

Was nun die chemische Zusammensetzung der kolloidal-dispersen Phasen des Zellkerns und der Chromatophoren anbelangt,

---

[1]) Fischer, A.: Fixierung, Färbung usw. 1899. S. 149. Die Literatur betreffend die Mikrochemie des Zellkerns ist im oben zitierten Referate von Zacharias nachzusehen.

so ist sie ebensowenig bekannt wie diejenige der kolloid-dispersen Phasen des Protoplasmas. Meistenteils färben sich die Zellkerne bei der Vitalfärbung nicht. Wenn aber eine Färbung beobachtet wird, so läßt sich vermuten, daß in diesem Falle kolloide Eiweißkörperphasen im Zellkerne anwesend sind. Aus dem Ausbleiben der Färbung kann man schließen, daß auch im Kerne die kolloiddispersen Phasen entweder kein Eiweiß oder dieses nur in gebundener Form enthalten.

2. Veränderungen des kolloidalen Systems des Protoplasmas, hervorgerufen durch physikalische Agentien.

Nachdem wir die wahrscheinlichste chemische Zusammensetzung der die lebende Materie bildenden Phasen kennen gelernt haben, wollen wir versuchen, die Eigentümlichkeiten der Einwirkung physikalischer Agentien auf dieselbe zu erklären.

Wenden wir uns zunächst zur Betrachtung der Temperaturwirkung auf das Protoplasma.

a) Veränderungen, hervorgerufen durch hohe Temperatur und mechanische Eingriffe.

Wie im vorhergehenden Kapitel auseinandergesetzt wurde, enthalten das Dispersionsmittel des Protoplasmas und wahrscheinlich auch die kolloidal- und grob-dispersen Phasen desselben Eiweißkörper und zugleich Wasser in größeren Quantitäten. Andererseits werden diese Körper durch Wasser chemisch verändert, wobei die Temperatur eine große Rolle spielt, indem sie die Geschwindigkeit der Reaktion zwischen Eiweißkörpern und Wasser sehr stark beschleunigt (vgl. S. 43). Wir können also erwarten, daß hohe Temperaturen die Denaturation der Eiweißkörper aller Arten der lebenden Materie hervorrufen und, da eine genügende Salzmenge in derselben zu jeder Zeit anwesend ist, die denaturierten Eiweißkörper zur Koagulation gebracht werden. Eine solche findet im Protoplasma und in anderen Arten der lebenden Materie unter der Einwirkung hoher Temperaturen in der Tat statt, worüber schon im Kapitel 5 des ersten Teils berichtet wurde.

Die Eigentümlichkeit des kolloidalen Systems des Protoplasmas besteht aber darin, daß sein Dispersionsmittel sehr unbeständig ist und sehr leicht sowohl durch mechanische als auch durch chemische Eingriffe zersetzt werden kann, so daß das ganze kolloidale System zerstört und die Zelle getötet wird. Die Denaturation ist eine Reaktion zwischen einem der Komponenten des Dispersionsmittels und Wasser. Infolgedessen werden bei hoher Temperatur Bedingungen geschaffen, die zur Zersetzung desselben führen können, bevor die erwähnte Reaktion sich vollendet hat.

Andererseits bedingt hohe Temperatur die Denaturation der Eiweißkörper, die in den dispersen Phasen des Protoplasmas enthalten sind, und führt zur Koagulation der entstehenden hydrophoben Verbindungen. Eine genügend starke Koagulation im Protoplasmainneren übt aber eine mechanische Wirkung auf das Dispersionsmittel aus und bewirkt eine Verminderung der Beständigkeit oder eine Zersetzung desselben.

Die eben geschilderte komplizierte Wirkung hoher Temperatur auf das Protoplasma ist offenbar die Ursache eines ungleichen Einflusses derselben auf die verschiedenen Organismen, Gewebe und Zellen. Der Gehalt an Salzen, an dispersen eiweißhaltigen Phasen, die Art der Eiweißkörper, die das Dispersionsmittel und die dispersen Phasen bilden, die Beständigkeit der letzteren gegen chemische und mechanische Wirkungen usw. können bei verschiedenen Organismen und Zellen ungleich sein.

Aus der Einleitung wissen wir, daß der Temperaturkoeffizient der Denaturation der Eiweißkörper sehr hoch ist und, obwohl er stark variiert (von 14 bis 9500 für eine Temperaturerhöhung um 10^0 C), bleibt er immer viel höher als derjenige anderer chemischer Reaktionen (2 bis 3 für Temperaturerhöhungen um 10^0 C). Der Temperaturkoeffizient der Koagulation der denaturierten Eiweißkörper ist dagegen viel kleiner (1,5 bis 25 für eine Temperaturerhöhung um 10^0 C). Da die Geschwindigkeit der Koagulation vom Salzgehalt abhängt (vgl. S. 22), so kann sie bei einem geringen Salzgehalt kleiner werden, als die Geschwindigkeit der Denaturation. In diesem Falle ist der Temperaturkoeffizient des ganzen Prozesses demjenigen der Koagulation gleich. Wenn auf der anderen Seite die Denaturation langsamer als die Koagulation verläuft, so ist der Koeffizient demjenigen der Denaturation gleich.

Dementsprechend variiert der Temperaturkoeffizient der Hitzekoagulation des Protoplasmas bei verschiedenen Organismen und Zellen ziemlich stark und ist in der Tat bald demjenigen der

Koagulation, bald demjenigen der Denaturation gleich. So fand Loeb[1]), daß die Zeit, welche ausreicht, um die Entwicklungsfähigkeit von Seeigeleiern durch hohe Temperatur zu vernichten, durch jede Temperaturerhöhung um 10^0 C um das 240- bis 1450fache verkürzt wird. In diesem Falle kommt es noch zu keiner Koagulation der Eiweißkörper im Protoplasma, dieselben werden aber teilweise denaturiert, so daß das Dispersionsmittel geschädigt wird. Eine vollkommene Zersetzung desselben und „Cytolyse" der Eier findet, nach Moore[2]), bei 40^0 in 2—5 Minuten, bei 38^0 in 5—10 Minuten, bei 36^0 in 15—20 Minuten, bei 34^0 in 60 Minuten statt, so daß der Temperaturkoeffizient 50 bis 500 ist. Für die Cytolyse der Tubularia-Zellen fand derselbe den Temperaturkoeffizienten gleich 485 bis 3900. Diese Angaben beziehen sich nur auf einen bestimmten Prozentsatz der Eier (gewöhnlich 10%), die infolge des Zerfalls des Dispersionsmittels zugrunde gehen, weil die Zeit dieses Zerfalls für einzelne Eier ziemlich stark variiert. Genauere Resultate erhält man bei der Beobachtung der Hitzekoagulation von Spirogyra, deren Stadien schon früher beschrieben wurden (vgl. S. 125).

Aber auch die Zellen eines und desselben Fadens der genannten Alge zeigen ungleiche Koagulationszeit bei einer bestimmten Temperatur. So fand der Verfasser[3]), daß das vierte Stadium der Koagulation in verschiedenen Zellen eines Fadens der Alge bei 43^0 C nach 270, 280, 290, 300, 270, 260, 340, 350, 380 usw. Sekunden auftrat, so daß für die Bestimmung des Temperaturkoeffizienten nur Mittelwerte verwendet werden können.

Das vierte Stadium der Hitzekoagulation trat durchschnittlich bei einer Spirogyra-Art bei 50^0 C in 73 Sekunden, bei 47^0 C in 225 Sekunden, bei 44^0 in 600 Sekunden, bei 41^0 in 2240 Sekunden und bei 38^0 in 5533 Sekunden, so daß der Temperaturkoeffizient (für eine Temperaturerhöhung um 10^0 C) zwischen 14 und 38 variierte.

Für eine vollständige Hitzekoagulation und das Absterben der Bakterien fand Chick[4]) verschiedene Koeffizienten je nach der

---

[1]) Loeb, J.: Pflügers Arch. f. d. ges. Physiol. Bd. 124, S. 411—426. 1908.
[2]) Moore, A.: Quart. journ. of exp. physiol. Vol. 3, p. 257. 1910.
[3]) Lepeschkin, W.: The constancy of the living substance. Studies from the laboratory of Plant Physiol. Charles university. Prague. 1923. p. 9.
[4]) Chick, H.: Journ. of hyg. Vol. 8, p. 92—158. 1908.

Art der Bakterien. So war der Temperaturkoeffizient bei Bacillus coli communis 8 bis 15, für Staphylococcus pyogenes aureus 30, für Bacillus typhosus 50—320. Für eine vollständige Hitzekoagulation des Protoplasmas der Epidermiszellen von Tradescantia fand der Verfasser diesen Koeffizienten durchschnittlich zu 6, für die Zellen der roten Rübe zu 3,5[1]). Nach Collander[2]) liegen die Temperaturkoeffizienten bei verschiedenen von ihm untersuchten Pflanzen zwischen 26 und 118.

Die Zeit des Eintritts eines bestimmten Stadiums der Hitzekoagulation bei einer bestimmten Temperatur hängt, wie zu erwarten war, von den Bedingungen ab, unter denen der Organismus gelebt hatte, weil die Beständigkeit des Dispersionsmittels, die Menge der dispersen Phasen usw. durch verschiedene Bedingungen modifiziert werden können. So trat die Hitzekoagulation der Spirogyra-Zellen, die unter günstigen Bedingungen gewachsen waren, bei 44° in 600 Sekunden ein, während die Zellen derselben Alge, die unter ungünstigen Bedingungen gewachsen waren, in 140 Sekunden eine vollständige Hitzekoagulation zeigten.

Die Temperatur, bei der die Hitzekoagulation fast momentan eintritt, wird gewöhnlich als „Ultramaximum" bezeichnet. Diese, eine momentane Koagulation hervorrufende Temperatur variiert für verschiedene Eiweißarten, so daß man schon deshalb eine ungleiche Höhe des „Ultramaximums" bei verschiedenen Organismen erwarten muß. Aber die Beständigkeit des Dispersionsmittels kann ebenfalls variieren. Infolgedessen sind einerseits Organismen bekannt, welche noch bei 60—70° C gut vegetieren (z. B. thermophile Bakterien, Algen, die in heißen Quellen gefunden werden usw.), andererseits tritt vollständiger Zerfall des Dispersionsmittels des Protoplasmas und Absterben der Seeigeleier schon bei 45° C in wenigen Sekunden ein.

Die Beständigkeit des Dispersionsmittels hat insofern eine große Bedeutung für die Zeit des Eintritts einer vollständigen Koagulation und des Absterbens des Protoplasmas, als die Zersetzung der hypothetischen Verbindung zwischen Eiweißkörpern und Lipoiden bei einer kleineren oder größeren Veränderung der Eiweißkörper durch Wasser (Denaturation) eintreten kann.

---

[1]) Lepeschkin, W.: Ber. d. Dtsch. Botan. Ges. Bd. 30, S. 703. 1912.
[2]) Collander, R.: Societas Scientiarum Fennica, Commentationes Biol., I, 7, p. 5. 1924.

Im Kapitel 5 des ersten Teils wurde schon darüber berichtet, daß diejenigen Teile des Protoplasmas, welche gegen mechanische Eingriffe beständiger sind, auch bei hoher Temperatur später erstarren. Es wurde ebenfalls erwähnt, daß eine mechanische Einwirkung auf das Protoplasma, die noch keine sichtbare Koagulation hervorruft, doch dasselbe empfindlicher gegen verschiedene Eingriffe macht. Die Moleküle der Eiweißkörper und Lipoide sind so groß, daß ihre Verbindung schon durch Reibung an Nachbarmolekülen gelockert werden kann. Solche gelockerten Komplexe der Moleküle beider Art zerfallen freilich auch leichter bei einer chemischen Einwirkung auf einen der sie zusammensetzenden Komponenten, so daß eine schwächere Denaturation genügt, um sie zum Zerfall zu veranlassen.

In den Versuchen des Verfassers (l. c. 1923, S. 20) trat die Hitzekoagulation des Protoplasmas der intakten Fäden von Spirogyra bei 44° C in 340 Sekunden ein, während dieselbe in den Fäden, welche vorher einige Male nach verschiedenen Richtungen hin gebogen waren, bei derselben Temperatur in 100 Sekunden erfolgte.

Die sichtbare Koagulation des Protoplasmas bei hoher Temperatur wird also hauptsächlich durch eine Zersetzung des Dispersionsmittels desselben verursacht. Da die Eiweißkörper (Nucleoproteide) gewöhnlich in Wasser oder schwachen Salzlösungen unlöslich sind, so koagulieren sie sofort nach ihrem Freiwerden (d. h. ihre Moleküle kleben zu größeren sichtbaren Körnchen zusammen). Aber gleichzeitig oder früher können auch disperse Phasen denaturiert und zur Koagulation gebracht werden, welche nach der Zersetzung des Dispersionsmittels in Wasser zu liegen kommen, so daß das Protoplasma sich in einen Haufen von Körnchen verwandelt, die Wasser durch Capillarkräfte festhalten (Abb. 15). Es ist also vollkommen verständlich, weshalb das Protoplasma nach der Hitzekoagulation alle gelösten Stoffe, wie ein Schwamm, hindurchläßt.

Werden aber die dispersen Phasen vor der Zersetzung des Dispersionsmittels nicht denaturiert, so kommen sie sowieso, nach der Zersetzung desselben, in Wasser zu liegen und sind koaguliert, aber nicht denaturiert. Wenn aber die Hitzekoagulation bei verhältnismäßig niedrigen Temperaturen stattfindet und man die abgestorbenen Zellen sofort abkühlt, so sind auch die Eiweißkörper, die das Dispersionsmittel gemeinsam mit Lipoiden gebildet hatten, meistenteils nicht denaturiert. Sie werden aber beim stärkeren Erhitzen (z. B. bis zum Kochen) denaturiert, wobei das abgestorbene Protoplasma eine Volumkontraktion aufweist. Theoretisch ist auch der Fall möglich, daß die durch die Zersetzung des Dispersionsmittels befreiten Eiweißkörper oder dispersen Phasen wasserlöslich sind. In diesem Falle könnte man erwarten, daß bei verhältnismäßig niedrigen Temperaturen nur ein Teil der Eiweißkörper denaturiert wird und doch die Zersetzung des Dispersionsmittels stattfindet, so daß keine Koagulation, sondern nur ein Austritt der Eiweißkörper aus den Zellen in das umgebende Wasser zu beobachten wäre. Ein solcher Austritt würde dann auch bei mechanischen Einwirkungen auf die Zelle zu beobachten sein. Dieser Fall der Einwirkung der Temperatur ist bei roten Blutkörperchen lange bekannt.

Wenn man dieselben bis 70—100° C rasch erhitzt, so tritt eine typische Hitzekoagulation ein, indem sich der ganze Zellinhalt in Körnchen verwandelt. Hämoglobin, das ungefähr 95% der trockenen Substanz der Blutkörperchen ausmacht, wird bei einer so hohen Temperatur rasch denaturiert und koaguliert, wobei seine hypothetische Verbindung mit Lipoiden, die das Dispersionsmittel des Protoplasmas der Blutkörperchen bildet, freilich zerstört wird.

Wenn man dagegen die Blutkörperchen nur bis 50—60° C erhitzt, so findet die Denaturation des Hämoglobins nur langsam statt (vgl. S. 43); die hypothetische Verbindung desselben wird aber schon durch diese Denaturation zersetzt, so daß Hämoglobin frei wird und die Zelle verläßt. Es findet die Erscheinung statt, welche „Hämolyse" genannt wird. Daß Hämoglobin in diesem Falle durch die Denaturation freigemacht wird, zeigt der Temperaturkoeffizient dieses Prozesses, der, nach Gros[1]), in Arrheniusscher Größe ausgedrückt, $\mu = 64 \cdot 10^3$ ist, während der Temperaturkoeffizient der Denaturation des Hämoglobins in wäßriger Lösung, nach Chick und Martin, $\mu = 62 \cdot 10^3$ (vgl. S. 43) beträgt. Der Unterschied überschreitet nicht die Genauigkeitsgrenzen des Versuches, weil, nach Bestimmungen des Verfassers, der Koeffizient der Hämolyse im mittleren $\mu = 61 \cdot 10^3$ ist[2]).

---

[1]) Gros: Arch. f. exp. Pathol. u. Pharmakol. Bd. 57, S. 73. 1907.
[2]) Die Arbeit des Verfassers über die Hämolyse ist an die Redaktion der Berichte des Nobelinstituts in Stockholm abgesandt.

Mechanische Einwirkungen bewirkten auch diesmal eine Beschleunigung der Zersetzung des Dispersionsmittels, so daß die Hämolyse der intakten Blutkörperchen bei 55° C erst in 65 Minuten sich vollendete, während die Hämolyse der Blutkörperchen, die vorher in der Lösung geschüttelt waren, nur 50 Minuten und dieselbe nach zweimaligem Zentrifugieren 40 Minuten verlangte.

Mechanische Einwirkungen allein, wenn sie stark genug sind (z. B. Zerreiben mit Sand, Ausfrieren der Lösung) führen ebenfalls zur Hämolyse. Die bekannte Hämolyse der Blutkörperchen in hypotonischen Lösungen ist auch eine Folge der mechanischen Wirkung des Aufblähens der Körperchen infolge von Wasseraufnahme.

Oben wurde darauf hingewiesen, daß nach der vollendeten Hitzekoagulation das Protoplasma für alle in Wasser lösliche Substanzen gut permeabel wird, weil das ganze kolloide System zerstört ist und sich in Haufen von Körnchen verwandelt, zwischen denen sich Wasser befindet. Dasselbe Bild wird auch nach einer vollständigen mechanischen Koagulation beobachtet.

Man kann sich aber vorstellen, daß das Dispersionsmittel nur allmählich zerstört wird, so daß seine zersetzten Teile noch in demselben bleiben und zu den dispersen Phasen des Protoplasmas werden. Wenn solche teilweise Zersetzung des Dispersionsmittels nicht zu weit gegangen ist, so können nach der Abkühlung (resp. nach dem Aufhören der mechanischen Einwirkung) die zersetzten Teile repariert und der ursprüngliche Zustand wieder hergestellt werden (vgl. S. 126). Andererseits kann die Verminderung des Dispersionsmittels und die Vermehrung der dispersen Phasen zu einer Steigerung der Viscosität des Protoplasmas führen, welche sich nach der Herstellung des ursprünglichen Zustandes wieder ausgleicht. In dieser Weise könnte man eine vorübergehende Vergrößerung der Viscosität des Protoplasmas nach stärkerem Erwärmen erklären (vgl. S. 115). Eine solche vorübergehende Viscositätszunahme kann man auch bei mechanischen Einwirkungen auf das Protoplasma erwarten.

Durch eine teilweise Zersetzung des Dispersionsmittels und den Übergang eines Teiles der Lipoide in dispersen (vielleicht grob dispersen) Zustand wird wahrscheinlich auch die Permeabilitätszunahme des Protoplasmas für gelöste Stoffe bei mechanischen Einwirkungen auf dasselbe und kurz vor dem Eintritt der Hitzekoagulation erklärt.

Da die Denaturation der Eiweißkörper bei hohen Temperaturen eine schwache Hydrolyse darstellt, so spielt Wasser eine große Rolle bei der Hitzekoagulation des Protoplasmas. Ohne Wasser kann überhaupt keine Hitzekoagulation eintreten, so daß vollkommen trockene Eiweißkörper durch Hitze nicht denaturiert werden. Ähnlich verhalten sich auch die Eiweißkörper des Protoplasmas. Leider kann dieses Verhalten an den Organismen, die das Austrocknen vertragen, nur teilweise geprüft werden, weil ein vollständiges Austrocknen nur bei hohen Temperaturen erzielt werden kann, so daß ein Teil des im Protoplasma enthaltenen Wassers die Eiweißkörper doch denaturiert. Aber eine Verlangsamung der tödlichen Wirkung hoher Temperaturen nach dem Austrocknen in der Zimmerluft ist eine bekannte Sache, die stets bei der Sterilisation berücksichtigt wird. So muß man alle trockenen Gegenstände im Trockenschranke bis $160-170°$ C erhitzen, um eine vollständige Sterilisation zu erzielen, während im feuchten Raum (Autoklaven) das Erhitzen bis $110°$ vollständig genügt. Manche Samen ertragen im trockenen Zustande das Erhitzen bis $110-120°$ C, während sie im wassergesättigten Zustande schon bei $60-70°$ C absterben.

Alles, was in diesem Kapitel über die Einwirkung der Temperatur auf das Protoplasma auseinandergesetzt wurde, darf man auch wohl auf die anderen Arten der lebenden Materie anwenden. Die Denaturation der Eiweißkörper ruft die Zersetzung des Dispersionsmittels und Koagulation auch des Zellkerns und der Chromatophoren hervor. Die Versuche des Verfassers an Spirogyra zeigten, daß der Zellkern gewöhnlich am ehesten durch hohe Temperatur zur Koagulation gebracht wird. Die Chloroplasten werden ebenfalls etwas schneller koaguliert, obwohl der Temperaturkoeffizient demjenigen der Protoplasmakoagulation gleich ist. So trat die Hitzekoagulation der Chloroplasten von Spirogyra bei $45°$ im Durchschnitt in 80 Sekunden ein, während die des Protoplasmas (innere Teile) erst in 140 Sekunden erfolgte.

Eine denaturierende und koagulierende Wirkung übt hohe Temperatur auch auf die Eiweißkörper der Muskelfibrillen (vgl. Kapitel 5 des ersten Teiles) aus. Nach Buglia[1]) ist der Temperaturkoeffizient der Hitzekoagulation der Muskelfibrillen für die Temperaturerhöhung um $10°$ C 25 bis 2500.

---

[1]) Buglia: Kolloidzeitschr. Bd. 5, S. 291. 1909.

b) Veränderungen, hervorgerufen durch niedrige Temperatur und Austrocknen.

Bekanntlich ertragen die Pflanzen, die das Austrocknen aushalten, in trockenem Zustande sehr niedrige Temperaturen ohne Schaden. So blieben in den Versuchen von Macfadyen[1]) Bakterien bei der Temperatur des flüssigen Wasserstoffs lebendig, so daß das trockene Protoplasma durch die Kälte nicht geschädigt wird. Ein solches Verhalten ist auch vom Standpunkt der Kolloidchemie aus begreiflich, weil ein trockenes kolloidales System durch die Kälte nicht verändert werden kann. Im Gegensatz dazu gefriert das Wasser einer kolloiden Lösung und einer Gallerte, so daß die Wirkung der Kälte im allgemeinen als eine Wasserentziehung (also Austrocknung) betrachtet werden kann.

Die Eigentümlichkeit des Protoplasmas besteht aber darin, daß sein kolloidales System unbeständig gegen mechanische Einwirkungen ist, so daß die Bildung des Eises bei der Abkühlung dieses System nicht nur austrocknend, sondern auch mechanisch zerstörend wirken kann. Bei den Pflanzen entsteht das Eis gewöhnlich außerhalb der Zellen, preßt dieselben zusammen und bewirkt eine mechanische Koagulation des Protoplasmas. Bei Tieren kann sich Eis entweder außerhalb oder innerhalb des Protoplasmas bilden und ruft in beiden Fällen eine teilweise oder eine vollständige mechanische Koagulation hervor. Infolgedessen ertragen viele Pflanzen und Tiere niedrige Temperatur nur dann, wenn in ihrem Körper kein Eis entsteht. So konnte z. B. die Temperatur der Kartoffeln bis 5,6° unter Null erniedrigt werden, ohne daß eine Schädigung der Zellen eintritt. Wenn aber die Temperatur noch weiter erniedrigt wird, bildet sich Eis und das Protoplasma geht zugrunde, trotzdem die Temperatur dabei vorübergehend wieder steigt.

Ertragen aber Organismen eine Eisbildung in ihren Geweben, so kann eine weitere Abkühlung in der Hauptsache nur entwässernd wirken, wobei die schädliche Wirkung selbstverständlich erst von dem Augenblick an beginnt, wo die Entwässerung irreversibel wird. Da bei der Eisbildung das Protoplasma so stark entwässert wird, daß es den Aggregatzustand einer Gallerte annimmt, ist es begreiflich, daß eine Analogie zwischen dem Ausfrieren der

---

[1]) Macfadyen: Influence of the temperature of liquid Hydrogen on Bacterial life. Proceedings of the Royal. Soc. Vol. 66. 1900.

Gallerten und des Protoplasmas besteht, wie Fischer[1]) dargetan ist.

Beim Austrocknen müssen, wie beim Ausfrieren, zwei Wirkungsmöglichkeiten berücksichtigt werden. Erstens übt das Austrocknen von Zellen, die viel Wasser enthalten, eine mechanische Wirkung auf das Protoplasma aus, indem die Zellen schrumpfen und jenes eine starke Deformation erleidet. Andererseits übt das Austrocknen eine entwässernde Wirkung auf das Protoplasma aus. Im ersteren Falle hat die Beständigkeit des Dispersionsmittels des Protoplasmas eine große Bedeutung, während im letzteren Falle die Eigenart der Kolloide die Hauptrolle spielt.

Beim Austrocknen wird vor allem das Wasser des Dispersionsmittels abgegeben, so daß die dispersen Phasen sich immer dichter lagern und schließlich aneinander gepreßt werden. Es entsteht zunächst eine Emulsionsgallerte (vgl. S. 27 ff.). Bei weiterer Wasserabgabe verlieren auch die dispersen Phasen ihr Wasser, so daß die zunächst entstandene Gallerte auszutrocknen beginnt. Aus der Einleitung wissen wir, daß eine Verdichtung der Albuminteilchen an den Oberflächen zu Denaturation und Bildung von Häutchen („Haptogenmembranen") führt. Es ist daher möglich, daß auch die Verdichtung der dispersen Phasen des Protoplasmas schließlich eine Denaturation hervorrufen kann, aber nicht hervorrufen muß, weil Albumin, an der Luft getrocknet, in Wasser gut löslich bleibt; freilich enthält solches Albumin noch $10-15^0/_0$ Wasser; aber auch das ausgetrocknete Protoplasma enthält nicht weniger Wasser, so daß es vollkommen begreiflich ist, daß in vielen Fällen das chemisch unveränderte Protoplasma seine Attraktionskräfte gegen Wasser beim Austrocknen beibehält und beim Benetzen seinen ursprünglichen Zustand herstellt (so z. B. bei Moosen, Flechten, Bakterien, Rädertierchen usw.).

In der oben zitierten Arbeit verglich Fischer das Ausfrieren und das Austrocknen des Protoplasmas mit denjenigen der Kieselsäure und von Eisenoxydgallerten. Analogien zwischen Gallerten und Protoplasma kann man freilich nur insofern ziehen, als in beiden kolloiden Systemen eine Attraktion zwischen den kolloiden Substanzen und Wasser vorhanden ist, und da diese Attraktion in Gallerten durch das Austrocknen modifiziert werden kann (vgl. S. 32), so kann man auch die Möglichkeit solcher Modifi-

---

[1]) Fischer, H.: Beiträge zur Biologie der Pflanzen. Bd. 10, S. 133. 1910.

kation für das Protoplasma annehmen. Daß aber die beiden Prozesse (das Austrocknen des Protoplasmas und das Austrocknen der Kieselsäure- oder Eisenoxydgallerte) identisch sind, läßt sich vorläufig nicht behaupten; es ist sogar im Gegenteil wahrscheinlicher, daß die beiden Prozesse ungleich sind, weil das Protoplasma hydrophil-kolloide Eigenschaften besitzt und Wasser nicht durch Kapillarkräfte zurückhält (vgl. S. 102). Wohl aber sind die Betrachtungen Fischers auf die Muskelfibrillen anwendbar, weil dieselben eine Gallerte darstellen. Doch muß man immer beachten, daß Muskeln nicht nur Fibrillen, sondern auch Protoplasma enthalten. Stirbt dasselbe, so werden auch die Muskelfibrillen nicht lange am Leben zu erhalten sein.

c) Veränderungen, hervorgerufen durch Licht und elektrischen Strom.

Im Kapitel 5 des ersten Teiles wurde berichtet, daß Licht und besonders ultraviolette Strahlen auf die lebende Materie koagulierend und tödlich wirken. Nach Young[1]) sollen Eiweißkörper unter der Einwirkung des direkten Sonnenlichtes koagulieren, wobei sich dieser Prozeß aus zwei Teilprozessen zusammensetzt: aus einer chemischen Veränderung des Eiweißes und aus der Ausflockung (d. h. Koagulation) des gebildeten Produkts. Es ist sehr wahrscheinlich, daß diese Erscheinung der Denaturation durch Hitze nahesteht. Jedenfalls kann starke Bestrahlung auch die Eiweißkörper des Protoplasmas und anderer Arten der lebenden Materie denaturieren und somit eine Zersetzung des Dispersionsmittels dieser Gebilde bewirken. Vielleicht kann man auch die Vergrößerung der Permeabilität des Protoplasmas, die bei der Beleuchtung eintritt, durch eine sehr schwache Zersetzung des Dispersionsmittels desselben erklären, in ähnlicher Weise wie eine solche Vergrößerung (hervorgerufen durch mechanische Eingriffe und die hohe Temperatur) früher erklärt wurde (vgl. S. 170).

Jedenfalls macht die Beleuchtung, die zur sichtbaren Zersetzung des Dispersionsmittels des Protoplasmas nicht vollkommen ausreicht, dasselbe empfindlicher gegen die Einwirkung der hohen Temperatur. So trat eine vollständige Koagulation des Protoplasmas von Spirogyra in den Versuchen des Verfassers (l. c. 1923, S. 26) bei zerstreutem Licht in 560 Sekunden ein, während

---

[1]) Young, E.: Proc. of the royal soc. Sec. B., Bd. 93, p. 235. 1922.

die Fäden derselben Alge, welche vorher 5 Minuten in mit einer Linse kondensiertem elektrischem Bogenlicht (20 Ampèren) gehalten waren, diese Koagulation bereits in 390 Sekunden zeigten (Temperatur 46° C).

Was nun die Wirkung des elektrischen Stromes anbelangt, so kann sie entweder in einer mechanischen Wirkung bestehen, indem das Elektrizitätsgefälle eine Kataphorese der Protoplasmabestandteile hervorruft, oder der Strom kann Elektrolyse der Zellbestandteile und als Folge davon eine Ansammlung von Säuren und Laugen an den Polen verursachen, die dann auf das Protoplasma chemisch wirken. Beide Fälle führen zu einer Koagulation und als erste Stufe derselben zu einer Viscositätserhöhung (vgl. S. 116).

3. Veränderungen des kolloidalen Systems des Protoplasmas, hervorgerufen durch Elektrolyte.

a) Salze im Protoplasma.

Im ersten Teil haben wir das Protoplasma als ein kolloidales System, dessen disperse Phasen hydrophilen Charakter besitzen, bezeichnet. Aus der Einleitung wissen wir, daß die Beständigkeit eines solchen kolloidalen Systems nur durch einen größeren Salzgehalt gestört wird und daß seine Stabilität nicht durch Elektrolyte bedingt ist, so daß die im Protoplasma anwesenden Salze nicht für die Erzielung der Stabilität seiner Kolloide bestimmt sein können.

Andererseits ist allgemein bekannt, daß gewisse Salze (und zwar ihre Ionen) für ein normales Leben aller Organismen notwendig sind. Wenn die Bedeutung von stickstoff-, schwefel- und phosphorhaltigen Salzen für die Pflanze vollkommen klar ist, weil diese Metalloide am Aufbau der Moleküle von Eiweißkörpern beteiligt sind, bleibt die Notwendigkeit anderer Ionen für Pflanzen und Tiere bis jetzt unerklärt. Auch ist unbekannt, durch welche Kräfte die Salze im Protoplasma zurückgehalten werden. Da das Protoplasma ein kolloidales System ist, wurde der Gedanke öfters ausgesprochen, daß Salze an Protoplasmakolloiden adsorbiert sind. Es ist aber zur Zeit fast unmöglich, eine scharfe Grenze zwischen Adsorption und chemischer Bindung zu ziehen, weil das einzige Zeichen der Adsorption im Sinne von Gibbs ihre Reversibilität ist, adsorbierte Stoffe aber oft durch Absorbentien sehr fest gehalten werden. Außerdem sind die Protoplasmakolloide hydrophil, so daß man annehmen darf, daß ihre Teilchen von Wasserhüllen bedeckt sind (vgl. S. 22) und eine eigentliche Adsorption an der Oberfläche derselben kaum möglich ist. Infolgedessen würde der Name „Adsorptionsverbindungen" für die Anwendung auf Plasmakolloide und Salze besser passen [1]). In diesen Verbindungen sind Salze (oder deren Ionen) so fest an die kolloiden Stoffe gebunden, daß sie wahrscheinlich durch chemische Kräfte gehalten werden. Für die Möglichkeit der Existenz solcher „Adsorptionsverbindungen" spricht z. B. die Tatsache, daß Albuminlösungen durch Dialyse von Salzspuren nicht befreit werden können. Ferner bildet Globulin sicher Verbindungen mit Salzen, welche löslicher in Wasser sind als freies Globulin (vgl. S. 39). Daß Salze im Protoplasma sehr fest gehalten werden, zeigt schon die Tatsache, daß Wasserpflanzen sie nicht an das umgebende Wasser abgeben, sondern sie speichern.

In der Annahme, daß das Protoplasma Salze an das umgebende Wasser leicht abgibt, sprach Wo. Ostwald [2]) die Vermutung aus, daß destilliertes Wasser nur deshalb giftig sei, weil es dem Protoplasma Salze entziehe. In letzter Zeit zeigte sich aber, daß destilliertes Wasser kein Gift ist, vorausgesetzt, daß es von giftigen Beimengungen befreit ist [3]). In den Fällen, wo eine giftige Wirkung desselben auch nach der Befreiung von Beimengungen beobachtet wird, soll diese Wirkung den giftigen Substanzen zugeschrieben werden, welche der Organismus selbst infolge anormaler Lebensbedingungen ausscheidet [4]).

Versuche des Verfassers an Spirogyra zeigten ebenfalls, daß destilliertes Wasser kein Gift darstellt. Durch die Kultur in diesem Wasser wird aber die Alge gewisser für ihr normales Leben notwendiger Salze beraubt, so daß sie sich nicht mehr entwickeln kann [5]). Die Salze sind also notwendig für die Entwicklung der Alge, ebenso wie Licht und Kohlensäure. Die notwendigen Stoffe

---

[1]) Ostwald, Wo.: Grundriß der Kolloidchemie. S. 398.

[2]) Ostwald, Wo. und Dernoscheck: Kolloidzeitschr. Bd. 6, S. 297, 300—301. 1910.

[3]) Koehler, Adr.: Zeitschr. f. allg. Physiol. 1914. S. 345. — Křiženecky: Arch. f. Entwicklungsmech. d. Organismen. Bd. 42, S. 604. 1917.

[4]) Hibbard: Americ. journ. of botany. Nr. 8, p. 389. 1915.

[5]) Lepeschkin, W.: The constancy of the living substance. p. 13—14. 1923.

können aber giftig werden, wenn sie in unpassender Form verabreicht werden.

b) Veränderungen, hervorgerufen durch Neutralsalze.

Bekanntlich werden die Gewebe der höheren Tiere in physiologischer Kochsalzlösung untersucht. Als aber Ringer [1]) in physiologischer Lösung das lebende Herz vom Frosch längere Zeit beobachten wollte, zeigte es sich, daß reine Kochsalzlösungen nicht imstande sind, normalen Herzschlag zu unterhalten. Wenn aber zur Kochsalzlösung etwas Calciumchlorid zugesetzt war, so konnte das Herz besser funktionieren. Der ganz normale Herzschlag wurde erst bei Zusatz von etwas Kaliumchlorid hergestellt. Ringersche Lösung enthält auf 100 g Wasser 0,65 g NaCl, 0,012 $CaCl_2$ und 0,014 KCl.

Loeb zeigte später, daß ein Zusatz von Calcium- und Kaliumchlorid zu einer mit Seewasser isotonischen Kochsalzlösung für das Leben und die Entwicklung von Seetieren und Fischeiern unbedingt notwendig ist. Nach Loeb[2]) wirken außer Calciumsalzen auch Magnesium- und Eisensalze entgiftend auf Kochsalz. Diese sogenannte antagonistische Wirkung der Salze wurde später von mehreren Forschern bestätigt und die Notwendigkeit einer gleichzeitigen Anwesenheit von Calcium-, Natrium- und Kaliumionen in den Kulturflüssigkeiten wurde allgemein anerkannt. Auf botanischer Seite hat zu dieser Erkenntnis besonders Osterhout beigetragen [3]).

Somit wirken konzentriertere Lösungen von reinem Kochsalz giftig auf das Protoplasma, wenn diese Wirkung sich auch nur allmählich entfaltet. Ebenso wirken auch andere Salze der Alkalimetalle. Eine kleine Menge eines Salzes zweiwertiger Metalle genügt aber, um die schädliche Wirkung der einwertigen Metalle zu vernichten. Um Mißverständnisse zu vermeiden, muß man aber bemerken, daß diese Wirkung der Salze nichts mit der im Kapitel 2 des ersten Teiles beschriebenen, unter dem Einfluß der Kochsalzlösungen rasch stattfindenden Verflüssigung der Pellicula der

---

[1]) Ringer, S.: Journ. of physiol. Vol. 3, p. 380—393. 1880—1882; Vol. 4, p. 29, 222. 1882—1883.
[2]) Loeb, J.: Pflügers Arch. f. d. ges. Physiol. Bd. 97, S. 394. 1903; Vorlesungen über die Dynamik der Lebenserscheinungen. 1906. S. 112.
[3]) Osterhout: Journ. biol. chem. Vol. 1, p. 363. 1906; Botan. Gaz. Vol. 42, p. 127; Jahrb. f. wiss. Botan. Bd. 46, S. 121. 1908.

Infusorien gemein hat. Obwohl eine solche Verflüssigung freilich zum Absterben der Zellen führt, ist sie nur rein mechanischer Natur und die Salze können in diesem Falle durch isotonische Lösungen von Nichtelektrolyten ersetzt werden. Die Wirkung der Salze, welche Ringer und Loeb beobachtet hatten, hängt aber von den Ionen ab, und die Salze können in diesem Falle nicht durch Nichtelektrolyte ersetzt werden.

Vergleichen wir die giftige Wirkung verschiedener Kationen und Anionen der Salze auf lebende Zellen, wenn diese Salze in der umgebenden Lösung einzeln anwesend sind, so daß die antagonistische Wirkung nicht zustande kommen kann, so konstatieren wir vor allem, daß unter den sogenannten Neutralsalzen die Salze der zweiwertigen Metalle (Ca, Sr) nicht so giftig für das Protoplasma sind wie diejenigen der Alkalimetalle. Einige Magnesiumsalze stellen übrigens eine Ausnahme dar, indem sie in größeren Konzentrationen [z. B. $MgCl_2$ und $Mg(NO_3)_2$] für Zellen sowohl der Pflanze als auch der Tiere giftiger als Alkalisalze sind. Magnesiumchlorid wird z. B. zur Anästhesie der niedrigen Tiere verwendet [1]). Kahho [2]) stellte die folgende Reihe von Ionen mit sich vermindernder Giftigkeit auf: $K > Na > Li > Mg > Ba > Ca$, obwohl nach diesem Autor die Unterschiede zwischen den einzelnen Kationen nicht scharf sind (l. c. S. 133). Bezüglich der Magnesiumsalze berichtet Spek, daß $MgSO_4$ bei einer tagelang dauernden Einwirkung auf Heliozoen die Tiere nicht schädige, während Magnesiumchlorid giftig sei. Nach Brenner ist Magnesiumnitrat für die Zellen des Rotkohls sehr schädlich, während Magnesiumchlorid und Magnesiumsulfat, obwohl beide schädlich wirken, nicht so giftig sind wie Magnesiumnitrat.

Wenn man die Giftigkeit der Neutralsalze, die ein und dasselbe Kation, aber verschiedene Anionen besitzen, untersucht, so findet man einen Unterschied in der Wirkung derselben. Da von allen Bestandteilen des Protoplasmas die Eiweißkörper die auffallendste Beziehung zu den Anionen zeigen (vgl. S. 44), schien es Pauli [3]), der diese Beziehung untersuchte, vollkommen möglich

---

[1]) Spek: Acta zoologia. Vol. 165. 1921; Biol. Zentralbl. Bd. 39, S. 23. 1921; Arch. f. Protistenkunde. Bd. 46, S. 166. 1923. — Brenner, W.: Ber. d. Dtsch. Botan. Ges. Bd. 38, S. 283. 1920.

[2]) Kahho: Biochem. Zeitschr. Bd. 120, S. 134. 1921. Über die physiologische Wirkung der Neutralsalze auf das Pflanzenplasma. Acta Univers. Dorpatensis. A. V. 4. Dorpat. 1923.

[3]) Pauli, Wo.: Wien. klin. Wochenschr. Nr. 20. S. 559. 1907.

zu sein, daß eine Analogie zwischen der Wirkung der Salze auf Eiweißkörper und auf das Protoplasma existieren könnte. Der Autor wies z. B. auf die Giftigkeit der Rhodansalze hin, die zugleich die Fällung der Eiweißkörper durch Salze zweiwertiger Metalle befördern. Die Anordnung der Salze nach ihren Anionen und der Giftigkeit, die durch spätere Autoren ausgebaut wurde, bestätigte den Gedanken Paulis. So stellt z. B. Kahho die folgende Reihe der Anionen mit abnehmender Giftigkeit für die Zellen des Rotkohls auf: $Rhod. > J > Br > NO_3 > Acet. > Tartr. > Citr. > SO_4$.

Worauf kann nun die giftige Wirkung der Neutralsalze auf das Protoplasma beruhen? Wo. Ostwald[1]), der, wie erwähnt, die Vermutung aussprach, daß sich die Salze im Protoplasma im adsorbierten Zustande befinden, neigte zur Annahme, daß der Tod der mit Salzlösungen behandelten Zellen infolge einer übermäßigen Adsorption der betreffenden Salze durch die Protoplasma-Eiweißstoffe erfolgt. Nach Ostwald soll sich die Beziehung zwischen der Lebensdauer eines einfachen Tieres oder einer Zelle und der Konzentration der Salzlösung im Sinne einer Gleichung gestalten, die mit der Adsorptionsgleichung identisch ist (vgl. S. 15). Die Giftigkeit einer Salzlösung ist also, nach Ostwald, der Salzkonzentration nicht proportional, sondern wächst nicht so rasch als die. Die antagonistische Wirkung der Salze wird durch gegenseitige Verdrängung derselben bei der Adsorption erklärt, weil, nach Masius[2]), alle Einzelstoffe in Gemischen schwächer adsorbiert werden. Einzelne stärker adsorbierbare Stoffe werden auch im Gemische stärker adsorbiert (absolut und relativ), Ionen mehrwertiger Metalle werden stärker adsorbiert, als Ionen einwertiger, so daß es verständlich erscheint, weshalb eine verhältnismäßig kleine Menge von Calciumsalzen eine größere Menge von Kochsalz entgiften kann.

Die angeführte Theorie der giftigen Salzwirkung läßt leider unerklärt, welche Bedeutung die Salzadsorption für das kolloidale System des Protoplasmas haben könnte, und weshalb eine verstärkte Adsorption oder eine Verdrängung der früher adsorbiert gewesenen Salze die Zerstörung dieses Systems und das Absterben

---

[1]) Ostwald, Wo.: Pflügers Arch. f. d. ges. Physiol. Bd. 120, S. 19. 1907. — Ostwald, Wo. und Dernoscheck: Kolloidzeitschr. Bd. 6. S. 297. 1910. — Gros, O.: Bioch. Zeitsch. Bd. 29, S. 350. 1910.

[2]) Masius: Über die Adsorption in Gemischen. Inaug.-Diss. Leipzig. Zit. nach Wo. Ostwald.

hervorruft. Auch ist, nach der Adsorptionstheorie, nicht verständlich, weshalb die Adsorption von Calciumsalzen unschädlich, diejenige von Natriumsalzen dagegen schädlich ist. Was nun die Gültigkeit der Adsorptionsformel anbelangt, so bezieht sie sich auf die Lebensdauer in Salzlösungen, nicht aber auf die adsorbierte Salzmenge, wie es die Formel verlangt. Diese Zeit wird wahrscheinlich nur durch die in die Zelle eingedrungene Salzmenge bestimmt.

Da die Protoplasmakolloide hydrophil sind, kann man, wie erwähnt, kaum von einer Adsorption von Salzen im üblichen Sinne sprechen. Die dispersen Phasen des Protoplasmas müßten zunächst von ihren Wasserhüllen befreit werden, was nur durch eine größere Salzmenge erzielt werden könnte. Werden aber die Kolloidteilchen von diesen Hüllen befreit, so kann eine elektrische Adsorption und eine Koagulation der Plasmakolloide eintreten, wie sie tatsächlich an Eiweißlösungen beobachtet wird (vgl. S. 26).

Um also eine schädliche oder tödliche Wirkung auf das Protoplasma auszuüben, muß ein Salz ins Protoplasma vor allem in größeren Quantitäten eindringen. Wie weit die Protoplasmakolloide hydrophil sind, ist zur Zeit unbekannt, so daß man nicht voraussagen kann, welche Menge eines Salzes nötig ist, um die dispersen Phasen des Protoplasmas zur Koagulation zu bringen. Auch ist nicht bekannt, ob das Dispersionsmittel des Protoplasmas durch Salzlösungen nicht zerstört wird. Man kann also zur Zeit noch kein vollständiges Bild der schädlichen Salzwirkung auf das Protoplasma entwerfen; man darf aber voraussetzen, daß, je mehr Salz ins Protoplasma eingedrungen ist, es desto stärker entwässernd wirkt. Da aber das Dispersionsmittel desselben nicht Wasser ist, sondern nur eine große Wassermenge enthält, so dürften Attraktionskräfte zwischen den Kolloidteilchen und Wasser durch andere Bestandteile des Dispersionsmittels vermindert sein, so daß vielleicht nur eine kleine Salzmenge ausreicht, um die Koagulation der Protoplasmakolloide hervorzurufen.

Die antagonistische Salzwirkung ließe sich aber vielleicht durch eine gegenseitige Verdrängung der Salze bei der Koagulation der entwässernden Kolloidteilchen erklären. Nach Linder und Picton[1] sollen ja Salze einwertiger und zweiwertiger Metalle bei der Koagulation des Arsensulfids ihre koagulierende Kraft gegen-

---

[1] Linder and Picton: Journ. of chem. soc. Vol. 67, p. 63. 1895.

seitig hindern. Auch würde die gelindere Wirkung der Calciumsalze, wenn diese eindringen, verständlich sein, weil diese Salze auch auf Eiweißlösungen nur in größeren Konzentrationen koagulierend wirken.

Daß das Eindringen der Salze ins Protoplasma bei der Giftigkeit derselben eine Hauptrolle spielt, folgt aus den neuen Untersuchungen von Spek und Kahho[1]). Die beiden Autoren kommen zu dem Schluß, daß die Giftigkeit der Neutralsalze parallel mit der Permeabilität des Protoplasmas für diese Salze wächst. Nach Spek sollen außerdem diejenigen Salze, welche besser eindringen (z. B. Rhodanide) auch die Wasseraufnahme durch das Protoplasma begünstigen (vgl. S. 105), während schlecht eindringende Salze (z. B. Sulfate) diese Aufnahme hemmen. Da aber die Wasseraufnahme die Zellteilung begünstige, so sollen die Salze auch diese analog beeinflussen.

Die von den genannten Autoren gezogenen Schlüsse stimmen auch mit den Versuchsresultaten von Fitting[2]) und Prat[3]) überein. Nach dem zuerst genannten Autor dringen Bromide und Chloride schneller ins Protoplasma ein als Sulfate und Alkalisalze schneller, als Salze zweiwertiger Metalle. Der zuletzt genannte Autor konstatierte ebenfalls eine geringere Permeabilität des Protoplasmas für Sulfate und deren geringere Giftigkeit im Vergleich zu Rhodaniden. Die von den genannten Autoren verwandte Methode gestattet aber nicht den Schluß, daß Calciumsalze in das Protoplasma gar nicht eindringen, wie Fitting will, obwohl sich die Individualität des Protoplasmas auch in einer größeren oder kleineren Permeabilität für bestimmte Salze äußern kann. Nach Spek soll Calciumchlorid nur in mittleren Konzentrationen nicht koagulierend wirken, während eine Vergrößerung der Konzentration dieses Salzes eine Koagulation und das Absterben von Opalinen bewirkte (l. c. 1923. S. 174)[4]).

Das im Kapitel 1 dieses Teils zitierte Schema Pfeffers, dem zufolge nur die Oberfläche des Protoplasmas für die osmotischen Eigenschaften desselben verantwortlich ist, veranlaßte offenbar

---

[1]) Spek: l. c. — Kahho: Biochem. Zeitschr. Bd. 117, S. 87. 1921; Bd. 120, S. 125. 1921; Bd. 123, S. 284. 1921.
[2]) Fitting: Jahrb. f. wiss. Botan. Bd. 57, S. 582. 1916.
[3]) Prat: Biochem. Zeitschr. Bd. 128, S. 561. 1922.
[4]) Eine geringe Permeabilität für Calciumsalze wurde auch von Lundegårdh und Tröndle konstatiert.

Spek und Kahho, die Hypothese auszusprechen, daß das Eindringen oder Nichteindringen der Salze von der koagulierenden, „verdichtenden" Wirkung derselben auch die Protoplasmaoberfläche abhängig sei. Wird diese Oberfläche „verdichtet", so soll auch die Permeabilität des Protoplasmas erniedrigt werden: Fällungsvermögen und Eindringungsvermögen verhielten sich zu einander umgekehrt proportional [1]). Auf diese Weise wird auch die antagonistische Salzwirkung erklärt: Salze, die fällend auf die Protoplasmaoberfläche wirken, machen diese Oberfläche auch für die gut permeierenden Salze impermeabel. Da aber Calciumsalze nur eine geringe koagulierende Wirkung auf Eiweißkörper ausüben, so nimmt Kahho an, daß die Lipoide der Protoplasmaoberfläche durch diese Salze koaguliert werden [2]) (vgl. S. 49).

Eine Verdichtung oder Koagulation der Protoplasmakolloide an der Protoplasmaoberfläche ist eine Erscheinung, die dem Mikroskopiker nicht entgehen kann, so daß es schwer verständlich erscheint, weshalb die genannten Autoren ihre Hypothese nicht durch direkte mikroskopische Beobachtung beweisen. Jedenfalls widersprechen die von ihnen erhaltenen Resultate auch nicht der Annahme, daß nicht nur die Protoplasmaoberfläche für die selektive Permeabilität der Salze verantwortlich ist. Daß aber die Anionenreihe nach abnehmender Permeabilität und Giftigkeit (Rhod. $>$ J $>$ Br $>$ NO$_3$ $>$ Acet. $>$ SO$_4$) der lyotropen Fällungsreihe in sauren Flüssigkeiten entspricht (vgl. S. 44), während das Protoplasma meistenteils alkalisch reagiert, ist vollkommen begreiflich, weil Salze nur infolge Wassergehalts des Protoplasmas in dasselbe eindringen. Nach Spek wird aber, wie erwähnt, die Wasseraufnahme durch das Protoplasma durch stärker permeierende Salze vergrößert und umgekehrt, so daß der Gedanke naheliegt, daß gerade die vermehrte Wasseraufnahme die größere Permeabilität bedingt. Salze beeinflussen aber die Wasseraufnahme der Kolloide nach der Anionenreihe, die der Fällungsreihe in

---

[1]) Endler und Szücs fanden, daß die Farbstoffaufnahme durch stärkere Konzentrationen der Salze vermindert wird, und schließen, daß Salze die Plasmakolloide fällen und dadurch die Plasmamembran verdichten. Diese Versuchsresultate können aber nicht nur durch eine Permeabilitätsverminderung unter dem Einfluß der größeren Salzkonzentration, sondern auch durch die Verminderung des Dispersitätsgrades der kolloiden Farbstoffe entstanden sein (vgl.: Ruhland: Kolloidzeitschr. Bd. 12, S. 118. 1913).

[2]) Kahho: Biochem. Zeitschr. Bd. 120, S. 139. 1921.

sauren Lösungen entspricht, so daß sie auch die Permeabilität nach dieser Reihe beeinflussen müssen[1]).

Die Hypothese Pfeffers, betreffend die Existenz einer Plasmamembran, kam auch in der Erklärungsweise der antagonistischen Salzwirkung von Höber und Loeb zum Ausdruck: Der letztere nimmt an, daß reines Natriumchlorid die Kolloide der Protoplasmaoberfläche erweiche und dieselbe permeabel mache, während mehrwertige Ionen die Erhärtung derselben bewirkten. Höber[2]) erklärt die antagonistische Salzwirkung durch eine Entquellung der Plasmamembran durch die zweiwertigen Ionen.

Auch Osterhout führt die antagonistische Salzwirkung auf eine Permeabilitätsänderung der Protoplasmaoberfläche zurück. Der genannte Autor zeigte, daß die Plasmolyse der Pflanzenzellen durch reine Lösungen von Natriumchlorid oder Calciumchlorid einer größeren Salzkonzentration bedürfe, als die Plasmolyse durch das Gemisch dieser Salze, welches denselben osmotischen Druck hat. Daraus schloß er, daß beide Salze sich gegenseitig am Eintritt in die Zelle hinderten[3]). Andererseits vergrößert sich nach Osterhout die elektrische Leitfähigkeit der Gewebe der Meeralgen nach dem Übertragen aus Seewasser in reine Natriumchloridlösung bis zur Leitfähigkeit der toten Gewebe. Calciumsalze rufen aber zunächst eine Verminderung der Leitfähigkeit und erst später eine solche Erhöhung derselben hervor, wie sie Natriumsalze verursachen. Seien aber in der Lösung beide Salze anwesend, so erniedrige sich die Leitfähigkeit des lebenden Gewebes zuerst, um sich alsdann langsam zu erhöhen. Die geringe Leitfähigkeit der lebenden Algengewebe schreibt Osterhout der

---

[1]) In seiner letzten Arbeit kommt Kahho (Bioch. Zeitschr. Bd. 144, S. 104. 1924) zu dem Schlusse, daß die quellungsfördernden Salze auch die Permeabilität für Säuren fördern, während die quellungshemmenden Salze sie herabsetzen.

[2]) Höber: Physikalische Chemie der Zellen und der Gewebe. 1914. S. 531.

[3]) Osterhout, W.: The plant world. Vol. 16, p. 129—144. 1913; Jahrb. f. wiss. Botan. Bd. 54, S. 645. 1914. Nach Osterhout sollen unter anderem mit 0,38—0,4 n NaCl plasmolysierte Zellen von Spirogyra schon nach 10—30 Minuten eine Deplasmolyse aufweisen. Nach Versuchen des Verfassers dieses Buches findet eine so rasche Deplasmolyse nur in geschädigten Zellen statt. Wenn in den Versuchen von Osterhout die Zellen durch eine zu rasche Plasmolyse geschädigt waren, so beweisen seine Versuche nur die schädliche Wirkung einzelner Salze und die Unschädlichkeit ihres Gemisches.

geringen Permeabilität des Protoplasmas für Salze, die Wirkung der einzelnen Salze einer Vergrößerung (Natriumsalze) oder einer Verminderung (Calciumsalze) derselben zu. Im Gemisch sollen dagegen die beiden Salze sich gegenseitig am Eintritt in die Zelle hindern.

Die Versuchsmethodik Osterhouts scheint Höber [1]) für die Erklärung der Verhältnisse in lebenden Zellen nicht passend zu sein, weil sich die Gewebe in den Versuchen Osterhouts unter anomalen Bedingungen befanden. Da die Leitfähigkeit der toten Gewebe so groß ist wie diejenige nach 10 stündiger Einwirkung von Natriumsalzen, so beweisen die Versuche Osterhouts eine schädliche Wirkung dieser Salze, eine kleiere Schädlichkeit der Calciumsalze und eine entgiftende Wirkung des letzteren auf Natriumsalz. Daß aber dabei die Permeabilitätsänderungen die Hauptrolle spielen, ist bis jetzt nicht bewiesen. Im Gegenteil, es ist wahrscheinlicher, daß die antagonistische Salzwirkung sich im Zellinneren abspielt, wie es z. B. Versuche von Reed [2]) zeigten.

c) Salze dreiwertiger und schwerer Metalle.

Im Gegensatz zu den Salzen ein- und zweiwertiger Metalle sind Salze dreiwertiger und schwerer Metalle bekanntlich in wäßrigen Lösungen teilweise hydrolysiert. Ihre Lösungen haben saure Reaktion, d. h. einen Überschuß von Wasserstoffionen ($pH < 7$). Infolgedessen beeinflussen diese Salze das Protoplasma einerseits durch ihre Metallkationen, andererseits durch ihre Wasserstoffionen.

Dieser doppelten Wirkung muß man wahrscheinlich eine ungleiche Empfindlichkeit der verschiedenen Protoplasmaarten gegen Aluminiumsalze zuschreiben. Diejenigen Zellen, welche eine starke Konzentration von Wasserstoffionen leicht aushalten, z. B. die Zellen von Schimmelpilzen, sind auch gegen Aluminiumsalze unempfindlich. Andererseits sind letztere bisweilen nicht weniger giftig als Säuren. In den Versuchen von Koehler trat der Tod von Colpoden in 2—3 Minuten nach dem Übertragen der Tiere in eine 0,001 n-Lösung von $AlCl_3$ ein [3]). Der genannte Autor gibt an, daß ein Zusatz von Salzsäure zu Lösungen von $AlCl_3$ die Giftig-

---

[1]) Höber: l. c. S. 362.
[2]) Reed, H.: Botan. Gazette. Bd. 66, S. 374—380. 1918.
[3]) Koehler, Adr.: Zeitschr. f. allg. Physiol. Bd. 18, S. 167. 1920.

keit des letzteren herabsetzt, zugleich wird aber darauf hingewiesen, daß Aluminiumchlorid allein stärker sauer auf Lackmus reagiert, als das Gemisch von $AlCl_3$ und Salzsäure. Obwohl der genannte Autor den giftigen Einfluß der Aluminiumsalze der ausflockenden Wirkung von Aluminiumionen auf „Membrankolloide" zuschreibt, ist es sehr wahrscheinlich, daß gerade Wasserstoffionen bei so kleinen Konzentrationen von Aluminiumsalzen die Hauptrolle spielen, weil man vermuten darf, daß in so schwachen Lösungen Aluminiumchlorid in Salzsäure und Aluminiumhydroxyd vollkommen gespalten ist. Die entgiftende Wirkung von Kochsalz, die vom Autor angegeben wird, könnte man vielleicht der Hemmung der elektrischen Dissoziation zuschreiben. Jedenfalls kann man kaum einen entscheidenden Schluß betreffend die Wirkung der Aluminiumionen ziehen, wenn man die Konzentration der Wasserstoffionen in den untersuchten Lösungen nicht kennt.

In den Versuchen von Fluri und Szücs, die bei der Besprechung der Viscositätsänderungen des Protoplasmas zitiert wurden, ist die saure Reaktion der Aluminiumsalze ebenfalls nicht berücksichtigt, obwohl das von diesen Autoren benutzte Objekt — Spirogyra — außerordentlich empfindlich gegen Wasserstoffionen ist. Bei der Besprechung dieser Versuche wurde schon darauf hingewiesen, daß die Unmöglichkeit der Plasmolyse nach der Einwirkung von Aluminiumsalzen, welche von beiden Autoren konstatiert worden war, wahrscheinlich durch das Absterben der Alge beim Anfang der Plasmolyse verursacht war. Die erhöhte Viscosität des Protoplasmas zeigt jedenfalls eine teilweise Koagulation oder Zersetzung der Protoplasmakolloide an (vgl. S. 116).

Die Vermutung, daß die Wasserstoffionen bei der Einwirkung von Aluminiumsalzen eine große Rolle spielen, wird auch durch die Tatsache bekräftigt, daß nur kleine Konzentrationen von Aluminiumsalzen das erwähnte Ausbleiben der Plasmolyse und die Viscositätserhöhung verursachen können. Große Konzentrationen dieser Salze sind nach beiden genannten Autoren unschädlich. Dieselbe Alge läßt sich sehr gut durch Aluminiumsalze plasmolysieren. In größeren Konzentrationen sind Aluminiumsalze wahrscheinlich weniger hydrolysiert und zugleich ist bei einer solchen Konzentration des Salzes die elektrolytische Dissoziation herabgesetzt.

Es ist freilich nicht ausgeschlossen, daß auch Aluminiumionen selbst auf die Protoplasmakolloide irgend einen Einfluß ausüben.

Zur Zeit kennt man aber nur die Wirkung der Aluminiumionen auf Cholesterinsuspensionen, die durch diese Ionen, auch wenn dieselben nur in sehr kleinen Konzentrationen anwesend sind, ausgeflockt werden (vgl. S. 50). In welcher Form Cholesterin (resp. Phytosterin) im Protoplasma vorkommt, ist nicht bekannt. Da aber seine Suspensionen in Wasser Mikronen und Ultramikronen aufweisen, läßt sich vermuten, daß im Protoplasma, das freies Cholesterin enthält, ebenfalls Ultramikronen sichtbar sind.

Noch weniger als die Wirkung der Aluminiumionen auf das Protoplasma ist diejenige von Eisenionen bekannt. Ihre giftigere Wirkung kann man aber vielleicht ihrer Reaktionsfähigkeit mit Eiweißkörpern des Protoplasmas zuschreiben, weil Eisen mit Albumin und anderen Eiweißkörpern Albuminate bildet.

Da Ionen dreiwertiger Metalle auf Lipoide ausflockend wirken, so ist es wohl möglich, daß in denjenigen Fällen, wo das Protoplasma viel Lipoide enthält (so z. B. in den Nervenzellen resp. in den Nerven) und diese Stoffe also auch in freiem Zustande anwesend sein können, die genannten Ionen eine ausschlaggebende Bedeutung bei der Vergiftung durch Salze dreiwertiger Metalle haben. In dieser Weise sind wahrscheinlich die Versuchsresultate von Mines[1]), Höber und Spaeth[2]) zu deuten, denen zufolge Salze dreiwertiger seltener Metalle (La, Ce, Y, Ne, Pr), die wenig hydrolysiert sind, sehr stark giftig auf das Herz und die Muskeln wirken.

Bei der Einwirkung der Schwermetallsalze auf das Protoplasma spielen Metallkationen sicher die Hauptrolle, weil dieselben mit Eiweißkörpern Verbindungen bilden, die durch Wasser nicht oder schwer gespalten werden (vgl. S. 45).

Da das Dispersionsmittel des Protoplasmas (und vielleicht auch die dispersen Phasen desselben) sehr unbeständig ist, so genügt wahrscheinlich schon eine kleine chemische Änderung der Eiweißkörper, also die Bildung einer Verbindung zwischen einem Teil derselben und Schwermetallen, um eine teilweise Zersetzung der hypothetischen Lipoid-Eiweißkörper zu bewirken oder wenigstens ihre Unbeständigkeit zu verstärken. Da aber die Verbindungen der Eiweißkörper mit Schwermetallen viel leichter denaturiert werden als freie Eiweißkörper, so wird auch die Denaturation

---

[1]) Mines: Journ. of physiol. Vol. 40, p. 327. 1910; Vol. 42, p. 309. 1911.

[2]) Höber: Physikalische Chemie der Zelle und der Gewebe. 1914. S. 484.

der Eiweißkörper des Protoplasmas durch Schwermetallsalze stark beschleunigt. Es ist also begreiflich, daß diejenigen Konzentrationen derselben, die noch keine sofortige Zersetzung des Dispersionsmittels des Protoplasmas bewirken, bei lange dauernder Einwirkung schließlich das Absterben verursachen.

In dieser Beziehung ist die Wirkung der Schwermetallsalze auf das Protoplasma der Wirkung hoher Temperaturen ähnlich. Bei einer sehr hohen Temperatur werden alle Eiweißkörper schnell koaguliert, während bei mittleren Temperaturen nur eine teilweise Denaturation stattfindet und die Eiweißstoffe bei der Zersetzung des Dispersionsmittels sich hauptsächlich in nicht denaturierter Form ausscheiden. Besonders demonstrativ ist dieser Unterschied, wie wir wissen, an Blutkörperchen zu beobachten (vgl. S. 169).

Blutkörperchen stellen auch das passendste Objekt dar, um die Wirkung starker und schwacher Konzentrationen von Schwermetallsalzen auf das Protoplasma zu studieren. Der Unterschied in der Wirkung ist in der Tat auffallend.

Stärkere Konzentrationen von Schwermetallsalzen rufen eine sofortige Erstarrung der Blutkörperchen hervor [1]), wobei sich sicher eine in Wasser unlösliche Verbindung des Hämoglobins mit den Schwermetallen bildet, weil diese Verbindung auch in vitro entsteht. Die hypothetische Verbindung von Hämoglobin mit Lipoiden wird dabei offenbar zersetzt, Hämoglobin tritt aber nicht heraus.

Im Gegensatz dazu rufen kleine Konzentrationen von Schwermetallsalzen, wie mittlere Temperaturen, Hämolyse hervor. Man erklärte früher diese Hämolyse durch die Annahme, daß Schwermetallsalze die Membran der Blutkörperchen auflockern und dadurch den Austritt des Hämoglobins verursachen. In Wirklichkeit hat aber die Membran der Blutkörperchen keine Bedeutung für die Hämolyse. (vgl. S. 64 und Abb. 3—6).

Andererseits zeigten Versuche von Arrhenius, daß Sublimat und Silbernitrat bei der Hämolyse in so großen Quantitäten von Blutkörperchen aufgenommen werden, daß man nur eine chemische Bindung zwischen den Eiweißkörpern des Protoplasmas (also

---

[1]) Detre und Sallei: Wien. klin. Wochenschr. 1904. S. 1195—1205, 1234—1238. — Arrhenius, Sv.: Fällung von Eiweißkörpern usw. Meddel. fr. K. Vetensk. Akad. Nobelinst. Bd. 1, Nr. 13, S. 29. 1909. — Meneghetti, E.: Biochem. Zeitschr. Bd. 131, S. 38. 1922.

hauptsächlich von Hämoglobin) mit den genannten Salzen annehmen kann [1]). Diese Bindung ist also wahrscheinlich die Ursache der Hämolyse, weil schon eine kleine chemische Änderung der Bestandteile des Dispersionsmittels des Protoplasmas zu einer vollständigen Zersetzung desselben führen kann und weil die Konzentration der Schwermetallsalze für die Entstehung einer in Wasser unlöslichen Verbindung mit Hämoglobin nicht ausreicht.

Aus der Einleitung wissen wir schon, daß die Verbindungen der Schwermetallsalze mit Eiweißkörpern nicht denaturiert sind. Erst ein starkes Erhitzen bewirkt die Denaturation solcher Verbindungen. In Übereinstimmung damit ist die Verbindung des Hämoglobins mit Schwermetallen, z. B. mit Quecksilber, die durch Behandlung der Blutkörperchen mit starken Lösungen von Sublimat entsteht, nicht denaturiert. Wird diese Verbindung zersetzt, so tritt das Hämoglobin aus und die toten Blutkörperchen zeigen Hämolyse. Diese Erscheinung wird z. B. durch Salzsäure, Ammoniak und Saponin, nach Meneghetti außerdem noch durch Schwefelwasserstoff und Natriumjodat bewirkt [2]). Alle diese Reagentien rufen Hämolyse der durch Sublimat fixierten Blutkörperchen hervor. Werden sie aber vorher stark erhitzt, so zeigen sie keine Hämolyse mehr.

Die Hämolyse unter der Einwirkung von kleinen Konzentrationen von Sublimat findet nur langsam statt. Wenn nun eine Sublimatlösung so verdünnt ist, daß sie keine Hämolyse hervorzurufen imstande ist, so beschleunigt sie die durch hohe Temperaturen hervorgerufene Hämolyse, wobei die fördernde Wirkung des Sublimats auf die Denaturation zum Vorschein kommt. So genügt 1 Teil Sublimat auf 1 000 000 Teile Salzlösung, um die Hämolyse bei 55^0 C auf das Doppelte zu beschleunigen. Diese Beschleunigung kann auch durch den Eintritt von Quecksilberionen in das Eiweißmolekül erklärt werden. Die Änderung desselben ist aber offenbar so gering, daß sie noch keine Zersetzung des Dispersionsmittels des Protoplasmas bewirkt.

Das Gesagte bezieht sich auch auf das Protoplasma derjenigen Zellen, deren Eiweißkörper in Wasser unlöslich sind. In kleinen Konzentrationen, die nur für eine Hämolyse genügen, ruft Sublimat auch nur ein sehr langsames Absterben der Zellen hervor. Die Konzentrationen desselben aber, die noch kein Absterben be-

[1]) Arrhenius: l. c. S. 35.
[2]) Meneghetti: l. c. S. 73—74.

wirken, veranlassen eine Beschleunigung der Hitzekoagulation des Protoplasmas. Verschiedene Organismen und Zellen sind ungleich stark empfindlich gegen Schwermetallsalze und diese individuellen Unterschiede in der Resistenz hat man wahrscheinlich nicht nur der ungleichen chemischen Zusammensetzung der Eiweißkörper bei verschiedenen Organismen, sondern auch der ungleichen Beständigkeit des kolloidalen Systems des Protoplasmas zuzuschreiben.

So kann man nur durch eine sehr große Unbeständigkeit des Dispersionsmittels (resp. der dispersen Phasen) des Protoplasmas die Tatsache erklären, daß die Alge Spirogyra schon beim Gehalt von $0{,}000\,000\,1\,^0/_0$ Kupfersalz in der Kulturflüssigkeit abstirbt[1]). Diese Alge ist auch gegen andere schädliche Eingriffe wenig resistent (vgl. S. 127).

Im Gegensatz dazu wachsen Schimmelpilze in Nährlösungen, die $20\,^0/_0$ und mehr Kupfersalz enthalten, noch merklich. Solche Unempfindlichkeit wird gewöhnlich dadurch erklärt, daß die Kupfersalze nicht in das Protoplasma eindringen, da sie mit der Zellmembran eine für Kupfersalze undurchlässige Verbindung ergeben.

Man kann vielleicht die Empfindlichkeit für Schwermetallsalze mit derjenigen für Hitzekoagulation und für mechanische Koagulation in Parallele stellen. Wenigstens ist diese Empfindlichkeit bei verschiedenen Protoplasmateilen der Pflanzen derjenigen für mechanische Wirkungen und Hitzekoagulation sehr ähnlich. So wissen wir z. B. schon, daß die äußeren Protoplasmateile gegen mechanische Eingriffe und Hitzekoagulation resistenter als die inneren sind. Sie sind auch gegen Schwermetallsalze resistenter.

Nach Arzichovsky[2]) stirbt die äußere Protoplasmaschicht der Zellen von Begonia in stärkeren Lösungen von Kupfervitriol und Zinksulfat sehr schnell ab, während die inneren Protoplasmateile sich durch die genannten Salze sogar plasmolysieren lassen.

Da die Wirkung der Schwermetallsalze auf das Protoplasma auf einer chemischen Reaktion zwischen jenen und den Eiweißkörpern des Protoplasmas beruht, die eine Zersetzung des

---

[1]) Nägeli: Oligodynamische Erscheinungen in lebenden Zellen. 1893. Vgl. auch Pfeffer, W.: Pflanzenphysiologie. 2. Aufl., Bd. 2, S. 334. 1904.
[2]) Arzichovsky, W. und Th. Schljakina: Bull. de l'acad. Imperial des sciences de Russie. 1916. p. 1052.

Dispersionsmittels (resp. der dispersen Phasen) hervorruft, so ist das Bild des Absterbens einer Zelle durch diese Salze demjenigen durch Hitzekoagulation gleich. In denjenigen Fällen, wo Eiweißkörper des Protoplasmas in Wasser unlöslich sind, tritt bei langsamer Wirkung des Giftes Koagulation in demselben ein, während eine rasche Giftwirkung Erstarrung zu einer Gallerte hervorruft, die nur einen sehr feinen Bau besitzt [1]).

Wenn die Konzentration der Schwermetallsalze sehr groß ist, so kann die entstehende Koagulationsgallerte so dicht sein, daß sie kolloidale Farbstoffe mit großen Ultramikronen nur sehr schwierig durchläßt. So können z. B., nach Arzichovsky (l. c.), die durch die Einwirkung von zweinormaler Lösung von Kupfernitrat plasmolysierten inneren Protoplasmaschichten von Begonia-Zellen das im Zellsaft enthaltene Anthocyan während 5—7 Tagen zurückhalten.

Bei der Einwirkung der Salze dreiwertiger und schwerer Metalle auf das Protoplasma hat die Eintrittsfähigkeit derselben allerdings eine große Bedeutung. Man schreibt z. B. die außerordentlich starke Giftigkeit der Halogenide des Quecksilbers (z. B. Sublimat) ihrer Löslichkeit in Lipoiden zu. In der Tat sind andere Quecksilbersalze, die in denselben unlöslich sind, 50 und mehrmal weniger giftig als Quecksilberchlorid [2]).

Da aber die Giftigkeit der Schwermetallsalze von ihrer Fähigkeit abhängt, mit den Eiweißkörpern des Protoplasmas (und anderen Arten der lebenden Materie) chemisch zu reagieren, so ist auch die Größe der elektrolytischen Dissoziation dieser Salze von großer Bedeutung. So wirkt z. B. nach Kahlenberg und True [3]) $AgNO_3$ fast 10mal so giftig als ein Gemisch desselben Salzes mit KCN, weil in diesem Gemisch AgCN anwesend ist, das viel weniger dissoziiert ist. Nach Paul und Krönig (l. c.) sollen Quecksilberhalogenide desto giftiger sein, je mehr sie elektrisch dissoziiert sind. Quecksilberchlorid ist das giftigste Salz, dann folgt Quecksilberbromid und erst dann Quecksilbercyanid.

Vermutlich können Schwermetallsalze nicht nur mit den

---

[1]) Gaidukov: Dunkelfeldbeleuchtung 1910. Kolloidzeitschr. Bd. 6. 1910.

[2]) Paul und Krönig: Zeitschr. f. physikal. Chem. Bd. 21, S. 414. 1896; Zeitschr. f. Hyg. u. Infektionskrankh. Bd. 25, S. 1. 1897.

[3]) Kahlenberg und True: Zeitschr. f. physikal. Chem. Bd. 22, S. 475. 1897.

Eiweißkörpern des Dispersionsmittels des Protoplasmas, sondern auch mit denjenigen der dispersen Phasen chemisch reagieren und denselben hydrophobkolloidalen Charakter erteilen, so daß sie zur Koagulation gebracht werden. Eine solche Koagulation muß auf das Dispersionsmittel mechanisch einwirken und die Zersetzung desselben begünstigen. Andererseits ist die Koagulation von der koagulierenden Wirkung der einzelnen Metallionen abhängig (vgl. S. 23). Diese koagulierende Wirkung steht aber mit dem sogenannten elektrolytischen Lösungsdruck im Zusammenhang, d. h. mit der verschiedenen Fähigkeit der einzelnen Metalle, in Wasser Ionen zu bilden. Die sichtbare Koagulation der Verbindung der Eiweißkörper und Schwermetalle im Protoplasma und daher auch die Zersetzung des Dispersionsmittels desselben steht daher ebenfalls im Zusammenhang mit dem Lösungsdruck dieser Metalle. Je größer die Tendenz eines Metalls, in Wasser Ionen zu bilden, ist, desto giftiger sind seine Salze. Infolgedessen wirken die Ionen von Quecksilber stärker als Kupferionen und Bleiionen[1]).

Zum Schluß ist noch auf die zuerst von Loeb festgestellte Tatsache hinzuweisen, daß Ionen dreiwertiger und schwerer Metalle einen antagonistischen Einfluß auf die schädliche Wirkung der Neutralsalze ausüben können, wenn sie in sehr kleinen Konzentrationen zugesetzt werden. Auch nach Lillie[2]) sollen Mn, Fe, Co, Ni, Pb, Zn, Cu, Al und Fe-Ionen die schädliche Wirkung von Na-Salzen auf Cilien und auf die Bewegung der Arenicolalarven etwas hemmen. In diesem Falle wirken Ionen schwerer Metalle ähnlich wie Ionen zweiwertiger Metalle, aber in viel kleinerer Konzentration.

Man darf also vermuten, daß die Wirkung der Ionen beider Arten gleichbedeutend ist und vielleicht aus einer Hemmung der koagulierenden Wirkung der Neutralsalze auf entwässerte Protoplasmakolloide besteht (vgl. S. 180). Die Konzentration der dazu nötigen Menge der Schwermetallsalze ist freilich so klein (nach Lillie $1/1500$ bis $1/26000$ normal), daß sie allein keine sichtbare schädliche Wirkung auf das Protoplasma ausüben kann. Diese so stark

---

[1]) Die Literatur ist bei Höber (Physikalische Chemie der Zelle und Gewebe. 1914. S. 485) nachzusehen. In letzter Zeit fand einen Parallelismus zwischen der Giftigkeit der Schwermetallsalze und dem elektrischen Lösungsdruck ebenfalls Kahho (Biochem. Zeitschr. Bd. 122, S. 39—42. 1921).

[2]) Lillie, R. S.: Americ. journ. of physiol. Vol. 10, p. 419. 1904; Vol. 17, p. 89. 1906.

entgiftende Wirkung ist wohl nur durch eine sehr starke Adsorptionsfähigkeit derselben zu erklären.

d) Veränderungen, hervorgerufen durch Säuren.

Die giftige Wirkung der Säuren auf das Protoplasma ist lange bekannt und schon vor 30 Jahren kamen Kahlenberg und True [1]) zu dem Schluß, daß diese Wirkung den Wasserstoffionen zugeschrieben werden müsse. Dieser Schluß wurde später vielfach bestätigt, es zeigte sich aber bei genauen quantitativen Versuchen, daß zwischen der Giftigkeit der Säuren und dem Wasserstoffionengehalt ihrer Lösungen ein vollständiger Parallelismus nicht besteht. Schwache Elektrolyte wirken meistenteils toxischer, als es ihrer Stärke entspricht.

Diese Anomalien erklärte Overton [2]) durch verschiedene Lipoidlöslichkeit der Säuren. In der Tat zeigten Böeseken und Waterman [3]), daß, je größer der Verteilungskoeffizient einer organischen Säure zwischen Öl und Wasser ist, desto stärker ihre giftige Wirkung auf das Wachstum von Schimmelpilzen sei.

In seinen Versuchen über die Entwicklung der Seeigeleier fand ferner Loeb [4]), daß organische Säuren einen giftigeren Einfluß auf diese Entwicklung haben als Mineralsäuren, und erklärte diesen Unterschied durch eine größere Löslichkeit der organischen Säuren in Lipoiden.

Brenner, der die Giftigkeit verschiedener Säuren für Pflanzenzellen untersuchte, gelangte zu dem Schluß, daß, obwohl die irreversible Schädigung der Salz-, Salpeter-, Schwefel-, Phosphor-, Citronen-, Apfel-, Oxal- und Weinsäure von der Wasserstoffionenkonzentration abhängig ist, einige Säuren, wie Milch-, China- und Gallussäure dieselbe Wirkung bei einer etwas niedrigeren Konzentration der Wasserstoffionen entfalten [5]). Diese

---

[1]) Kahlenberg und True: Botan. Gaz. Vol. 22, p. 81. 1896; Zeitschr. f. physikal. Chem. Bd. 22, S. 474. 1897. — True, R.: Botan. Gaz. Vol. 26, p. 408. 1898; Americ. journ. of the med. science. Vol. 9, p. 183. 1900. — Heald: Botan. Gaz. Bd. 22, S. 125. 1896.

[2]) Overton: Pflügers Arch. f. d. ges. Physiol. Bd. 92, S. 115. 1902.

[3]) Böeseken und Waterman: Koninkl. Akad. Amsterdam. 1911. S. 608.

[4]) Loeb: Die chemische Entwicklungserregung des tierischen Eies. Berlin 1909; Dynamik der Lebenserscheinungen. Leipzig 1906; Biochem. Zeitschr. Bd. 15, S. 254. 1909.

[5]) Brenner, W.: Öfvers. of Finska Vetensk. Soc. Förhaninger. Bd. 60, Nr. 4. 1917—1918.

abweichende Wirkung erklärte der genannte Autor durch eine größere Permeabilität des Protoplasmas für die genannten Säuren, während nach demselben Autor Ameisen-, Benzoe- und Salicylsäure ihre Giftigkeit durch die undissoziierten Moleküle erlangen.

Auf anderem Wege wird das abweichende Verhalten einiger Säuren von Traube und Somogyi erklärt [1]). Die Säuren, welche eine größere Giftigkeit besitzen als ihrem Gehalt an Wasserstoffionen entspricht, sollen besonders capillaraktiv sein, d. h. die Oberflächenspannung des Wassers besonders stark erniedrigen. Da aber solche Stoffe sich an den Oberflächen ansammeln müssen (vgl. S. 14), so sollen sie sich auch an der Zellenoberfläche konzentrieren und daher giftiger sein. Durch eine besonders starke Giftigkeit soll sich Caprylsäure auszeichnen, die die Oberflächenspannung am stärksten erniedrigt. Jedenfalls wird die ausschlaggebende Bedeutung der Wasserstoffionenkonzentration bei der Einwirkung der Säuren von niemand geleugnet; die Vermutung Czapeks [2]) aber, daß ausschließlich die Oberflächenspannung der Lösung ihre Giftigkeit bedingt, wurde nicht bestätigt [3]).

Andererseits können nicht nur Wasserstoffionen, sondern auch in einzelnen Fällen die Anionen der Säuren bei der Einwirkung der letzteren auf das Protoplasma eine Rolle spielen. So sind bekanntlich Osmium- und Pikrinsäuren viel giftiger als man nach ihrem Wasserstoffionengehalt annehmen sollte. Ihre Wirkung besteht wahrscheinlich zum Teil in einem oxydierenden Einfluß auf Protoplasmabestandteile.

Im Kapitel 2 dieses Teils wurde erwähnt, daß Pfeffer die Wirkung der Säuren auf das Protoplasma als Beweis der Eiweißnatur „der Plasmamembran" betrachtete, weil es schon eine lang bekannte Tatsache war, daß Eiweißkörper durch Säuren chemisch verändert werden, indem sie mit denselben die sogenannten Acidalbumine bilden. In diesem Falle spielen die Eiweißkörper die Rolle schwacher Basen. Andererseits beschleunigen Säuren sehr stark die Denaturation der Eiweißkörper (d. h. eine Hydrolyse) (vgl. S. 43).

---

[1]) Traube, J. und R. Somogyi: Biochem. Zeitschr. Bd. 120, S. 93. 1921.
[2]) Czapek, Fr.: Über eine Methode zur direkten Bestimmung der Oberflächenspannung der Plasmahaut von Pflanzenzellen. Jena 1911.
[3]) Vernon, H. M.: Biochem. Zeitschr. Bd. 51, S. 1—87. 1913. — Lepeschkin, W. W.: Biochem. Zeitschr. Bd. 139, S. 280. 1923.

Diese doppelte Wirkung der Säuren auf die Eiweißkörper des Protoplasmas verursacht offenbar eine vollkommene Zerstörung des kolloiden Systems des letzteren, weil schon eine schwache chemische Veränderung der Eiweißkörper des Protoplasmas die Zersetzung des Dispersionsmittels dieses Systems bewirken kann. Bei größeren Säurekonzentrationen spielt dabei die Bildung der Säureeiweißkörper zweifellos eine Hauptrolle, während bei sehr kleinen und bei hoher Temperatur auch die beschleunigende Wirkung der Wasserstoffionen auf die Denaturation in Frage kommt. Aber auch bei größeren Konzentrationen der Säure hat die Denaturation der Eiweißkörper eine große Bedeutung, weil die Verbindungen derselben mit Säuren leichter denaturiert werden als freie Eiweißkörper. Zugleich kann auch die oben erwähnte Individualität der Säuren eine Rolle spielen, weil die Verbindungen mit verschiedenen Säuren ungleich leicht denaturiert werden können.

Andererseits besitzen verschiedene Organismen ungleich zusammengesetzte Eiweißkörper in ihrem Protoplasma, so daß es nicht verwundern kann, daß verschiedene Organismen ungleich stark empfindlich gegen Säuren sind.

So bleiben, nach Kisch[1]), die Hefezellen und Schimmelpilze noch in 0,1 n-Salzsäure, Schwefelsäure und Oxalsäure am Leben, während Spirogyra, nach den Versuchen des Verfassers[2]), in einer 0,0005 normalen Lösung von Citronensäure nach 24 Stunden abstirbt. Aber 0,00005 n-Säure wirkt schon schädlich auf Spirogyra, weil nach Verlauf von 24 Stunden $10^0/_0$ Zellen bereits in dieser Lösung absterben. Die Giftigkeit so verdünnter Säurelösungen kann man nur durch eine beschleunigende Wirkung der in ihnen enthaltenen Wasserstoffionen auf die Denaturation der Eiweißkörper erklären, denn, wie in der Einleitung erwähnt wurde, kann bei so kleinen Konzentrationen keine Bindung zwischen den Eiweißkörpern und Säuren erfolgen.

---

[1]) Kisch: Biochem. Zeitschr. Bd. 40, S. 152. 1912. Nach Stevens (Botan. Gaz. Vol. 26, p. 403. 1898) ist die höchste Konzentration von Salzsäure, in der sich noch Sporen von Penicillium und Uromyces entwickeln können, $^1/_{10}$ n. Nach J. Clark (Botan. Gaz. Vol. 28. 1899) sollen Schimmelpilze 200—400 mal so wenig empfindlich gegen Säuren sein, als höhere Pflanzen. Eine große Beständigkeit gegen Säuren sollen, nach G. Stracke (Arch. néerland. de physiol. de l'homme et des anim., Ser. II, Tome 10, p. 8—61), die Zellen von Begonia manicata besitzen.

[2]) Lepeschkin, W.: The constancy of the living substance. 1923. p. 27—28.

Somit dürfen wir erwarten, daß solche kleinen Säurekonzentrationen die Hitzekoagulation von Spirogyra-Protoplasma beschleunigen. In der Tat zeigten die Versuche des Verfassers, daß eine Spirogyraart, die in Wasser das vierte Stadium der Hitzekoagulation (vgl. S. 126) bei 47° C in 500 Sekunden zeigte, dasselbe Stadium in 350 Sekunden erreichte, wenn zum Wasser 0,00025 Mol. Citronensäure auf ein Liter hinzugesetzt war. Wenn aber die Konzentration der Citronensäure bis auf 0,0015 Mol. im Liter erhöht war, so wurde die Hitzekoagulation um das Vierfache beschleunigt.

Da somit die Wirkung der Säuren in kleinen Konzentrationen in einer Beschleunigung der Denaturation besteht, welche ihrerseits vielleicht die Zersetzung der hypothetischen Verbindung der Eiweißkörper und Lipoide bewirkt, so ist diese Wirkung mit derjenigen der hohen Temperatur gleichartig. Aber wie bei der Wirkung der letzteren findet die Zersetzung dieser Verbindung schon zu Beginn der Denaturation statt, so daß die Eiweißkörper der in sehr verdünnten Säuren abgestorbenen Zellen erst bei starkem Erhitzen (z. B. Kochen) vollkommen denaturiert werden, was sich durch eine Volumabnahme des koagulierten Protoplasmas (bei Spirogyra) kennzeichnet[1]). (Vgl. auch Abb. 21 u. 22.)

Wirken aber sehr verdünnte Säuren auf Zellen, deren Eiweißkörper wasserlöslich sind, z. B. auf rote Blutkörperchen der Säuger, so bewirken sie, wie auch eine solche hohe Temperatur, die nicht sofort das ganze Hämoglobin denaturiert, eine Hämolyse. Bei kleinen Konzentrationen ist das herausgetretene Hämoglobin unverändert rot.

Wirken aber Säuren in größeren Konzentrationen auf das Protoplasma ein, so bilden sie Verbindungen mit Eiweißstoffen desselben. Zugleich wird aber auch die Denaturation sehr stark beschleunigt, so daß es vorkommen kann, daß das durch konzentriertere Säuren koagulierte Protoplasma hauptsächlich denaturierte Eiweißkörper enthält und beim Kochen keine Volumabnahme zeigt. Wenn konzentriertere Säuren auf Blutkörperchen wirken, so verwandelt sich das Hämoglobin in Metahämoglobin, das dem Acidalbumin entspricht, und wird infolgedessen braun. Da, nach Arrhenius[2]), die Blutkörperchen dabei eine große Säuremenge

---

[1]) Lepeschkin, W.: l. c. 1923. S. 28.
[2]) Arrhenius: Versuche über Hämolyse. Meddeland. f. k. vetenskap. acad. Nobelinstitut. Vol. 1, Nr. 10, p. 6, 16.

absorbieren, so kann man kaum daran zweifeln, daß Säuren mit Hämoglobin Verbindungen bilden und dadurch das Absterben verursachen.

Es wurde schon mehrmals darauf hingewiesen, daß die äußeren Protoplasmaschichten, wenigstens bei Pflanzenzellen, empfindlicher gegen mechanische Einwirkungen, hohe Temperatur und Schwermetallsalzen als das innere Protoplasma sind. Diese Schichten sind gewöhnlich auch empfindlicher gegen Säuren. Bei manchen säureresistenten Pflanzen, so z. B. bei Begonia, ertragen diese Schichten, nach Arzichovsky[1]), sogar eine Plasmolyse mit Säuren, während die peripherische Protoplasmaschicht dabei zur Koagulation und Erstarrung gebracht wird. Diese Schichten verblieben in den Versuchen des genannten Autors 3—4 Tage am Leben, wenn sie mit viernormaler Schwefelsäure plasmolysiert waren. Es wäre interessant, das Protoplasma der genannten Pflanze auch auf seine Beständigkeit gegen mechanische Eingriffe zu prüfen. Jedenfalls kann eine solche Beständigkeit gegen Säuren nicht durch eine Impermeabilität des Protoplasmas dieser Pflanze für Säuren erklärt werden, weil nach Arzichovsky dieselben sehr leicht durch das Protoplasma permeieren, so daß die gebildeten Protoplasmaballen sich sehr bald wieder aufblähen. Es ist aber möglich, daß das Absterben des Protoplasmas in den Versuchen des genannten Autors schon früher eingetreten war, als das im Zellsaft enthaltene Anthocyan nach außen diffundieren konnte.

Bei der Wirkung der Säuren, die zu den guten Fixierungsmitteln gehören, kommt es sehr oft vor, daß die gebildete Koagulationsgallerte des Protoplasmas so fein strukturiert ist, daß kolloidale Stoffe, z. B. Anthocyan, durch das tote Protoplasma nur schwierig permeieren, wie das z. B. Brenner[2]) berichtet. Schließlich ist es auch beachtenswert, daß derselbe Autor eine Volumzunahme des Protoplasmas auf Kosten der Vakuolen unter dem Einfluß der Säuren beobachtete (l. c. S. 228). Diese Volumzunahme war wahrscheinlich eine Folge der Bildung der Säureverbindungen der Eiweißkörper im Protoplasma, welche, wie wir wissen, stark elektrisch dissoziiert sind und eine Steigerung des osmotischen Drucks des Protoplasmas infolge des Donnanschen Gleichgewichts verursachten.

---

[1]) Arzichovsky: Bull. de l'acad. impér. des sciences. St. Petersburg 1916. S. 1050.

[2]) Brenner, W.: Berichte d. Dtsch. Botan. Ges. Bd. 38, S. 283. 1920.

Derselben Erscheinung darf man wahrscheinlich auch die Anschwellung der Blutkörperchen in sauren Medien zuschreiben, welche Snapper beobachtet hat[1]).

e) Veränderungen, hervorgerufen durch Laugen.

Wie im Kapitel 3 (i) des ersten Teils auseinandergesetzt wurde, besitzt das Protoplasma meistenteils alkalische Reaktion, d. h. einen Überschuß von Hydroxylionen, so daß man von vornherein erwarten darf, daß kleine Konzentrationen dieser Ionen unschädlich und vielleicht sogar nützlich sind. In der Tat weist Loeb darauf hin, daß Hydroxylionen die Entwicklung der Seeigeleier begünstigen[2]). Im Kapitel 5 des ersten Teils wurde erwähnt, daß eine schwach alkalische Reaktion der umgebenden Flüssigkeit die Resistenz des Protoplasmas von Spirogyra gegen mechanische Eingriffe erhöht. Die Versuche des Verfassers zeigten außerdem, daß durch eine schwach alkalische Reaktion das Protoplasma der Pflanzenzellen Resistenz gegen hohe Temperaturen erlangt[3]).

Die günstige Wirkung schwach alkalischer Reaktion erklärte Loeb durch eine neutralisierende Wirkung der Laugen auf die schädliche Kohlensäure, die sich bei der Atmung entwickelt. Einer neutralisierenden Wirkung der Hydroxylionen auf saure Stoffe des Protoplasmas schrieb auch der Verfasser die günstige Wirkung der alkalischen Reaktion zu.

Aus der Einleitung wissen wir, daß freie Eiweißkörper immer einen kleinen Überschuß von Wasserstoffionen enthalten, so daß sie als sehr schwache Säuren betrachtet werden müssen. Dieser Überschuß von Wasserstoffionen wirkt beschleunigend auf die Denaturation der Eiweißkörper. Wenn derselbe also durch eine kleine Quantität von Hydroxylionen neutralisiert wird, so findet die Denaturation der Eiweißkörper und somit der Zerfall des Dispersionsmittels des Protoplasmas nicht so rasch statt wie bei neutraler Reaktion der umgebenden Kulturflüssigkeit. Aber Säuren können sich auch im Protoplasmastoffwechsel bilden. Außer Kohlensäure ist die Bildung organischer Säuren bei der Muskelkontraktion und bei der unvollständigen Atmung der

---

[1]) Snapper: Biochem. Zeitschr. Bd. 51, S. 62. 1913.
[2]) Loeb, Jacques: Die chemischen Entwicklungserreger der tierischen Eier. Berlin 1909.
[3]) Lepeschkin, W.: Ber. d. Dtsch. Botan. Ges. Bd. 28, S. 255. 1910. The constancy of the living substance. S. 29. Prague. 1923.

Pflanzen und Tiere bekannt. Alles dies macht die günstige Wirkung kleiner Konzentration der Hydroxylionen auf die Beständigkeit des kolloiden Systems des Protoplasmas verständlich. Daß speziell die Geschwindigkeit der Denaturation der Eiweißstoffe des Protoplasmas durch sehr schwach alkalische Reaktion der umgebenden Flüssigkeit vermindert wird, zeigten die Versuche des Verfassers an Spirogyra. So trat das vierte Stadium der Hitzekoagulation der Zellen der genannten Alge, die sich in Wasser befand, bei 43^0 in 676 Sekunden ein, während dasselbe Stadium erst in 1468 Sekunden eintrat, wenn die Alge vorher $1^1/_2$ Stunden in einer $0,005^0/_0$igen Lösung von Natriumcarbonat geweilt hatte.

Da aber bei größeren Konzentrationen der Hydroxylionen sich Verbindungen von Eiweißkörpern mit Basen bilden und außerdem die Lipoide des Protoplasmas zersetzt werden können, so werden solche Konzentrationen schädlich und tötend auf die Zellen wirken. Die Reaktionsfähigkeit der Basen wird bekanntlich durch ihre Hydroxylionen bestimmt, so daß stärker elektrolytisch dissoziierte Basen auch giftiger sein müssen.

Andererseits dürften die gebildeten basischen Eiweißkörper in verschiedenem Grade fähig sein, mit Wasser zu reagieren, und also denaturiert zu werden. Außerdem ist wohl auch die Permeabilität des Protoplasmas für verschiedene Basen ungleich groß. Es gibt also mehrere Gründe, die vermuten lassen, daß verschiedene Basen ungleich giftig wirken. Leider liegen noch keine systematischen Untersuchungen über die Wirkung der Basen auf das Protoplasma vor.

Am besten ist die Giftigkeit des Ammoniaks auf einige Pflanzenzellen studiert. So war es schon Pfeffer bekannt, daß Ammoniak schnell in das Protoplasma eindringt und im Zellsaft enthaltenes Anthocyan blau färbt. Nach Clark [1]) soll Ammoniak eines der stärksten Gifte für Pilze darstellen, während nach Detmoor [2]) die Zellen von Tradescantia noch $10^0/_0$ige Lösungen von Ammoniak ertragen können. Nach Arzichovsky (l. c.) dringt das Ammoniak so schnell in die Zelle ein, daß man auch mit seinen konzentrierten Lösungen keine Plasmolyse erzielen kann. Doch darf man aus den Versuchen desselben schließen, daß das Eindringen nur nach einer stattgefundenen Schädigung des Proto-

---

[1]) Clark, J.: Botan. Gaz. Vol. 28. 1899.
[2]) Detmoor, J.: Arch. de biol. Tome 13, p. 163. 1894.

plasmas erfolgt. Nach dem genannten Autor sollen sich dagegen die Zellen von Begonia durch andere Laugen (Kali, Natron, Lithiumhydroxyd und Rubidiumhydroxyd) plasmolysieren lassen, obwohl eine chemische Reaktion zwischen Protoplasmastoffen und Laugen sehr bald das Protoplasma zum ·Absterben bringt. Wenn die Konzentration der Laugen nicht allzu groß ist, so soll eine sichtbare Koagulation des plasmolysierten Protoplasmas eintreten, während konzentriertere Lösungen dasselbe in eine sehr dichte und elastische Gallerte verwandeln, welche das kolloidale Pigment des Zellsaftes nur schwierig durchläßt.

In den Versuchen des Verfassers (l. c. 1923, S. 29) hörte nach dem Einlegen von Spirogyra in eine 2%ige Natriumcarbonatlösung zunächst die Protoplasmabewegung auf; nach 2—3 Minuten fand eine Erstarrung und Schrumpfung des Zellkerns statt, während die Chloroplasten zu fließen anfingen und viele Anastomosen bildeten. Weiterhin erschien eine starke Granulation im Protoplasma und im Zellsaft (Gerbstoffe) und dasselbe erstarrte und starb ab. Nach Klemm[1]) erscheint zunächst eine Vakuolisation des Protoplasmas, die der genannte Autor mit einer abnormen Löslichkeit von Bestandteilen des Protoplasmas erklärt.

Diese Erscheinung ist aber wahrscheinlich mit einer erhöhten Wasseraufnahme infolge des Donnanschen Gleichgewichts verbunden. Da aber Wasser im Protoplasma nur begrenzt löslich ist, so werden die Vakuolen ausgeschieden.

Aus den zitierten Versuchen folgt, daß Hydroxylionen eine Koagulation und Erstarrung des Protoplasmas zu einer Gallerte bedingen. Da aber freie Alkalien auf Eiweißkörper und Lipoide eher lösend oder aufquellend wirken, so kann man die eingetretene Koagulation nur einer Zersetzung des Dispersionsmittels des Protoplasmas zuschreiben. Die dasselbe bildenden Eiweißkörper sind gewöhnlich in Wasser unlöslich und scheiden sich in Form gröberer Körnchen aus. Wenn aber die Zersetzung zu rasch stattfindet, so bilden sich nur sehr fein granulierte Gallerten oder nur ultramikroskopische Strukturen.

Wenn Eiweißkörper, die das Dispersionsmittel des Protoplasmas bilden, in Wasser löslich sind, so diffundieren sie nach der Zersetzung des ersteren nach außen, wie dies z. B. bei roten Blutkörperchen der Fall ist. Laugen rufen eine Hämolyse derselben

---

[1]) Klemm: Jahrb. f. wiss. Botan. Bd. 28, S. 669. 1895.

hervor. Nach Arrhenius und Madsen[1]) sollen Blutkörperchen zunächst eine kleine Quantität von Laugen fixieren, ohne Hämolyse zu zeigen; und erst bei einer Erhöhung der Konzentration der Lauge findet die Hämolyse statt, wobei der Verlauf derselben einer monomolekularen Reaktion entsprechen soll. Da außerdem, nach Arrhenius[2]), während der Hämolyse die Laugen mehr und mehr durch die Blutkörperchen absorbiert werden, so kann man kaum daran zweifeln, daß die Hämolyse nur eine Folge einer chemischen Reaktion zwischen Laugen und Hämoglobin der Blutkörperchen darstellt. Der monomolekulare Verlauf der Reaktion beweist aber, daß die zwischen den Laugen und Eiweißkörpern eingetretene Reaktion, die bimolekular ist, eine monomolekulare Zersetzung des Dispersionsmittels des Protoplasmas der Blutkörperchen hervorruft. Diese Zersetzung fängt offenbar nur nach einer gewissen Veränderung des Eiweißmoleküls an, so daß eine kleine Laugenmenge ohne Hämolyse fixiert werden kann.

Solche kleinen Konzentrationen der Laugen, die noch keine sichtbare Koagulation oder Hämolyse hervorrufen und doch die Eiweißkörper des Protoplasmas etwas verändern, üben eine beschleunigende Wirkung auf die Denaturation der Eiweißkörper aus, weil die basischen Eiweißkörper mit Wasser leichter reagieren (vgl. S. 43). In der Tat trat die Hitzekoagulation von Spirogyra in den Versuchen des Verfassers bei 43° in 720 Sekunden ein, wenn die Alge in Wasser untersucht wurde, während dieselbe Koagulation schon in 250 Sekunden eintrat, wenn die Alge vor dem Versuche während 24 Stunden in einer 0,1%igen Sodalösung verweilt hatte (l. c. 1923, S. 30).

4. Veränderungen des kolloidalen Systems des Protoplasmas durch Nichtelektrolyte.

a) Größere Konzentrationen von indifferenten Narkoticis.

Als indifferente Narkotica wollen wir mit Overton[3]) diejenigen chemischen Verbindungen bezeichnen, welche weder basisch noch sauer sind und nicht nur eine Anästhesie des Gehirns

---

[1]) Arrhenius und Madsen: Zeitschr. f. physikal. Chem. Bd. 44, S. 762. 1903.

[2]) Arrhenius: Meddeland. fr. k. vetenskap. acad. Nobelinstitut. Vol. 1, Nr. 10, p. 11. 1908.

[3]) Overton, E.: Studien über die Narkose. 1901. S. 7.

der Tiere, sondern auch eine solche des Protoplasmas von Tier- und Pflanzenzellen im allgemeinen hervorrufen. Die Anästhesie besteht bekanntlich in einem Verlust des Bewußtseins und in einer Aufhebung der Bewegungen der Tiere und Pflanzen, welche sonst durch Reize hervorgerufen werden. In den Zellen äußert sich die Anästhesie in der Aufhebung der Bewegung der Cilien, der Geißel und des Protoplasmas.

Betrachten wir zunächst die Wirkung der indifferenten Narkotica auf das Protoplasma bei Überschuß derselben. Da das Protoplasma gewöhnlich in wäßrigen Lösungen untersucht wird, so verstehen wir unter einem Überschuß der Narkotica gesättigte Lösungen derselben in Wasser oder solche konzentrierte Lösungen, deren Konzentration die für die Anästhesie (= Narkose) nötige übersteigt.

Im allgemeinen kann man annehmen, daß alle indifferenten Narkotica, wenn sie in der das Protoplasma umgebenden Lösung im Überschuß vorhanden sind, bei einer genügend langen Einwirkung stets ein Absterben der Zellen verursachen. Im Kapitel I dieses Teils wurde schon darauf hingewiesen, daß die Giftigkeit dieser Narkotica im Zusammenhange mit ihrer Lipoidlöslichkeit steht: je größer der Verteilungskoeffizient des Stoffes zwischen Öl und Wasser ist, desto stärker wirkt dieser Stoff auf die Eiweißkörper des Protoplasmas.

Daß indifferente Narkotica auf Eiweißkörper denaturierend und koagulierend wirken, zeigten zum ersten Male die Versuche des Verfassers[1]). Später wurde die koagulierende Wirkung der Narkotica auf Eiweißkörper auch von anderen Forschern konstatiert[2]).

Aus der Einleitung wissen wir, daß man zwei Arten der indifferenten Narkotica hinsichtlich ihrer Wirkung auf Eiweißkörper unterscheiden kann; die einen, die leicht und molekular in Wasser löslich sind oder mit demselben in allen Verhältnissen mischbar sind (z. B. Alkohol, Aceton usw.), wirken entwässernd auf die Eiweißteilchen und erteilen ihnen hydrophobe Eigenschaften, so daß sie

---

[1]) Lepeschkin: Ber. d. Dtsch. Botan. Ges. Bd. 29, S. 255—259. 1911; Biochem. Journ. 1922; Kolloidzeitschr. Bd. 32, S. 100. 1923.

[2]) Warburg und Wiesel: Arch. f. d. ges. Physiol. Bd. 144, S. 465. 1912. — Batteli und Stern: Biol. Zentralbl. Bd. 52, S. 226. 1913. — Meyerhof, O.: Biochem. Zeitschr. Bd. 86, S. 325. 1918. — Klein, P.: Kolloidzeitschr. Bd. 22, S. 247.

durch in der Lösung anwesende Elektrolyten zur Koagulation gebracht werden. Diese Narkotica wirken auch auf die Koagulation der denaturierten Eiweißkörper beschleunigend, weil sie einerseits die Ladung der Teilchen durch ihre niedrige Dielektrizitätskonstante erniedrigen (vgl. S. 17), andererseits wahrscheinlich die Adsorption der Salze an den Kolloidteilchen beschleunigen[1]). Auch wird durch diese Narkotica die Denaturation der Eiweißkörper sehr stark beschleunigt; die Ursache einer solchen Beschleunigung liegt wahrscheinlich in teilweiser Entwässerung der Eiweißteilchen, weil Eiweißkörper viel schneller in Niederschlägen als in Lösungen denaturiert werden.

Die andere Art der Narkotica unterscheidet sich von der ersteren hauptsächlich dadurch, daß zu derselben gehörende Stoffe in Wasser nur begrenzt und zugleich kolloidal löslich sind (z. B. Chloroform, Benzol, Äther usw.). Diese Narkotica beschleunigen die Denaturation der Eiweißkörper ebenfalls sehr stark, obwohl sie freilich keine entwässernde Wirkung auf die Eiweißteilchen ausüben können. Diese beschleunigende Wirkung hängt wahrscheinlich mit der Adsorption von gelösten Eiweißkörpern an der Oberfläche der kolloidalen Teilchen der Narkotica zusammen (vgl. S. 47).

Wir wollen zunächst bei der Wirkung der Narkotica der ersten Gruppe verweilen. Wie kann man die giftige und tötende Wirkung derselben erklären? Betrachten wir als Beispiel die Wirkung von Äthylalkohol.

Alkohol dringt rasch in das Protoplasma ein und wird nach Arrhenius in den Blutkörperchen sogar angehäuft[2]). Somit dürfen wir eine noch stärker entwässernde Wirkung von Alkohol auf Protoplasmakolloide erwarten, als sie bei der Neutralsalzwirkung stattfindet. Da aber eine für die Koagulation der hydrophoben Kolloide genügende Salzmenge im Protoplasma stets anwesend ist, so würde die Entwässerung dieser Phasen sofort zur Koagulation führen. Dieselbe würde aber eine so große mechanische Wirkung auf das Dispersionsmittel ausüben, daß es in seine Komponenten zerfallen würde.

[1]) Durch eine Herabsetzung der Teilchenladung infolge kleiner Dielektrizitätskonstanten der Narkotica erklären auch H. Freundlich und P. Rona (Biochem. Zeitschr. Bd. 81, S. 107. 1917) die beschleunigende Wirkung derselben auf die Koagulation von kolloidalem Eisenhydroxyd.

[2]) Arrhenius, Sv. und Fr. Bubanovic: Meddel. fr. vetenskap. acad. Nobelinstitut. Vol. 2, Nr. 32, p. 19. 1913.

Andererseits beschleunigt Alkohol die Denaturation der Eiweißkörper auch, wenn er in kleinen Konzentrationen in der Eiweißlösung anwesend ist (vgl. S. 46). Wir könnten also erwarten, daß die Denaturation der Eiweißkörper des Protoplasmas (des Dispersionsmittels und der dispersen Phasen) durch Alkohol sehr stark beschleunigt würde. Da aber schon eine schwache chemische Veränderung der Eiweißkörper des Dispersionsmittels des Protoplasmas zur Zersetzung desselben führt, würde die vollkommene Koagulation und der Tod früher eintreten als eine vollständige Denaturation der Eiweißkörper, wie es auch bei der Einwirkung der hohen Temperatur der Fall ist. Nur sehr konzentrierte Alkohollösungen, welche auch die dispersen Phasen zur Koagulation bringen, dürften eine sehr rasche und vollkommene Denaturation der Protoplasmaeiweißkörper hervorrufen.

Die gemachten Voraussetzungen sind in der Tat erfüllt. Die Konzentrationen von Alkohol, welche eine vollkommene Koagulation und Denaturation des Hühnereiweißes in kurzer Zeit hervorrufen, verursachen auch eine rasche Koagulation des Protoplasmas und freilich das Absterben desselben. Das Gesagte bezieht sich auch auf andere gut wasserlösliche indifferente Narkotica, wie aus der folgenden Zusammenstellung folgt, wo die Volumprozente von Äthylalkohol, Methylalkohol, Äthylaldehyd, Aceton und Chloralhydrat angegeben sind, welche ungefähr ausreichen, um in 10 Minuten eine vollständige Koagulation von Hühnereiweiß und des Protoplasmas verschiedener Pflanzen hervorzurufen [1]).

	Hühnereiweiß %	Spirogyra %	Tradescantia %	Saccharomyces %
Äthylalkohol	30—35	30	30	30—35
Methylalkohol	35	30	35	35
Äthylaldehyd	30—33	30	30	30—33
Aceton	35	25	30	35
Chloralhydrat	10	5—8	5—8	8—10

Die dispersen Phasen des Protoplasmas der in der Zusammenstellung angeführten Pflanzen sind also ungefähr so stark hydratisiert wie die Eiweiße des Hühnereiweißes. Die Versuche des

---

[1]) Lepeschkin, W.: Ber. d. Dtsch. Botan. Ges. Bd. 29, S. 255. 1911.

Verfassers an Spirogyra lassen außerdem vermuten, daß bei so hohen Alkoholkonzentrationen alle Eiweißkörper auch denaturiert waren, weil das getötete Protoplasma sein Volum beim Kochen in Wasser nicht änderte. Wenn dagegen die Konzentration des Alkohols kleiner war, nahm dieses Volum beim Kochen im Wasser ab, so daß bei kleineren Konzentrationen der Narkotica die Eiweißkörper nur teilweise denaturiert werden [1]). Solche Konzentrationen rufen keine Koagulation des Hühnereiweißes hervor, sie beschleunigen aber die Denaturation desselben (vgl. S. 46).

Diese Konzentrationen reichen auch aus, um die Denaturation der Protoplasmaeiweißkörper in dem Grade zu beschleunigen, daß auch bei Zimmertemperatur die Zersetzung des Dispersionsmittels des Protoplasmas eintreten kann. Selbstverständlich findet aber eine solche Denaturation nur langsam statt.

Die Denaturation der Eiweißkörper des Protoplasmas ist die vermutliche Ursache des Absterbens unter der Einwirkung kleinerer Konzentrationen von Alkohol usw. Wir können also erwarten, daß der Temperaturkoeffizient dieses Absterbens demjenigen der Hitzekoagulation des Protoplasmas gleich sein wird. In der Tat ist dies der Fall, wie aus der folgenden Zusammenstellung zu ersehen ist. In derselben ist die Zeit (in Sekunden) angegeben, welche ausreicht, um bei verschiedenen Temperaturen das Protoplasma von Spirogyra zu einer vollständigen Koagulation zu bringen [2]).

Temperatur	43°	41°	39°	37°	35°	33°
Ohne Alkohol	1980	3300	5600	—	—	—
Mit 2½% Alkohol	162	330	425	717	947	1487

Der Temperaturkoeffizient ist also in beiden Fällen gleich. 1,3 für jede Temperaturerhöhung um 1° C.

Wenn die das Dispersionsmittel des Protoplasmas zusammensetzenden Eiweißkörper in Wasser löslich sind, wie es z. B. bei roten Blutkörperchen der Fall ist, so treten sie freilich nach außen heraus und bedingen die Hämolyse. Die Denaturation des Hämoglobins findet aber bei Zimmertemperatur so langsam statt, daß

---

[1]) Lepeschkin, W.: The constancy of the living substance. 1923. p. 34.
[2]) Lepeschkin, W.: l. c. 1923. S. 33.

erst durch 15% Alkohol eine merkliche Hämolyse der Blutkörperchen stattfindet[1]). Bei höheren Temperaturen genügen aber kleinere Konzentrationen. Der Temperaturkoeffizient der durch Alkohol hervorgerufenen Hämolyse, ist, nach Versuchen des Verfassers, genau gleich dem Temperaturkoeffizienten der Denaturation des Hämoglobins, wie sich aus der folgenden Zusammenstellung ergibt. In derselben sind die Grade der Hämolyse in Prozenten der vollkommenen Hämolyse, die Temperaturen und die entsprechenden Zeiten in Minuten angegeben.

1%ige Aufschwemmung der Blutkörperchen vom Pferde in 0,9%iger NaCl-Lösung.

Alkoholgehalt: 10 g in 100 ccm.

Temperatur									
37°	Zeit in Minuten	5	15	25	46	60	65	70	75
	Hämolysegrad %	0	4	4	4	20	50	80	100
40°	Zeit in Minuten	5	15	20	30	—	—	—	—
	Hämolysegrad %	2	4	50	100	—	—	—	—

Der Temperaturkoeffizient ist also in Arrheniusscher Bezeichnung (vgl. S. 43) für den Hämolysegrad 50 berechnet. $\mu = 62 \cdot 10^3$, während, nach Chick und Martin, dieser Koeffizient für die Denaturation des Hämoglobins $62 \cdot 10^3$ beträgt.

Es unterliegt also keinem Zweifel, daß eine schwache Denaturation des Hämoglobins, die durch Alkohol beschleunigt wird, genügt, um die Zersetzung der hypothetischen Verbindung des Hämoglobins, welche das Dispersionsmittel der Blutkörperchen bildet, und somit auch die Hämolyse hervorzurufen.

Wenden wir uns jetzt zu den indifferenten Narkoticis, welche in Wasser nur begrenzt und kolloidal löslich sind. Da diese Narkotica im Protoplasma gut löslich sind und in demselben sogar angehäuft werden[2]) (vgl. auch S. 149ff.), so müssen sie die Denaturation der Eiweißkörper des Protoplasmas beschleunigen, und zwar

---

[1]) Van de Velde: Bull. ass. chim. belges. Tome 19, p. 288—337. 1905.
[2]) Für rote Blutkörperchen ist diese Anhäufung von Hedin (Arch. f. d. ges. Physiol. Bd. 68, S. 229. 1897) und Sv. Arrhenius und Fr. Bubanović (Meddel. fr. Vaetenskb. Akad. Nobelinstitut. Vol. 2, No. 32, p. 19) bewiesen.

desto mehr, je größer ihre Konzentration im Protoplasma ist. Andererseits läßt sich ein Zusammenhang zwischen der Wirkungsstärke der Narkotica und der Verteilung derselben zwischen Wasser und Öl konstatieren (vgl. S. 151). In bezug auf die Blutkörperchen ist dieser Zusammenhang von Van de Velde und Fühner und Neubauer konstatiert. Der Verteilungskoeffizient der Alkohole zwischen Öl und Wasser vergrößert sich mit dem Molekulargewicht derselben, so daß höhere Alkohole viel besser in Öl als in Wasser löslich sind. Zugleich wächst auch ihre Giftigkeit mit dem Molekulargewicht, wie dies aus dem folgenden zu ersehen ist [1]).

Stoff	Propyl-alkohol	Butyl-alkohol	Amyl-alkohol	Heptyl-alkohol	Octyl-alkohol
Molekulargewicht	60	74	88	116	130
Giftige Grenzkonzentration in Prozenten	6,5	2,35	0,805	0,140	0,053

Aus diesen Angaben ist also zu schließen, daß eine Anhäufung der Narkotica der zweiten Gruppe im Protoplasma dank dem Lipoidgehalt desselben stattfindet. Da nach Loewe[2]) die Lösung von Narkoticis in Lipoiden meistenteils (wie diejenige in Wasser) kolloidal ist, so darf man vielleicht vermuten, daß die Lösung derselben im Protoplasma ebenfalls kolloidal ist, obwohl die Anhäufung von Narkoticis mehr für ihre molekulare Löslichkeit im Protoplasma spricht. Jedenfalls müssen wir erwarten, daß dieselben die Denaturation der Eiweißkörper des Protoplasmas noch mehr als diejenige der Eiweißkörper in wäßriger Lösung beschleunigen werden. In der Tat bewirken Narkotica in genügend starken Konzentrationen eine Beschleunigung der Hitzekoagulation.

So trat eine vollständige Koagulation des Protoplasmas von Spirogyra in den Versuchen des Verfassers bei 47° in Wasser in 517 Sekunden ein, während sie schon in 336 Sekunden auftrat, wenn die Alge einige Zeit vorher in $2^1/_2\,^0/_0$iger Ätherlösung ver-

---

[1]) Van de Velde: Zitiert nach Nolf (Dictionnaire de physiologie par Ch. Richet „Hämolyse", p. 434. 1908). — Fühner und Neubauer: Arch. f. exper. Path. u. Pharmak. Bd. 56, S. 333. 1907.
[2]) Loewe, S.: Kolloidzeitschr. Bd. 11, S. 179. 1912.

weilt hatte. Die Alge zeigte eine vollständige Koagulation des Protoplasmas in $0,1\%$iger Chloroformlösung in 40 Sekunden, in $0,005\%$ Benzol in 180 Sekunden und in $0,0001\%$ Thymol in 120 Sekunden, während dieselbe Alge in Wasser sie in 350 Sekunden zeigte [1]).

Wie bei der Einwirkung von gut wasserlöslichen Narkoticis auf das Protoplasma brauchen die Eiweißkörper des Dispersionsmittels des letzteren durch die Narkotica der zweiten Gruppe nicht vollständig denaturiert zu werden, um die Zersetzung desselben zu bewirken. Bei den roten Blutkörperchen verursacht daher eine solche teilweise Denaturation die Hämolyse.

Daß auch bei der Einwirkung der Narkotica der zweiten Gruppe die Denaturation des Hämoglobins der Blutkörperchen die Hauptrolle spielt, zeigen die Temperaturkoeffizienten der durch Chloroform, Thymol und Amylacetat bewirkten Hämolyse. Dieselben wurden in den Versuchen des Verfassers der Reihenfolge nach gefunden zu: $\mu = 61 \cdot 10^3$, $\mu = 62 \cdot 10^3$ und $\mu = 61 \cdot 10^3$ (der Temperaturkoeffizient der Denaturation des Hämoglobins ist $\mu = 62 \cdot 10^3$).

Daß bei der Wirkung der Narkotica in größeren Konzentrationen, die den Tod hervorrufen, eine Denaturation (resp. Koagulation) der Eiweißkörper des Protoplasmas stattfindet, scheint in letzter Zeit auch Traube [2]) geneigt zu sein, anzunehmen. Der genannte Autor weist zunächst auf die ausflockende Wirkung der oberflächenaktiven Stoffe (d. h. der Narkotica) auf Eiweißkörper und Lecithin hin, und erklärt diese Wirkung durch eine Adsorption von Eiweißkörpern an der Grenzfläche der Tröpfchen kolloidal gelöster Narkotica. Weiter spricht Traube die Annahme aus, daß solche irreversible Flockungen auch im Organismus vorkommen können. In einer späteren Arbeit (gemeinsam mit Somogyi) kommt derselbe Autor zu dem Schluß, daß im allgemeinen physikalische Kräfte für die Desinfektionswirkung entscheidend seien, wie Oberflächenaktivität, Adsorption, elektrisches Potential, quellende, flockende und osmotische Wirkung [3]).

In Anwendung auf die Narkotica kann die Oberflächenaktivität gewiß insofern für die giftige Wirkung von Bedeutung sein, als

---

[1]) Lepeschkin: l. c. 1923. S. 35—36.
[2]) Traube: Biochem. Zeitschr. Bd. 98, S. 120—122. 1919.
[3]) Traube, J. und R. Somogyi: Biochem. Zeitschr. Bd. 120, S. 90. 1921.

die oberflächenaktiven Stoffe, d. h. diejenigen, welche die Oberflächenspannung des Wassers erniedrigen, sich an den Oberflächen im allgemeinen, und an der Zellenoberfläche speziell sammeln und daher schneller in das Protoplasma eindringen werden. Diese Bedeutung der Oberflächenaktivität erscheint besonders wichtig, wenn man bedenkt, daß diese Stoffe meistenteils nur wenig in Wasser löslich sind. Das Gleichgewicht, d. h. die Endkonzentration des in das Protoplasma eingedrungenen Stoffes hängt aber nicht nur von der Konzentration an der Grenze der Zelle, sondern auch von dem Verteilungskoeffizienten des Stoffes zwischen Wasser und Protoplasma ab. Außerdem bilden, nach Traube, Narkotica in wäßrigen Lösungen Ultramikronen, so daß eine bedeutende Anhäufung derselben an der Grenze auch nicht zu erwarten ist [1]).

Jedenfalls hat die Oberflächenaktivität in dem erwähnten Sinne keine ausschlaggebende Bedeutung, weil Chloroform „inaktiv" und zugleich viel giftiger als aktiver Äther ist. Es gibt auch mehrere Angaben in der Literatur, die darauf hindeuten, daß kein Parallelismus zwischen der Oberflächenaktivität und der Wirkung eines Stoffes auf das Protoplasma besteht [2]).

Was nun die Hypothese Czapeks anbelangt, nach welcher Narkotica nach dem Eindringen in das Protoplasma sich an der Oberfläche desselben infolge Adsorption ansammeln und Lipoide von der Oberfläche des Protoplasmas verdrängen sollen, so daß bei einer bestimmten Oberflächenspannung der umgebenden Lösung das Protoplasma irreversibel verändert werde, so ist diese Hypothese schon deshalb nicht richtig, weil die Zeitdauer der Einwirkung der Narkotica eine große Bedeutung hat [3]). Die Koagulation der Protoplasmakolloide findet unabhängig von der Oberflächenspannung der umgebenden Lösung statt und hängt nur von der Konzentration und Dauer der Einwirkung der Stoffe ab. Czapek selbst schien seine Hypothese in seiner letzten Arbeit verlassen zu haben, indem er sagte: „ob man .... ein Recht dazu

---

[1]) Weil nach Gibbs nur diejenigen oberflächenaktiven Stoffe sich an der Oberfläche ansammeln, welche einen merklichen osmotischen Druck besitzen.

[2]) Z. B. Plötz: Biochem. Zeitschr. Bd. 103, S. 243. 1920. — Vernon, H.: Biochem. Zeitschr. Bd. 51, S. 1. 1913. — Kofler, L.: Biochem. Zeitschr. Bd. 129, S. 64. 1922.

[3]) Lepeschkin, W.: Biochem. Zeitschr. Bd. 139, S. 280. 1923.

hat, die kritische Oberflächenspannung 68% des Wassers .... als Maß der Oberflächenspannung zwischen Cytoplasma und Luft anzusehen — ist unsicher" und „es ist also die Rolle fettartiger Stoffe für die Plasmapermeabilität noch ein ungelöstes Problem"[1].

Vor dem Absterben der Zellen unter der Einwirkung der Narkotica können sich die durch eine teilweise Zersetzung des Dispersionsmittels entstandenen Eiweißkörper und Lipoide in disperse Phasen umwandeln und die Viscosität des Protoplasmas erhöhen, worüber schon in den Kapiteln 4 und 5 des ersten Teils berichtet wurde. Diese Veränderung kann reversibel sein, wenn die Zersetzung nur sehr gering ist, sie kann aber irreversibel werden, wenn das Laboratorium des Protoplasmas so stark geschädigt wird, daß keine Herstellung des früheren Zustandes mehr möglich ist. Da aber ein Teil derjenigen Komponente des Dispersionsmittels, welche die Osmose wasserlöslicher Stoffe durch das Protoplasma hemmen, zerstört wird, so kann sich die Permeabilität des Protoplasmas unter der Einwirkung größerer Quantitäten von Chloroform vergrößern, wie es z. B. von Lillie an Larven von Arenicola konstatiert wurde. Der genannte Autor beobachtete einen Austritt des wasserlöslichen Farbstoffs aus den Zellen der Larven unter dem Einfluß von Chloroform[2].

Eine größere Konzentration der Narkotica ruft bei genügend langer Dauer der Einwirkung stets eine vollkommene Koagulation und Erstarrung des Protoplasmas hervor. Von der Art und Weise der Einwirkung hängt es aber ab, ob die entstandenen Koagulationsgallerten einen lockeren oder dichteren Bau haben. Es ist deshalb nicht zu verwundern, daß, nach Weevers[3], der Zusatz von Salzen mehrwertiger Metalle und Salzsäure den Austritt von Anthocyan aus den Zellen von Beta vulgaris unter der Einwirkung von Narkoticis verlangsamt.

Wenden wir uns jetzt zur Einwirkung kleiner Konzentrationen der indifferenten Narkotica auf das kolloidale System des Protoplasmas. Diese kleinen Konzentrationen rufen eine Narkose hervor.

---

[1] Czapek, Fr.: Die Naturwissenschaften. H. 13, S. 240. 1923.
[2] Lillie: Americ. journ. of physiol. Vol. 24, p. 14—44. 1909.
[3] Weevers, Th.: Recueil des Travaux botaniques Néerlandais. Tome 11, p. 312. 1914.

b) Narkose durch indifferente Narkotica.

Auf eine vollständige und allseitige Betrachtung dieser noch nicht erklärten Erscheinung müssen wir wegen Raummangel verzichten und auf das ausgezeichnete Buch von Winterstein verweisen, wo auch die einschlägige Literatur nachzusehen ist [1]). In diesem Kapitel wollen wir nur einige Fragen behandeln, die eine direkte Beziehung zur Kolloidchemie des Protoplasmas haben.

Wenn die Narkose eine Zustandsänderung des kolloidalen Systems des Protoplasmas darstellte, könnte sie freilich nur eine reversible Veränderung desselben sein, weil eine irreversible Veränderung als Vergiftung und Absterben bezeichnet werden müßte. Wir haben aber schon in den Kapiteln 4 und 5 des ersten Teils erfahren, daß die beiden Arten der Zustandsänderung des kolloidalen Systems des Protoplasmas sehr oft miteinander verbunden sind. Wenn eine reversible Zustandsänderung zu weit fortgeschritten ist, verwandelt sie sich in eine irreversible Veränderung. Dasselbe ist auch für die Narkose gültig. Dauert sie zu lange, oder sind die verwandten Konzentrationen zu hoch, so wandelt sie sich in Nekrobiose um und verursacht den Tod.

Cl. Bernard [2]), der die erste physikalisch-chemische Erklärung der Narkose gab, betrachtete dieselbe als eine Modifikation in den Ganglienzellen, hervorgerufen durch eine ,,Semikoagulation'' des Protoplasmas der Nervenzellen, eine Koagulation, die nur vorübergehend sei. Eine ähnliche Theorie der Narkose entwickelte auch Binz [3]). Derselbe brachte Schnitte aus der Gehirnrinde des Kaninchens in eine 1%ige Lösung von Morphin und konstatierte, daß das Protoplasma der Nervenzellen trübe war und alle Umrisse (und auch diejenigen des Zellkerns) schärfer geworden waren. Eine ähnliche Verdunkelung des Protoplasmas tritt, nach Binz, auch ein, wenn Gehirnzellen der Einwirkung von Chloroformdämpfen oder von Chloralhydrat ausgesetzt werden. Diese Erscheinung sei derjenigen ähnlich, welche bei der Einwirkung der Gifte auf Infusorien beobachtet wird; das Protoplasma wird anfangs ein wenig dunkel und die Bewegungen werden träge. Bei weiterer Einwirkung wird aber das Protoplasma granuliert und die Bewegungen hören auf. Eine Erholung kann aber nur

---

[1]) Winterstein, H.: Die Narkose. Berlin 1919.
[2]) Bernard, Cl.: Leçons sur les Anesthésiques etc. 1875. p. 153.
[3]) Binz: Vorlesungen über Pharmakologie. Vorl. 10, S. 175—178.

dann eintreten, wenn nur das erstere Stadium der Giftwirkung (aber nicht das letztere) zur Erscheinung gekommen war. Binz bezeichnet das erstere Stadium als Schlaf, das letztere als Tod. Die Narkose sei also eine Gerinnungsnarkose, ein Anflug der Gerinnung.

Overton[1]) betrachtete die Narkose durch indifferente Narkotica als eine Veränderung des physikalischen Zustandes, in dem sich Cholesterin-Lecithinbestandteile der Zellen befinden. Die Ursache dieser Veränderung schreibt Overton, wie auch Meyer[2]), der Lösung der Narkotica in Zellipoiden zu. Doch gibt Overton zu, daß Bernards Hypothese für basische Narkotica zutreffend sein dürfte und setzt zu, daß sie es ganz zweifellos für einen Zustand sei, in welchen Pflanzenzellen und viele tierische Zellen durch die Einwirkung von Resorcin und anderer Oxybenzole versetzt werden und den man als eine Narkose bezeichnen kann, insofern, als alle Protoplasmabewegungen sistiert werden, um nach Entfernung der betreffenden Verbindung sich wieder einzustellen, wie nach einer echten Narkose. Diese Verbindungen unterscheiden sich aber, nach Overton, von den echten Narkoticis dadurch, daß sie nicht wie diese die Ganglienzellen bei niedrigeren Konzentrationen als die übrigen Gewebezellen paralysieren (l. c. S. 39—40).

Außerdem kommt der genannte Verfasser betreffs der Wirkung von Äthylalkohol (resp. Methylalkohol) zu dem Schluß, daß diese Wirkung eine gemischte sei, daß außer der Wirkung auf die Lecithin-Cholesterin-Substanzen der Zelle die Wirkung sich noch auf andere Bestandteile des Protoplasmas erstrecken könne. Dasselbe beziehe sich auch auf Ketone, wenn dieselben in Wasser löslicher als in Ölen (l. c. S. 103) seien. Formaldehyd und Äthylaldehyd seien ebenfalls keine echten Narkotica (S. 106). Azeton ruft, nach Overton, eine vollständige Narkose erst bei einem $1^1/_2\%$igen Gehalt in der umgebenden Lösung hervor; bei dieser Konzentration erfolge aber in sehr kurzer Zeit der Tod durch Herzlähmung. Zugleich zeigte sich, daß Aceton sich nur schwer in Olivenöl löst (S. 109).

Chloralose, die sich in Wasser im Verhältnis 1 : 500 und in Öl im Verhältnis 1 : 1600 löst, gibt, nach Overton, ebenfalls

---

[1]) Overton, E.: Studien über die Narkose. 1901. S. 53.
[2]) Meyer, H.: Sitzungsber. d. Ges. z. Beförd. d. ges. Naturwiss. in Marburg. Bd. 18. 1899; Arch. f. exp. Pathol. u. Pharmakol. Bd. 42, S. 109. 1899.

eine Narkose, nach deren Aufhören sich Kaulquappen nicht erholen (S. 122). Andererseits ist Chloralhydrat viel löslicher in Wasser als in Öl und ruft doch eine echte Narkose hervor (S. 107). Von Overton wurde also festgestellt, daß alle Narkotica, welche in Öl besser als in Wasser löslich sind, eine „echte" Narkose hervorrufen. Es gibt aber auch „echte" Narkotica, die leichter in Wasser als in Öl löslich sind, während die meisten Narkotica, die solche Eigenschaften besitzen, „unechte" sind. Overton weist außerdem darauf hin, daß Würmer die 2—3fache Chloroformkonzentration im Vergleich zu Kaulquappen für die Narkose erfordern, Protozoen und Pflanzen die 6—10fache.

In der ersten Abteilung dieses Kapitels haben wir gesehen, daß die Lipoidlöslichkeit der Narkotica insofern eine große Bedeutung hat, als die besser in Lipoiden löslichen in größeren Konzentrationen im Protoplasma angehäuft werden und dementsprechend bei kleineren Konzentrationen in der umgebenden Lösung eine Denaturation der Protoplasmaeiweißstoffe hervorrufen. Je mehr sich ein Narkoticum im Protoplasma anhäuft, desto schneller findet diese Denaturation statt, so daß dieselbe nur ganz allmählich vergrößert werden kann. Gut wasserlösliche Narkotica werden dagegen im Protoplasma kaum angehäuft, so daß ihre Wirkung auf die Denaturation zu langsam zum Vorschein kommt, und um ihre Wirkung schnell merklich zu machen, muß man sie in Konzentrationen vornehmen, welche eine bedeutende Entwässerung der Protoplasmakolloide verursachen; dann aber ist die Wirkung des Giftes zu rasch, als daß man bei einem kurze Zeit dauernden Versuche die Konzentrationen so gut regulieren kann, daß es nur zu einer unschädlichen Zersetzung des Dispersionsmittels kommt, die bald repariert werden kann. In dieser Weise kann man vielleicht den Unterschied zwischen der Einwirkung der gut wasserlöslichen und gut öllöslichen Narkotica erklären. Dann wäre die Theorie von Claude Bernard durch die Versuche Overtons auch in bezug auf indifferente Narkotica noch nicht erschüttert.

Im Kapitel 1 dieses Teils wurde erwähnt, daß Narkotica die Permeabilität des Protoplasmas für Salze vermindern, weil dieselbe in Narkoticis unlöslich sind (vgl. S. 149). Es ist aber in einigen Fällen möglich, zu zeigen, daß die für die Permeabilitätsänderung genügende Anhäufung von Äther noch keine Narkose, d. h. kein Aufhören der Bewegung des Protoplasmas hervorruft.

Dieser Fall wird besonders schön an Pflanzen bei der Farbstoffaufnahme durch narkotisierte und nicht narkotisierte Objekte beobachtet [1]). Nach Josing [2]) sollen Äther und Chloroform die Protoplasmaströmung nur im Dunkeln zum Stillstand bringen, während durch nachheriges Belichten die Bewegung des Protoplasmas wieder zustande kommt [3]). Somit bedeutet die Anhäufung eines Narkoticums noch keine Narkose.

Es ist eine allgemein bekannte Sache, daß die Bewegung des Protoplasmas im sauerstofffreien Raum unmöglich ist. Josing zeigte, daß ätherisierte Objekte bei Sauerstoffentziehung ihre Protoplasmabewegung schneller sistieren als normale Objekte. Somit begünstigt die Anhäufung des Narkoticums die Narkose, ist aber mit derselben noch nicht identisch.

Andererseits sind giftige Salze, z. B. Magnesiumchlorid, als ein gutes anästhesierendes Mittel empfohlen worden, obwohl sie in Lipoiden gar nicht löslich sind. Blausäure wirkt, nach Overton, ebenfalls narkoseartig (l. c. S. 105—106) und zugleich ist diese Wirkung progressiv, d. h. führt schließlich zum Absterben, so daß Overton eine chemische Reaktion zwischen Blausäure und Protoplasmabestandteilen annimmt. Somit gibt auch Overton zu, daß ein narkoseartiger Zustand ohne Anhäufung in lipoiden Substanzen des Protoplasmas zustande kommen kann.

Eine Narkose (eine Starre) kann bei beweglichen Pflanzen (z. B. Mimosa pudica) durch Erschütterungen und durch hohe Temperaturen bewirkt werden. Eine heilende Wirkung schwacher aufeinander folgender Stöße oder eines Streichens und Reibens bei Nervenschmerzen ist auch allbekannt. In letzter Zeit wurde aber auch die Narkose durch starke elektrische Ströme erzielt. Alle genannten Agentien können bei stärkerer Wirkung zur Protoplasmakoagulation führen (vgl. S. 125 ff.).

Dementsprechend können wir sagen, daß viele Stoffe und andere Agentien, die eine Koagulation des Protoplasmas verursachen, bei einer gelinden Wirkung Narkose hervorrufen können. Andererseits ist die Anhäufung eines Stoffes in lipoiden

---

[1]) Segel: Traveaux de la société de naturalistes de Kasan. Tome 47, H. 4. 1915.

[2]) Josing, E.: Jahrb. f. wiss. Botan. Bd. 36, S. 197. 1901.

[3]) Die Lichtwirkung blieb in den Versuchen von Josing auch nach dem Entzug von Kohlensäure bestehen, so daß hier Sauerstoff keine Rolle spielte.

Substanzen des Protoplasmas für die Narkose nicht durchaus notwendig. Somit behält die Theorie von Cl. Bernard und Binz, welche die Narkose als einen Anflug der Koagulation der Protoplasmakolloide betrachtet, ihre volle Bedeutung.

Um die Übersicht der Narkosetheorien, die eine Beziehung zur Kolloidchemie haben, zu schließen, wäre noch die Theorie Höbers zu erwähnen, nach welcher die Narkotica gewisse Kolloidzustandsänderungen, welche mit dem Erregungsprozeß einhergehen, hemmen[1]). Indessen kann die von Höber als eine Stütze seiner Ansicht angeführte Tatsache, daß die strukturellen, durch Salze erzeugten Veränderungen der Achsenzylinder der Nerven, welche parallel mit Änderungen der Nervenerregbarkeit einhergehen, durch Narkotica gehemmt werden, auch durch die Permeabilitätsabnahme des Protoplasmas für Salze, hervorgerufen durch Narkotica, erklärt werden.

Um aber ein möglichst vollständiges Bild der Einwirkung schwacher Konzentrationen von Narkoticis zu entwerfen, ist es nötig, noch eine Tatsache zu betrachten, welche sehr schwierig zu erklären ist. Nach Untersuchungen von Arrhenius und Bubanovic [2]) an Blutkörperchen und nach den Versuchen des Verfassers an Spirogyra[3]) üben kleine Konzentrationen von Narkoticis eine stärkende Wirkung auf das Protoplasma aus. Blutkörperchen werden gegen eine Zerstörung durch Wasseraufsaugung (also gegen die Hämolyse), Spirogyra gegen hohe Temperaturen geschützt. In beiden Fällen ist die Konzentration von $0,1-0,2\%$ Chloroform besonders günstig. Doch übt dieselbe Konzentration bei langer Einwirkungsdauer wieder eine das Absterben begünstigende Wirkung aus. So zeigte in den Versuchen des Verfassers Spirogyra, die vorher zwei Stunden in $0,1\%$igem Chloroform verbracht war, eine vollständige Hitzekoagulation bei 49^0 in 1020 Sekunden, während dieselbe Alge, wenn sie sich in Wasser befand, Hitzekoagulation in 220 Sekunden ergab. Nachdem aber die Alge 18 Stunden in derselben Lösung von Chloroform verweilt hatte, trat diese Koagulation schon in 40 Sekunden ein.

---

[1]) Höber: Physik. Chemie d. Zelle und d. Gewebe. S. 457. 1914.
[2]) Arrhenius, Sv. und F. Bubanovic: Meddeland. fr. k. vetenskap. acad. Nobelinstitut. Vol. 2, Nr. 32, p. 5—6, 9—10.
[3]) Lepeschkin, W.: The constancy of the living substance. 1923. S. 37.

Namenverzeichnis.

Aggazzotti 90.
Albrecht 68, 73.
Altmann 86.
Andrews 95.
D'Arbaumont 77.
Aronstein 42.
Arrhenius, Sv. 11, 43, 187, 188, 195, 200.
— und Madsen 200
— und Bubanovic 150, 202, 205, 214.
Arzichovsky und Schljakina 189, 196, 198.
Auerbach 70.

Bang 156.
Bataillon 123.
Batteli und Stern 201.
Baylis 116.
Bechhold 10, 153.
Bernard, Cl. 210.
Berthold 60, 68, 86, 87, 88, 98, 119, 142.
Bethe 80.
Beutner 107.
Biedermann 158.
Billitzer 16.
Binz 210.
Boas 150.
Böeseken und Waterman 192.
Bower 141.
Brandt 66.
Bredig 7.
Brenner 154, 178, 192, 196.
Brücke 55, 80.

Buglia 171.
Bütschli 30, 57, 60, 82, 86, 88, 139, 140.

Cajal 80.
Čelakovsky 156.
Chambers 117.
Chick 166.
— und Martin 42.
Cienkowski 56, 59, 60.
Clark 194, 198.
Coehn 14.
Collander 149, 167.
Crato 94.
Czapek 146, 158, 193, 208, 209.

De Bary 60.
Della Valle 121.
Derschau 72.
Detmoor 198.
Detre und Sallei 187.
De-Vries 115, 138.
Dippel 70.
Dixon 67.
Doelter 52.
Doflein 61.
Donnan 36, 37, 38, 39, 109.
Duclaux 13, 27.
Dujardin 55.

Ehrlich 152, 154.
Eimer 66.
Einstein 11, 12, 18.
Elfing 67.

Endler 182.
Engelmann 82.

Fauré-Fremiet 90, 161.
Fischel 157, 160.
Fischer, Alfr. 52, 86, 163.
— H. 173, 174.
— H. und Jensen, P. 97.
— M. 38, 39, 106.
— M. und Ostwald, Wo. 123.
Fitting 181.
Flemming 67.
Fluri 117, 185.
Freundlich 23, 49, 98.
— und Rona 202.
Fromann 71, 86.
Fühner und Neubauer 206.

Gaidukov 89, 90, 190.
Gardiner 141.
Gertz 158.
Gibbs 6, 175, 208.
Giersberg 88, 120.
Goeppert und Cohn 54.
Goldschmidt 79.
Graham 3, 4, 10, 11, 26, 30.
Gros 169, 179.
Groß 69.
Guilliermond 124, 161.

Haas 109.
Haberlandt 76.

Hamburger 104.
Hanstein 66, 67, 94, 159.
Hardy 14, 23, 39, 42, 110.
Harrison 80.
Hatschek 49.
Hecht 141.
Hedin 205.
Heidenhain 2, 66, 80, 95, 97, 119, 124, 152, 157, 160, 161.
Heilbronn 99, 115.
Heilbrunn 118.
Heinsius 42.
Helmholz 16.
Henle 82.
Henri 129.
Hensen 82.
Hertel 129.
Hertwig 71.
Herzfeld und Klinger 155.
Hibbard 176.
Hidegard 124.
Hiestand 156.
Höber 110, 148, 160, 183, 184, 186, 191, 214.
Hofmeister 56, 57, 59, 60, 66, 70, 75, 92, 93.
— F. 36, 38, 44.
Hoppe-Seyler 135.

Iwanowski 97.

Jacobs 116.
Jensen 58, 82, 97, 100.
Jodbauer und Haffner 130.
Josing 213.

Kahho 178, 179, 181, 182, 183, 191.
Kahlenberg und True 190, 192.

Katz 39, 102.
Kieseritzky 42.
Kisch 194.
Klebs 114.
Klein 201.
Klemm 199.
Klinger 155.
Kofler 208.
Koehler 117, 176, 184.
Koernicke 69.
Kohl 67.
Köllicker 82.
Koltzoff 58, 59, 83, 104.
Korschelt 67.
Kossel 156.
Křiženecky 176.
Kühne 56, 81.
Küster 77, 107, 128.

Lakon 158.
Laplace 107.
Lehmann 52.
Lenhossek 59.
Lepeschkin 27, 29, 42, 46, 47, 61 ff., 72 ff., 78, 90, 105, 108, 117, 126, 127, 130, 145, 149, 151, 166 ff., 176, 193—195, 197, 201, 203 204, 207, 208, 214.
Lewith 44.
Liebald 77.
Lilienfeld 145.
Lillie 35, 37, 191, 209.
Linder und Picton 180.
Loeb, Jacques 8, 24, 36, 37, 38, 91, 106, 109, 122, 166, 177, 197.
Loew, O. 72.
Loewe 206.
Löwschin 161.
Lundegård 181.

Macfadyen 172.
Mangenot 161.
Marinesco 89, 100.
Masius 179.

Mayer, A. und Schaeffer, G. 90.
Meier 109.
Meneghetti 187, 188.
Mengarini 77.
Meves 161.
Meyer, Arth. 2, 77, 87, 89, 90, 95, 97, 124, 125, 140, 158, 160, 161.
— H. 147, 211.
Meyerhof 201.
Michaelis 39, 49, 160.
Miehe 69.
Miescher 135.
Mines 186.
Mohl 3, 54, 66, 74.
Molisch 158.
Molliard 69, 107.
Moore 166.
— und Parker 13, 20.
Morse und Frazer 103.
Mutrochot 69, 107.

Nathansohn 147.
Nägeli 30, 51, 54, 56, 189.
— und Schleiden 66.
— und Schwendener 76.
Nageotte 123.
Nasse 106.
Němec 69, 71, 115, 118.
Neubauer 49, 206.
Neunstein 73.
Noack 124.

Ödquist 118.
Osterhout 177, 183.
Ostwald, Wilh. 52.
— Wo. 6, 8, 38, 120, 176, 179.
— und Dernoscheck 176, 179.
— und Fischer, M. 123.
Overton 147, 152, 160, 192, 200, 211—213.

Namenverzeichnis.

Paul und Krönig 190.
Pauli 36, 37, 38, 41, 45, 178—179.
Perrin 12.
Pfeffer 51, 61, 93, 100, 102, 112, 136—140, 144, 147, 152—154, 157, 181, 183, 189, 193.
Pflüger 82.
Picton und Lindner 23.
Plateau 82.
Plato 157.
Plötz 208.
Policard 161.
Ponomarew 77.
Porges und Neubauer 49.
Posternak 45.
Powis 24.
Prat 181.
Pringsheim 56, 76, 92.
Procter 31.
— und Wilson 31, 38.
Prost 23.
Prowazek 58, 128, 156.
Przesmicki 156.
Purkyně 3, 54.

Quinke 49, 140.

Ramsden 155.
Reed 184.
Regaud 161.
Reichert 55.
Reinke 52, 87, 108, 136, 145, 155.
Rhumbler 53, 58, 61, 93.
Ringer 177.
Robertson 48.
Rollet 82.
Rona 202.
Rosenberg 42.

Ruhland 109, 148, 149, 153, 182.
Růžička 86, 87, 109, 152, 153, 156.

Sachs 57, 70, 136, 146.
Sallei 187.
Samogyi 193, 207.
Scala 77.
Schacht 70.
Schaede 109, 153, 156.
Schaeffer 90.
Schaum 53.
Scherrer 77, 124.
Schimper 76, 97.
Schleiden 54, 66.
Schljakina 189.
Schmidt 136.
Schmitz 67, 76, 136.
Schorler 67.
Schultz, E. 98.
Schultze, Max 55, 56, 59, 60, 92.
Schulze, H. 23.
Schweidler 69.
Segel 149, 213.
Seifritz 72, 117.
Senn 76.
Siebeck 104.
Siedentopf 4.
Smoluchowski 11.
Snapper 197.
Sörensen 35, 40.
Spek 105, 120, 121, 178, 181.
Spiro 38, 39.
Spring 53.
Stern 97, 110.
Stevens 194.
Stracke 194.
Strasburger 3, 67, 71, 122, 136, 139.
Svedberg 25.
Szücs 116, 182, 185.

Tamba 68.
Tammann 53.
Tangl 57.
Tischler 122.
Traube 207.
— Mengarini und Scala 77.
— und Klein 47.
— und Samogyi 193, 207.
Tröndle 181.
True 190, 192.
Tschirch 76.

Unger 55.

Van Bemmelen 32.
Van de Velde 205, 206.
Van't-Hoff 11, 12.
Vaß 123.
Velisch 120.
Vernon 193, 208.
Verworn 57, 82.
Vries vgl. De-Vries.

Walter 102, 104.
Warburg und Wiesel 201.
Weber 99, 115, 116.
Weevers 209.
Weimarn 4.
Weiß 66, 71, 76.
Went 57, 142.
Wiesel 201.
Willstätter und Stoll 97.
Winterstein 210.
Wulff 52.

Young 174.

Zacharias 136, 146, 158, 161.
Zollikofer 115.
Zsigmondy 4, 21, 27.

Sachverzeichnis.

Aceton. Koagulierende Wirkung auf hydrophile Kolloide 26—27.
— Diejenige auf Eiweißlösung 42, 46.
— Diejenige auf Protoplasma 204.
Acidalbumine 34, 40—41.
Adsorption 14, 175.
— der Ionen 15—17, 23, 25.
— der Kolloide an der Oberfläche (Membranbildung) 19.
— an der Oberfläche des Protoplasmas 128.
— von Salzen im Protoplasma 175ff., 179.
Adsorptionsverbindungen 176.
Aggregatzustand der Körper 53.
— des Protoplasmas 54ff., 100.
— während der Anabiose 57, 65.
— nach der Verhornung 65.
— der peripherischen Schichten des Protoplasmas 59—61.
— Reversible Änderungen desselben 111—113.
— Irreversible Änderungen desselben 121—123, 126—128.
Albumin 4, 33, 34.
— Diffusionskonstanten 11.
— Molekulargewicht 35.
— Dispersitätsänderungen der kolloidalen Lösung desselben 36, 41.
Albuminoide 33.
Albumose 8, 34.
Alkalialbuminate 34, 40—41, 198.
Alkalisalze. Ihre Wirkung auf Eiweißlösungen 44.
— Ihre Wirkung auf das Protoplasma 120, 177ff.
Alkohole. Koagulierende Wirkung auf hydrophile Kolloide 26—27:

Alkohole. Koagulierende Wirkung auf Eiweißlösungen 42, 46.
— Denaturierende Wirkung auf Eiweiß 46.
— Vergrößerung der Oberflächenspannung des Protoplasmas und der Chloroplasten 77, 78, 113.
— Koagulierende Wirkung auf das Protoplasma 131, 202ff.
Allinante 97, 161.
Aluminiumsalze. Koagulierende Wirkung auf Ölemulsionen 24.
— — auf Lecithin- und Cholesterinlösungen 60.
— Viscositätsänderung des Protoplasmas 117.
— Giftige und koagulierende Wirkung 184ff., 186.
Amikronen. Größe 5.
Amöben. Aggregatzustand des Protoplasmas 58, 61.
— Struktur des Protoplasmas 88.
— Koagulation im Protoplasma unter Einwirkung von Neutralsalzen 120.
Amphotere chemische Verbindungen (Eiweißkörper) 34.
Anabiose. Aggregatzustand des Protoplasmas 57.
Antagonistische Salzwirkung 177 bis 179, 180. 183; 191.
Anziehungs-(Attraktions-)kräfte zwischen Salz und Wasser 6.
— zwischen Albumin und Wasser 7.
— zwischen Teilchen der hydrophilen Kolloide und Wasser 22.

Sachverzeichnis.

Anziehungs-(Attraktions-)
kräfte
— molekulare, zwischen Kolloidteilchen 14, 24.
— Wirkungsradius derselben 24.
— zwischen Kolloide des Protoplasmas und Wasser 101, 104.
Ausfrieren und Erfrieren 172—174.
Austrocknen des Protoplasmas 173.

Befruchtung der Eier. Viscositätsänderungen des Protoplasmas während derselben 117—118.
— Bedeutung derselben 122—123.
Bindegewebefasern. Bildung derselben 123.
Blutkörperchen. Verflüssigung der Pellicula und des Randreifens 64.
— Osmotischer Druck 103.
— Elektrische Ladung 110 (Isoel. Punkt.)
— Resistenzmaximum gegen Hypotonie 130.
— Hitzekoagulation des Protoplasmas 169.
— Hitzehämolyse 169—170.
— in hypotonischen Lösungen 170.
— Säurenwirkung auf dieselben 195.
— Laugenwirkung auf dieselben 199.
— Wirkung von Alkoholen u. a. Narkoticis auf dieselben 206 bis 207.
Brownsche Bewegung 6, 11.
— und kinetische Theorie der Gase 11—12.
— in Gallerten 29.

Capillaraktive Stoffe und Giftigkeit derselben 193, 207—208.
Caseine 33.
Chemische Koagulation des Protoplasmas 129ff.
Chemische Wirkungen der Elektrolyte bei der Koagulation 25, 44, 45, 186, 189, 193, 198.

Chemische Zusammensetzung des Dispersionsmittels des Protoplasmas 135ff.
— des Zellkerns und der Chromaphoren 156ff.
— der grob-dispersen Phasen des Protoplasmas 96, 159.
— der kolloidal-dispersen Phasen des Protoplasmas 162—163.
— der dispersen Phasen des Zellkerns und der Chromatophoren 163—164.
Chlorophyll. Zustand desselben in Chloroplasten 97.
Chloroplasten vgl. Chromatophoren.
Chondriokonten 89, 124, 161.
Chondriosomen 89, 124, 161.
Chromatin 163.
Chromatophoren der Pflanzen. Aggregatzustand 75ff.
— Gestaltsänderungen 77—78.
— Mischbarkeit mit dem Protoplasma 78.
— Fadenbildung 79.
— Hitzekoagulation 126.
— Chemische Zusammensetzung des Dispersionsmittels 156 bis 159.
— — der dispersen Phasen 163.
Cytolyse 123 (vgl. auch Hämolyse).
Cytoplasma vgl. Protoplasma.

Denaturation der Eiweißkörper bei der Adsorption 19.
— bei der Hitzekoagulation 42ff.
— durch Alkohol, Aceton usw. 46.
— im Protoplasma 165ff., 188, 193 bis 195, 197, 198, 203—207.
Denaturiertes Eiweiß, Eigenschaften und Koagulation 44ff.
Diffusion gelöster Stoffe 6.
— der Kolloide 10.
— in Gallerten 30.
Diffusionskonstanten verschiedener gelöster Stoffe 11.
Dispersionsmittel 5.
— der Muskelfibrillen 95.

Dispersionsmittel
— des Protoplasmas 135 ff.
— des Kernes und Chromatophoren 156.
Dispersität der Lösungen 4.
Dispersitätsänderungen der Lösungen 19, 35—36.
— bei der Koagulation 22—23, 35 bis 36.
— der Protoplasmakolloide 106.
Donnansche Gleichgewicht 36, 38.
— im Protoplasma 109, 145, 196, 199.
Doppelschicht 15, 16, 24.

Eiweißionen 34.
— im Protoplasma 109, 110, 196, 199.
Eiweißkörper. Einteilung derselben 33.
— Amphotere Eigenschaften derselben 34.
— Osmotischer Druck, Viscosität und Quellung 35—38.
— Ladung der Teilchen 40.
— Koagulation 42 ff.
— im Protoplasma 145—146, 151 bis 153, 155.
— des Zellkernes und der Chloroplasten 156—159.
Eiweißverbindungen mit Salzen 39.
— mit Säuren und Laugen (vgl. auch Acidalbumine und Alkalialbuminate) 40, 41, 43, 44.
— Diejenigen im Protoplasma 100, 175, 186, 194, 198.
— mit Lipoiden im Protoplasma 155—156.
— Dieselben im Zellkern und Chloroplasten 156—159.
— Zersetzung derselben 167—170.
Elektrische Doppelschicht vgl. Doppelschicht.
Elektrische Ladung, der Kolloidteilchen 13—17.
— bei der Koagulation 24.
— der Protoplasmakolloide 108 bis 110.
— der Zellen 110.

Elektrischer Strom. Viscositätsänderung des Protoplasmas durch denselben 116.
— Ursachen dieser Wirkung 175 (vgl. Kataphorese).
— Anästhesierende Wirkung desselben 213.
Elektrolyte. Bedeutung derselben bei d. Teilchenladung 13—17.
— — bei der Koagulation 22—26.
— Beeinflussung des osmotischen Drucks durch dieselben 36.
— Beeinflussung der Quellung 38.
— Fällung der Eiweißkörper durch dieselben 43—44.
— Doppelte Wirkung derselben auf das Protoplasma 103—107.
— Reversible Koagulation im Protoplasma 119—121.
— Irreversible Koagulation des Protoplasmas 130, 177 ff., 184 ff., 192 ff., 197 ff.
Elektrolytische Dissoziation.
— der Eiweißverbindungen mit Säuren und Laugen 40, 41.
— freier Eiweißkörper 41.
— und Giftigkeit der Elektrolyte 185, 190, 192.
Emulsionen 5, 6, 24, 28.
— Umschlag derselben 48.
Emulsionsgallerte 29.
Emulsionskolloide Lösungen 5, 6, 47.
Emulsionsstruktur des Protoplasmas 88.
Emulsoide vgl. Emulsionskolloide.
Enchylem 136.
Entmischungserscheinungen 119.
Entquellung des Protoplasmas 102.
Erdalkalisalze. Ihre Wirkung auf Eiweißlösungen 45.
— Wirkung auf das Protoplasma 177—178.
— Permeabilität des Protoplasmas für diese 181.
Erstarrung des Protoplasmas bei der Verhornung 65 (vgl. auch Aggregatzustand).

Fadengerüst des Protoplasmas 59, 62, 64, 87, 112—113.
Fester Zustand. Definition des Begriffs desselben 53.
Flüssiger Zustand. Definition des Begriffs desselben 53—54.
Formart vgl. Aggregatzustand.
Formbeständigkeit des flüssigen Protoplasmas 62, 63.

Gallerte bei der Koagulation 20, 29.
— beim Kondensieren der Kolloidlösungen 27—28.
— Plastische 29.
— aus Emulsion 28.
— Struktur 29—30.
— Austrocknen 30, 32.
— Wasseraufnahme vgl. Quellung.
— Bildung der Gallerte im lebenden Protoplasma 111—113, 114. (Vgl. auch Koagulationsgallerte.)
Gelatine 33.
— Kolloidale Lösungen derselben 37, 38.
Gelatinegallerte 29.
Gelatinierung 20, 27.
Gerinnung vgl. Koagulation.
Gerüstsubstanzen der Tiere 33.
Giftige Wirkung von Stoffen (vgl. auch einzelne Stoffe) 130 ff., 177 ff., 184 ff., 192 ff., 197 ff., 204 ff.
Globuline 33, 39, 41.
Glutin 33.
Goldlösungen (kolloide) 6, 7.
— Koagulation und Dispersitätsänderungen derselben 22—23.
— Größe der Teilchen 35.
Granulalehre Altmanns 86.
Granulationen (Granula) im Protoplasma 89.
— im Zellkern 95.
— Chemische Zusammensetzung 160.
— Vitalfärbung 147—149, 152—153, 160.
— Fixierung 161.

Grobdisperse Phasen 4—6.
— im Protoplasma 85, 87.
— im Zellkern 95.
— in Chromatophoren der Pflanzen 97.
— Quellung derselben in Salzlösungen 105.
— Systeme 4—6.

Hämoglobin 34.
— Kolloidale Lösungen und Molekulargewicht 35.
— Hitzekoagulation 42.
— Gehalt in Blutkörperchen 103.
Hämolyse. Ursachen derselben 169.
— durch Hitze 169.
— durch Schwermetallsalze 187.
— durch Hypotonie 170.
— durch Säuren 195.
— durch Laugen 199.
— durch Alkohol u. a. Narkotica 202, 205—207.
Haptogenmembran 19.
— an der Oberfläche des Protoplasmas 128.
Hautschicht des Protoplasmas 59, 60, 92—94.
Hitzekoagulation der Eiweißkörper 20, 29, 42 ff.
— der Protoplasmakolloide 125 ff.
— der Eiweißkörper im Protoplasma 164 ff.
— Beeinflussung der Hitzekoagulation des Protoplasmas durch Lebensbedingungen 167.
— — durch mechanische Einwirkungen 168, 170.
— der Muskeln 131, 171.
Hofmeistersche Ionenreihe vgl Ionenreihen.
Hunger vgl. Verhungern.
Hydrogel 20—21 (vgl. auch Gallerte).
Hydrophile Kolloide 6 ff., 35.
— Ähnlichkeit zwischen denselben und molekularlöslichen Stoffe 7, 8, 9, 35.

Hydrophile Kolloide.
— Übergang zwischen denselben und hydrophoben Kolloiden 9.
— Diffusion 10—11, 35.
— Osmotischer Druck 12—13, 35, 36.
— Viscosität 28, 37.
— Schützende Wirkung derselben auf hydrophobe Kolloide 27.
— Ladung der Teilchen 40.
— Koagulation 26, 42.
— des Protoplasmas 91.
Hydrophobe Kolloide 6.
— Herstellung 7.
— Übergang zu hydrophilen Kolloiden 9.
— Koagulation 22.
— Ladung der Teilchen 13ff., 48.
Hydrosole 9, 20.
Hydrotrope Ionenreihe vgl. Ionenreihe.
Hydroxylionen vgl. Laugen.
Hypertonische Lösung 103.
Hypotonische Lösung 103.
Hysteresis in kolloidalen Systemen 33.

Ionen. Adsorption derselben 15—16.
— Bedeutung bei der Koagulation 22—25.
— Bedeutung bei der Teilchenladung 13—17.
— bei der Entladung der Teilchen 17, 24.
— der Eiweißkörper 34.
Ionenreihen bei der Wirkung der Salze auf osmotischen Druck von Albumin 36.
— bei der Wirkung der Salze auf die Quellung 38.
— bei der Fällung von Eiweißkörpern durch Salze 44.
— bei der Quellung der Protoplasmakolloide 105—107.
— bei der Fällung der Lipoide 60.
— bei der Koagulation des Protoplasmas durch Neutralsalze 178, 179.
— und die Permeabilität des Protoplasmas 182.

Irreversible Koagulation der Kolloide 21—26.
— des Protoplasmas 122—123, 124ff.
— der Protoplasmakolloide, hervorgerufen durch physikalische Agenzien 164ff.
— dieselbe hervorgerufen durch Elektrolyte 175ff.
— dieselbe hervorgerufen durch Nichtelektrolyte 200ff.
Isoelektrischer Punkt 17.
— der Eiweißkörper 40.
— der Blutkörperchen 110.

Jod. Koagulierende Wirkung auf das Protoplasma 131, 134.

Kapillaraktive Stoffe vgl. Capillaraktive Stoffe.
Karyokinese. Kolloidchemische Vorgänge bei derselben 121.
Kataphorese 13, 17.
— der Zellen 110.
— des Protoplasmas 109.
Kern vgl. Zellkern.
Kernmembran 70ff.
Kieselsäure. Kolloidale Lösung derselben 20.
— Gallerte derselben 21, 29, 30.
Koagulation der Kolloidlösungen 20—27.
— Gegenseitige der Kolloide 26.
— der Eiweißlösungen 42.
— der denaturierten Eiweißkörper 44.
— Reversible Koagulation des Protoplasmas 119ff.
— und Parthenogenese 123.
— Irreversible des Protoplasmas 125ff., 165ff., 172ff., 174ff., 177ff., 184ff., 192ff., 197ff., 201ff.
Koagulationsgallerte 29.
— des Protoplasmas 126, 154, 196, 199.
Kolloidaldisperse Systeme 4—6.
— des Protoplasmas 84ff., 135ff.
— des Zellkernes und der Chromatophoren 94ff., 156ff., 163ff.

Kolloidaldisperse Systeme
— der Muskeln 97 ff.
— Veränderung der kolloidaldispersen Systeme des Protoplasmas, hervorgerufen durch physikalische Agenzien 164 ff.
— — diese hervorgerufen durch Elektrolyte 175 ff.
— — diese hervorgerufen durch Nichtelektrolyte 200 ff.
Kolloidaldisperse Phasen des Protoplasmas 90, 162.
— Verteilung derselben 93, 162.
— des Zellkerns 96, 163.
— der Chloroplasten 97, 163.
Kolloidaler Zustand der Körper 3.
Kolloide 4 ff.
Kolloidteilchen 5.
Kontraktilität des Protoplasmas 55, 56, 57.
Kritische Flüssigkeitsmischungen 7.
Krystalloide 3, 4.

Ladung vgl. elektrische Ladung.
Laugen. Beeinflussung des osmotischen Drucks der Kolloide durch dieselben 36 ff.
— und Viscosität der Kolloidlösungen 37.
— und Quellung 38.
— und Ladung der Kolloidteilchen 16, 17, 40.
— Beeinflussung der Hitzekoagulation und Denaturation 43.
— Quellung der Muskeln in denselben 106.
— Günstige Wirkung auf die Resistenz des Protoplasmas 130.
— Koagulierende und schädliche Wirkung von Laugen auf das Protoplasma 197 ff.
— Beeinflussung der Hitzekoagulation des Protoplasmas durch dieselben 197—200.
— Hämolyse durch dieselben 199 bis 200.
Lebende Einschlüsse des Protoplasmas 2.

Lebenserscheinungen 1, 2.
Lecithin. Kolloide Eigenschaften 48, 49, 50.
Lichtkoagulation des Protoplasmas 129.
— Ursachen desselben 174.
Lipoide 47.
— des Protoplasmas 145, 147, 149, 150, 151.
— Verbindung derselben mit Eiweißkörpern im Protoplasma 155 bis 156.
— im Zellkern 157.
— in Chloroplasten 157—159.
Lipoidlöslichkeit und Giftigkeit 151—152, 190, 192, 206.
Lipoidtheorie der osmotischen Eigenschaften des Protoplasmas 140, 147, 149, 150.
Lösungsdruck (elektrolytischer) und die Giftigkeit der Schwermetallsalze 191.
Lösungskraft des Protoplasmas 100, 102.
Lyotrope Ionenreihe vgl. Ionenreihen.

Mechanische Einwirkungen auf das Protoplasma. Verflüssigung des letzteren 64, 113.
— Viscositätsänderung 115, 117.
— Schädigung 117, 168, 170.
— Anästhesierende Wirkung 213.
Mechanische Koagulation des Protoplasmas 125—128.
— Erklärung derselben 155.
Membran an der Oberfläche der kolloidalen Lösungen 19.
— an der Oberfläche der Amöben und Plasmodien 59—60.
— der Zellen, elektrische Ladung 110.
— an der Protoplasmaoberfläche 137, 138, 140.
Membranbildung bei Pflanzenzellen 122.
— nach der Befruchtung der Eier 123.

Membranbildung
— an der Oberfläche der kolloiden Lösungen 19.
— an der Oberfläche des Protoplasmas 128.
Membranhypothese des Protoplasmas 137.
— Unhaltbarkeit derselben 143 bis 145.
Micellen 30, 51.
Mikronen 5.
— im Protoplasma 85.
Mikrosomen 89, 159—160.
Mitochondrien 89, 124, 161.
Molekulardisperse Systeme 4.
Mosaikbau der Plasmamembran 147, 149.
Muskelfibrillen. Aggregatzustand 80.
— Tragfestigkeit 82.
— Kolloidaler Bau 97.
— Quellung in Salzlösung, Säuren und Laugen 106—107.
Myofibrillen vgl. Muskelfibrillen.
Myomen der Vorticellen 83.

Narkose. Theorien derselben 210ff.
— durch Koagulation 213.
— durch mechanische Wirkungen 213.
Narkotica. Verflüssigung des Protoplasmas durch dieselben 113.
— Viscositätsänderungen des Protoplasmas durch dieselben 116.
— Giftige und koagulierende Wirkung derselben 131, 151, 204ff.
— Änderung der Permeabilität des Protoplasmas 149, 209.
— Anhäufung im Protoplasma 149, 151, 202, 206.
— Beeinflussung der Hitzekoagulation der 203, 205, 207, 214.
— Einfluß von Narkotica auf die Protoplasmabewegung 212 bis 213.
Nervenfibrillen. Aggregatzustand 79ff.
— Kolloidaler Bau 80.

Neuriten. Protoplasma 59.
Neuroplasma. Aggregatzustand 59, 63.
Neutralpunkt bei der Ladung der Kolloidteilchen 17, 24, 40.
Neutralsalze. Koagulierende Wirkung auf das Protoplasma 120, 175 ff. Vgl. auch Salze.
Nichtelektrolyte. Koagulation von Eiweißlösungen durch dieselben 46, 47.
— Koagulation des Protoplasmas durch dieselben 200.
Niederschlagsmembran an der Protoplasmaoberfläche 136, 140.
Niedrige Temperatur. Koagulation des Protoplasmas durch diese 172.
Nucleolus. Bedeutung 2, 95.
— Gestaltsänderungen 66.
— Membran 74.
— Aggregatzustand 72—74, 95.
— Chemische Zusammensetzung 163.

Oberflächenaktive Stoffe vgl. Capillaraktive Stoffe.
Oberflächengröße der Kolloidteilchen 15.
Oberflächenspannung der kolloiden Lösungen 17—19.
— an der Grenze der Teilchen und Dispersität 20.
— an der Grenze der Öltröpfchen 48.
— des Protoplasmas 107.
— Änderung derselben 77—78, 113, 126—127, 208.
Ölemulsion. Koagulation derselben 24.
— Bildung derselben 48.
— im Protoplasma 119, 124—125.
Organosole 9.
Osmose der Kolloide 10.
Osmotische Eigenschaften des Protoplasmas 137, 146ff, 153, 162 (osmotische Eigenschaften der Oberflächenschicht des Protoplasmas).
Osmotischer Druck der Kolloide 12—13, 20.

Sachverzeichnis.

Osmotischer Druck
— der Albuminlösung und Beeinflussung derselben durch Elektrolyte 35—36.
— des Hämoglobins 35.
— des Protoplasmas 100.
— der Blutkörperchen 103.
— Einfluß von Säuren auf den osmotischen Druck des Protoplasmas 197.

Parthenogenese 122—123.
Pellicula. Verflüssigung derselben 64, 111—113, 141.
— osmotische Eigenschaften derselben 144.
Peptide 34.
Peptisation 21, 44.
Pepton 34.
Permeabilität des Protoplasmas für Salze 105—107 (ihre Bedeutung für Quellung der Protoplasmakolloide) 137, 146
— für Farbstoffe 147—149.
— für Kolloide 148—149.
— für Narkotica 147, 149, 202.
Permeabilitätsänderung des Protoplasmas durch mechanische Einwirkungen 105, 170.
— unter Einwirkung von Säuren und Laugen 106—107.
— beim Absterben 154, 168, 170.
— unter Einwirkung von Narkotica 149.
— unter Einwirkung von Saponin 150.
— unter Einwirkung von Licht 174.
Phase. Begriff 6.
Physiologische Kochsalzlösung 102.
Plasma vgl. Protoplasma.
Plasmahaut 137—140.
Plasmamembran 138, 141, 142, 144, 145, 147, 193.
Plasmodien 56, 59.
— Veränderlichkeit des Aggregatzustands 61.

Plasmolyse 56.
Plastin 136, 146.
Proteide 33, 42.
Proteine 33.
Protoplasma. Begriff 3.
— Kolloide Eigenschaften 51 ff.
— Aggregatzustand 54 ff.
— Änderungen des Aggregatzustands 60—61, 63, 64, 65, 111.
— Änderungen der Konsistenz (Viscosität) 60.
— als disperses System (kolloidchemischer Bau) 84 ff.
— Grobdisperse Phasen desselben 85—89.
— Viscosität 98 ff.
— Gehalt an Wasser 100.
— Osmotischer Druck 101.
— Quellung 102, 104.
— Volumsänderungen in Lösungen 103—105.
— Reaktion 109.
— Elektrische Ladung 109.
— Reversible Änderungen der Viscosität 113—118.
— Reversible Koagulation 119 bis 121.
— Irreversible Koagulation 125 ff., 164 ff.
— Chemische Zusammensetzung des Dispersionsmittels 135 ff., 145 ff.
— als eine Lösung von Wasser in einer organischen Flüssigkeit 143.
— Chemische Zusammensetzung 145, 155.
— Permeabilität für gelöste Stoffe 146 ff.
— Nichtzusammenfließen bei verschiedenen Tier- und Pflanzenarten 156.
— Chemische Zusammensetzung der dispersen Phasen 159.
— Vitalfärbung 152—153.
Protoplasmaballen 56, 57.
Protoplasmabewegung 55, 58, 59, 60, 142, 212—213.
Protoplasmaemulsion in Seewasser 142.

Lepeschkin, Kolloidchemie.

Protoplasmakolloide. Charakter derselben 90—92.
— Verteilung im Protoplasma 92 bis 94.
Protoplasmastränge in Pflanzenzellen 62, 63, 73.
— bei Plasmodien 60 (vgl. auch Rhizopoda).
— Erklärung ihrer Existenz bei Pflanzen 63.
— Erstarrung 63.
— Verwandlung in Cellulose 122.
Protoplasmastruktur 51—52, 85 ff.
— Polymorphie derselben 87, 94,
— nach dem Absterben 126, 168. 184.
Pseudopodien vgl. Rhizopoden.
Pseudopodienachse, Verflüssigung derselben 61, 64, 65, 113.

Quellung 27, 30.
— und Dampfdruck 31—32.
— durch osmotische Kräfte 31, 38.
— Irreversible und reversible 32.
— Beeinflussung durch Säuren und Laugen 38.
— Beeinflussung durch Salze 38.
— des Protoplasmas 102, 104.
— — in Salzlösungen 105.
— der Muskeln 106—107.
— der Kernsubstanzen 107.
Quellungsdruck 31, 102.

Randreifen der roten Blutkörperchen 64.
Reaktion des Protoplasmas 109.
Reversible Koagulation der Kolloide 21—22, 26.
— des Protoplasmas 119—120.
Rhizopoden. Aggregatzustand des Protoplasmas 55, 58—60.
— Veränderlichkeit desselben 60 bis 61.
Ringersche Lösung 177.

Salze vgl. auch Elektrolyte u. Ionenreihen (Bedeutung für Koagulation, osmotischen Druck, Quellung, Viscosität). Beeinflussung der Denaturation von Eiweißkörpern 43.
— und Fällung der Eiweißkörper 44.
— Koagulierende Wirkung von Salzen auf das Protoplasma 120, 175ff., 184ff.
Samen. Aggregatzustand des Protoplasma 57.
Saponin. Permeieren desselben in das Protoplasma 148.
— Vergrößerung der Permeabilität durch dasselbe 150.
— Giftige Wirkung 150.
Sarkode 55.
Säuren. Beeinflussung des osmotischen Drucks der Kolloide 36ff.
— und Viscosität der Kolloide 37.
— und Quellung 38.
— Beeinflussung der Ladung der Kolloidteilchen 16, 17, 40, 41.
— Beeinflussung der Hitzekoagulation und Denaturation 43.
— Quellung von Muskeln in denselben 105—107.
— Koagulierende und schädliche Wirkung von Säuren auf das Protoplasma 106, 111, 130, 185, 192ff.
— Beeinflussung der Hitzekoagulation des Protoplasmas durch dieselben 195.
— Plasmolyse durch dieselben 196
Säureresistente Pflanzen 196.
Schaum aus Xylol und Seifenlösung 28.
— aus Eiweiß und Äther 29.
Schaumwabige Struktur der Gallerte 28, 30, 55.
— des Protoplasmas 86, 139, 140.
Schlieren im Protoplasma 94.
Schutzkolloide 27, 48.
Schwellenwert bei der Koagulation 22.

Schwermetallsalze. Ihre Wirkung auf Eiweißlösungen 45, 187.
— Koagulierende Wirkung auf Lecithin und Cholesterinlösungen 50.
— — auf das Protoplasma 130, 186.
— Hämolyse durch diese 187 bis 188.
— Plasmolyse durch diese 189.
— Lösungsdruck 191.
Seifenlösungen. Osmotischer Druck derselben 13, 20.
Silberlösungen (kolloide) 7.
Skelett des Protoplasmas vgl. Fadengerüst desselben.
Spermien. Aggregatzustand des Protoplasmas und Fadengerüst 58—59.
Strukturen der Gallerten 29, 30, 32.
Suspensionen 4, 5, 6.
Suspensionskolloide Lösungen 5, 6.
— Herstellung derselben 7.
Suspensoide vgl. Suspensionskolloide.

Tagmen 51.
Teilchenladung vgl. Ladung (elektische).
Temperaturkoeffizienten der Koagulation der hydrophoben Lösungen 25.
— der Denaturation der Eiweißkörper 43, 46.
— der Koagulation denaturierter Eiweißkörper 44.
— der Hitzekoagulation des Protoplasmas 165—167, 169, 205, 207.
Thermische Einwirkungen auf das Protoplasma u. a. Verflüssigung des Protoplasmas 64, 113.
— Viscositätsänderungen durch dieselben 115.
— Koagulation durch dieselben 125 bis 126, 164 ff.

Tyndall-Phänomen 9.
— im Protoplasma 90.

Ultrafiltertheorie der osmotischen Eigenschaften des Protoplasmas 148, 149.
Ultrafiltration 10.
Ultramaximum 167.
Ultramikroskop 4, 5.
Ultraviolette Strahlen. Koagulierende Wirkung auf das Protoplasma 129.
Umschlag der Ölemulsionen 48.
Umwandlungsprodukte der Eiweißkörper 33.

Vakuolen 87.
— Bildung derselben 138, 143.
— Zusammenfließen derselben 140, 142.
Vakuolenhaut 137, 140, 142.
Veränderlichkeit des Aggregatzustandes des Protoplasmas 60.
Verflüssigung des erstarrten Protoplasmas 61—65, 111—113.
Verhungern der Infusorien. Änderung des Aggregatzustandes des Protoplasmas 113.
Viscosität der kolloiden Lösungen 17—19.
— der Flüssigkeiten 17.
— Änderung durch Temperatur 18.
— — durch Zusatz von Säuren und Laugen 37.
— des Protoplasmas 60, 98 ff.
— Reversible Änderung derselben, 113—118.
— Irreversible Änderung derselben durch hohe Temperatur 170.
— — durch elektrischen Strom 116, 175.
Vitalfärbung des Protoplasmas 152—153.
Vitelline 33.
Volutinante 160.

Wabige Strukturen vgl. schaumwabige Strukturen.
Wasser im Protoplasma 100.
— Abgabe desselben an Lösungen 103—105.
— Herauspressen desselben 136.
— Ausscheidung im Protoplasmainneren 143.
— Molekulare Lösung im Protoplasma 143—144.
— Bedeutung von Wasser für die Hitzekoagulation des Protoplasmas 171.
— beim Ausfrieren und Austrocknen des Protoplasmas 172—174.
— Destilliertes Wasser und das Protoplasma 176.
Wasserhüllen von Kolloidteilchen 18, 22, 26, 28, 44ff., 180.
Wasserstoffionen vgl. Säuren.
Wertigkeit der Ionen. Bedeutung derselben bei der Koagulation 23 (Wertigkeitsregel).

Xylol - Seifen - Emulsion 28.

Zähigkeit vgl. Viscosität.
Zellkern. Aggregatzustand 66ff.
— Gestaltsänderungen 67.
— Disperse Phasen 94—96.
— Quellung 107.
— Zusammenfließen mit dem Protoplasma 72—74.
— Teilung desselben vgl. Karyokinese.
— Chemische Zusammensetzung des Dispersionsmittels desselben 156—158.
— Vitalfärbung 156.
— Chemische Zusammensetzung der dispersen Phasen derselben 163.
Zellteilung vgl. Karyokinese.
Zentraldruck 107—108.
Zugfestigkeit des Protoplasmas 100.
Zusammenfließen des Protoplasmas von Pseudopodien 55.
— der Vakuolen 57.

Berichtigung.

Seite	40,	Zeile	27,	statt	elektrische	lies elektrolytische
„	41,	„	20,	„	„	„ „
„	42,	„	2,	„	elektrischen	„ elektrolytischen
„	43,	„	11,	„	elektrische	„ elektrolytische
„	43,	„	32,	„	$M = .. M = ..$	„ $\mu = .. \mu = ..$
„	66,	„	20,	„	dieser	„ dieses
„	85,	„	21,	„	Die dispersen	„ Die grob dispersen
„	123,	„	6,	„	Agenzien	„ Agentien
„	123,	„	18,	„	„	„ „
„	173,	„	1,	„	wie Fischer	„ wie durch Fischer.

MIX
Papier aus verantwortungsvollen Quellen
Paper from responsible sources
FSC® C105338

If you have any concerns about our products,
you can contact us on
ProductSafety@springernature.com

In case Publisher is established outside the EU,
the EU authorized representative is:
**Springer Nature Customer Service Center GmbH
Europaplatz 3, 69115 Heidelberg, Germany**

Printed by Libri Plureos GmbH
in Hamburg, Germany